SCHLOMANN-OLDENBOURG

DICTIONAR TECHNIC ILUSTRAT

PUBLICAT CU COLABORARE DE SPECIALIŞTI

DE

ALFRED SCHLOMANN

INGINER

EDIŢIE ROMÂNĂ PUBLICATĂ

SUB INGRIJIREA

Ing. M. CIOC şi Ing. A. RAINU

VOL. 1:

ELEMENTE DE MAŞINI
ŞI
UNELTELE CELE MAI UZUALE

1922

MÜNCHEN ŞI BERLIN / R. OLDENBOURG

BUCURESTI / CARTEA ROMANEASCA

ELEMENTE DE MAȘINI
ŞI
UNELTELE CELE MAI UZUALE

IN 6 LIMBI:

GERMANĂ, ENGLEZĂ, FRANCEZĂ, RUSĂ, ITALIANĂ ŞI SPANIOLĂ

REDACTAT DE

ING. STÜLPNAGEL

CU ADAOSUL LIMBEI ROMÂNE

REDACTAT DE

Ing. M. CIOC şi Ing. A. RAINU

1922

MÜNCHEN ŞI BERLIN / R. OLDENBOURG

BUCURESTI / CARTEA ROMANEASCA

Prefaţă

la ediţia românească a Dicţionarului Technic ilustrat.

Prezentul Dicţionar nu este de cât dicţionarul Technic ilustrat al D-lui Schlomann editat de Casa Oldenbourg din München, la care s'a adaos şi traducerea lui în româneşte, astfel că dicţionarul poate fi folosit pentru răstălmăcirea termenilor technici din una în alta în ori care din limbile: română, germană, franceză, engleză, rusă, italiană şi spaniolă.

Până la tipărirea unei ediţii noi, în care limba românească să fie înglobată alături de cele 6 limbi în însăşi redactarea dicţionarului, astfel ca să ne putem folosi prin aceiaşi operaţie de ori care din limbile întrebuinţate în el, subsemnaţii am crezut că va fi de mare folos technicei române dacă mai înainte chiar de a se fi putut tipări acea ediţie nouă, vom pune la îndemâna tuturor, — Dicţionarul Technic ilustrat Schlomann-Oldenbourg, alăturându-i în forma şi redacţia lui veche 2 codicile şi anume:

1. Codicilul cu traducerea în româneşte în aceiaşi ordine a materiei dicţionarului, şi.

2. Codicilul cu aranjarea alfabetică a termenilor technici româneşti corespunzători celor din dicţionar (indice alfabetice).

Cu ajutorul acestor două codicile se va putea traduce un termen technic din limba românească în ori care alta din cele 6 limbi, sau invers, procedându-se în modul următor:

Cazul traducerei din româneşte în altă limbă.

Se va căuta termenul românesc cunoscut în codicilul Nr. 2 şi în dreptul lui se va găsi un număr mare şi un număr mic, care arată pagina şi aliniatul la care se găseşte în textul original în 6 limbi termenul echivalent; căutând în acest text, găsim la pagina şi aliniatul indicat, scris termenul în cele 6 limbi. Ex. Dorim să ştim cum se chiamă în englezeşte „rindea", căutăm în codicilul Nr. 2 (roş) la litera R şi găsim în dreptul cuvântului rindea înscris 191.10 Aceasta înseamnă că la pagina 191 în al 10-lea aliniat se va găsi tradus termenul rindea în cele 6 limbi şi cum limba engleză e a 2-a după cea germană se va vedea înscris „plane" care este denumirea englezească a rindelei.

Cazul traducerei din altă limbă în româneşte.

Se va căuta cuvântul în indicele alfabetic în 6 limbi şi în dreptul lui se va găsi un număr mare şi un număr mic. Se va căuta în codicilul Nr. 1 care este aranjat în ordine naturală după numerele găsite mai sus şi se va vedea în dreptul lor traducerea românească a termenului.

Ex. Cineva doreşte să ştie cum se chiamă româneşte unelta care în nemţeşte se chiamă: „Ziehmesser". Va căuta în indicele alfabetic la litera Z. şi va găsi în dreptul cuvântului Ziehmesser înscris 195.3. Va căuta în codicilul Nr. 1 (albastru) în ordinea naturală a numerilor, numărul 195.3 și va găsi în dreptul lui înscris cuvântul „cuțitoae“, care este deci traducerea în românește a termenului german „Ziehmesser“.

Subsemnații prezentând technicienilor din România volumul Nr. 1 din Dicționarul Technic ilustrat Schlomann-Oldenbourg relativ la Elemente de mașini și unelte uzuale, credem că am făcut prin aceasta primul pas ce duce la întocmirea unui dicționar technic român a cărui lipsă este de mult resimțită și pentru înfăptuirea căruia va trebui concursul și munca mai multor ingineri.

Avand în vedere că întocmirea directă a dicționarului technic român este o operă foarte grea și că pregătirea materialului necesar reclamă pe lângă adunarea și clasarea termenilor corespunzători, însăși crearea în românește a foarte multor din termenii technici, pe care limba românească încă nu i-a făurit pană azi din lipsa unei desvoltări a activităței technice, subsemnații am crezut că vom corespunde mai bine operei complecte pe care viitorimea o va putea face, dacă ne vom mărgini la traducerea cât mai fidelă a întregului dicționar Schlomann-Oldenbourg. Cu ocazia acestei traduceri ne vom orienta și vom da putința celor ce vor să perfecționeze dicționarul technic român, de a se orienta și fixa și ei mai bine asupra termenilor celor mai potriviți, pentru diferitele noțiuni technice.

Astfel că începând prin presentul volum, traducerea dicționarului technic ilustrat Schlomann-Oldenbourg, am căutat mai întâi de a fi utili technicei românești și în al doilea rând de a deschide și curăți în marginele puterilor noastre, calea care duce la stabilirea unei limbi technice românești.

Date fiind greutățile vremurilor și greutățile ce personal am întâmpinat în alegerea unor termeni pentru care nici literatura și nici limba vorbită, nu ne putea servi material definitiv, ne-am întemeiat mai mult pe cunoștințele noastre personale și pe sensul termenilor limbilor străine din dicționar, astfel că cerând ertare tuturor celor ce eventual ar cunoaște termeni mai potriviți ca noi și ar proceda la publicarea și răspândirea lor, închinăm această lucrare celor ce luptă pentru ridicarea technică a țărei noastre și dorim din tot sufletul ca alții să facă mâine o lucrare mai bună și mai complectă.

In sfârșit ne simțim datori să aducem în acest loc mulțumirile noastre Casei editoare Oldenbourg din München și D-lui Inginer Alfred Schlomann pentru bunavoința ce au arătat pentru reușita ediției românești a acestei opere, a cărei realizare au făcut-o cu putință.

București, 1. Novembr 1921.

Ing. **M. Cioc** și Ing. **A. Rainu.**

Vorwort zur rumänischen Ausgabe der „Illustrierten Technischen Wörterbücher."

Das vorliegende Werk ist der 1. Band der von Ingenieur Alfred Schlomann im Verlag von R. Oldenbourg, München, herausgegebenen »Illustrierten Technischen Wörterbücher«, und zwar erweitert durch die Beigabe der rumänischen Sprache, so daß also das Wörterbuch für Übersetzungen in einer der folgenden sieben Sprachen: Rumänisch, Deutsch, Englisch, Französisch, Russisch, Italienisch und Spanisch benutzt werden kann.

Bis zum Erscheinen einer künftigen neuen Ausgabe der Schlomann-Oldenbourgschen Wörterbücher, in denen neben den bisherigen sechs Sprachen als gleichwertige siebte Sprache, und zwar im Text selbst, voraussichtlich das Rumänische Aufnahme finden wird, haben die unterzeichneten Herausgeber der vorliegenden rumänischen Ausgabe es für angezeigt gehalten, die Illustr. Techn. Wörterbücher der rumänischen Technik schon jetzt nutzbar zu machen, und zwar durch Beigabe zweier rumänischer Supplemente, nämlich:

1. Eines rumänischen Textes (blau), nach Inhalt und Seitenfolge wie der Originaltext der sechssprachigen bisherigen Ausgabe geordnet.

2. Eines alphabetischen rumänischen Registers (rot) mit Angabe von Seite und Wortstelle jedes einzelnen Wortes im Originaltext wie im rumänischen Text.

Mit Hilfe dieser beiden Supplemente hat der Benutzer des Wörterbuches die Möglichkeit, einen technischen Ausdruck aus der rumänischen Sprache in irgendeine der sechs anderen Sprachen zu übersetzen oder umgekehrt. Das Verfahren ist das folgende:

1. Übersetzung aus dem Rumänischen in eine andere Sprache: Der Benutzer sucht den rumänischen Ausdruck im alphabetischen rumänischen Register (rot), in welchem er neben dem Worte die Angabe der Seite und Wortstelle liest, wo sich der betreffende Ausdruck im Originaltext des Wörterbuches in allen sechs Sprachen findet.

Wünscht man z. B. zu wissen, wie das rumänische Wort »rindea« auf deutsch heißt, so sucht man im alphabetischen rumänischen Register unter dem Buchstaben R das Wort »rindea«, neben welchem man die Zahl 191.10 liest. Diese Zahlen bedeuten, daß sich die Übersetzung des Wortes »rindea« in den übrigen 6 Sprachen auf Seite 191, Wortstelle 10 des Originaltextes findet, wo die deutsche Benennung »Hobel« angegeben ist.

2. Übersetzung aus einer anderen Sprache in die rumänische: Der Benutzer sucht das betreffende Wort im allgemeinen alphabetischen Register in 5 Sprachen (oder im russischen Register, wenn es sich um ein russisches Wort handelt). Neben dem Worte findet er zwei Zahlen, welche Seite und Wortstelle angeben, wo das Wort im allgemeinen sechssprachigen Text und gleichzeitig auch im rumänischen Text (blau) zu finden ist, der ja nach der natürlichen Reihenfolge der Zahlen des sechssprachigen Originaltextes angeordnet ist.

Wünscht z. B. jemand zu wissen, wie das französische Wort »la plane« auf rumänisch heißt, so muß er dies Wort im allgemeinen fünfsprachigen Register unter dem Buchstaben P suchen und findet dort die Ziffern 195.3. An dieser Stelle gibt dann der rumänische Supplementtext (blau) das Wort »cuţitoaie«, welches dem französischen Ausdruck »plane« entspricht.

Die unterzeichneten Herausgeber, die hiermit den rumänischen Technikern den ersten Band der Schlomann-Oldenbourgschen Wörterbücher über »Die Maschinenelemente und die gebräuchlichsten Werkzeuge« vorlegen, glauben damit den ersten Schritt zur Schaffung eines rumänischen technischen Wörterbuches getan zu haben, dessen Fehlen seit langer Zeit schmerzlich empfunden wird und für dessen Verwirklichung die Mitwirkung einer großen Zahl rumänischer Ingenieure nötig ist.

Berücksichtigt man, mit welchen Schwierigkeiten die unmittelbare Herausgabe eines rumänischen technischen Wörterbuches, d. h. also unabhängig von dem Schlomannschen Werk, verbunden ist, welche Unsumme von Arbeit das Sammeln und Ordnen der technischen Ausdrücke im allgemeinen sowie die Schaffung rumänischer Technizismen angesichts der noch ganz unentwickelten rumänischen Technik im besondern erfordert, so glauben die Herausgeber einem später zu schaffenden rumänischen technischen Wörterbuch dadurch am besten die Wege geebnet zu haben, daß sie sich die wortgetreue Übersetzung der Schlomann-Oldenbourgschen Wörterbücher zum Ziele setzten.

Diese Übersetzung gibt den Herausgebern und allen denen, die an der Schaffung eines rumänischen technischen Wortschatzes Interesse haben, die Möglichkeit, im Laufe der Zeit die beste Fassung für die verschiedenen technischen Begriffe endgültig festzulegen.

Bei einer gewissen Zahl von technischen Ausdrücken, für welche sich weder in der rumänischen Literatur noch in der täglichen Umgangssprache Anhaltspunkte finden ließen, sahen wir uns genötigt, entweder aus dem Eigenen zu geben oder uns auf die Wiedergabe des Sinnes an Hand der vorliegenden fremdsprachigen Übersetzungen zu beschränken.

Wir sind uns vollkommen der Tatsache bewußt, daß unserer Arbeit noch manche Mängel anhaften und bitten um Nachsicht. Gleichzeitig richten wir an alle diejenigen, welche bessere Vorschläge machen und treffendere Übersetzungen geben können, die dringende Bitte, uns entsprechende Mitteilungen zukommen zu lassen.

Zum Schluß entledigen wir uns der angenehmen Pflicht, auch an dieser Stelle Herrn Ingenieur Alfred Schlomann und dem Verlag R. Oldenbourg in München für das Entgegenkommen zu danken, durch das sie uns die Autorisation zur Herausgabe des vorliegenden Werkes gegeben und damit die Schaffung eines rumänischen technischen Wörterbuches ermöglicht haben.

Bukarest, 1. November 1921.

Ing. **M. Cioc** und Ing. **A. Rainu.**

Préface

à l'édition roumaine du Dictionnaire Technique Illustré.

Le présent Dictionnaire n'est autre que le Dictionnaire Technique Illustré de Mr. Schlomann édité par la maison Oldenbourg de Munich, auquel on a ajouté la traduction en langue roumaine de telle façon que le dictionnaire puisse être utilisé pour la traduction des termes techniques de l'une dans l'autre des langues suivantes: Roumaine, Allemande, Française, Anglaise, Russe, Italienne et Espagnole.

Jusqu'à l'impression d'une nouvelle édition, dans laquelle soit incluse la langue roumaine avec les six autres langues dans le texte même du dictionnaire, les soussignés ont pensé qu' il serait d'une grande utilité pour la technique roumaine, s'ils mettaient à la disposition des intéressés — même avant l'impression d'une nouvelle édition — le Dictionnaire Technique Illustré Schlomann-Oldenbourg en lui ajoutant les suppléments suivants:

1. Le supplément (bleu) avec la traduction en roumain dans le même ordre de la matière du dictionnaire, et
2. Le supplément (rouge) avec l'arrangement alphabétique des termes techniques roumains correspondant à ceux du dictionnaire (index alphabétique).

Avec l'aide de ces deux suppléments on peut traduire un terme technique roumain dans n'importe laquelle des six autres langues ou inversément en procédant de la manière suivante:

Traduction du Roumain dans une autre langue.

On cherchera le terme roumain connu dans le supplément No. 2. On trouvera à côté la page et le numéro d'ordre correspondant au texte en six langues du dictionnaire. Donc, en cherchant à la page et au numéro indiqué, on trouvera la traduction du terme roumain dans les six autres langues. Exemple: Nous voulons savoir le terme anglais correspondant au terme roumain: rindea (rabot). Nous chercherons dans le supplément No. 2 (rouge) à la lettre R et trouverons inscrit à côté du mot rindea: 191.10. Cela veut dire qu'à la page 191 au 10me alinéa on trouvera la traduction du mot roumain «rindea» dans les six langues du dictionnaire. Comme la langue anglaise est la seconde (après l'allemande), on voit inscrit: plane, mot qui est la traduction anglaise du terme roumain rindea (rabot).

Traduction d'une autre langue en Roumain.

On cherche le mot dans l'index alphabétique en 5 langues — ou dans l'index russe s'il s'agit d'un mot russe — et on trouve à coté deux numéros. On les cherche dans le supplément No. 1 qui est arrangé dans l'ordre naturel des numéros et on trouvera à côté la traduction roumaine du terme.

Exemple: On veut savoir comment s'appelle en roumain l'outil qui en allemand se nomme «Ziehmesser». On cherche dans l'index alphabétique en 5 langues à la lettre Z le mot «Ziehmesser». A côté de ce mot on trouve inscrit 195.3. On cherche le numéro 195.3 dans le supplément No. 1 (bleu) dans l'ordre naturel des numéros et on trouvera le mot: Cuţitoaie, qui est donc la traduction roumaine du terme allemand »Ziehmesser«.

Les soussignés, présentant aux techniciens de la Roumanie le premier volume du Dictionnaire Technique Illustré Schlomann-Oldenbourg relatif aux Eléments des machines et outils usuels, croient avoir fait par là le premier pas qui conduira à la création d'un dictionnaire technique roumain, dont le manque est beaucoup ressenti et dont l'élaboration demande le concours et le travail d'un grand nombre d'ingénieurs roumains.

Etant donné que l'élaboration directe du Dictionnaire Technique Roumain est une œuvre très difficile et que la préparation du matériel nécessaire réclame, en dehors de la collection et du classement des termes correspondants, la création, même en roumain, de beaucoup de termes techniques que la langue roumaine ne possède pas encore à cause du faible développement de son activité technique, les soussignés ont cru qu'ils correspondront mieux à l'œuvre complète que l'avenir accomplira, en donnant d'abord une traduction littérale du dictionnaire complet Schlomann-Oldenbourg.

A l'occasion de cette traduction nous allons nous orienter et donnerons aussi à ceux qui voudront perfectionner le dictionnaire technique la possibilité de s'orienter et de se fixer mieux sur les termes les plus propres pour différentes notions techniques.

Commençant ainsi par le présent volume la traduction du Dictionnaire Technique Illustré Schlomann-Oldenbourg nous avons cherché à être d'abord utiles à la technique roumaine et en second rang à ouvrir et à déblayer dans les marges de notre pouvoir la voie qui conduit à la fixation d'une langue technique roumaine.

Etant donné les difficultés des temps présents et les difficultés personnelles que nous avons eues à l'occasion du choix de certains termes, pour lesquels ni la littérature ni la langue parlée roumaines ne pouvaient procurer un matériel définitif, nous nous sommes basés le plus sur nos connaissances personnelles et sur le sens des termes étrangers du dictionnaire. En demandant pardon à ceux qui éventuellement connaissent des termes plus propres que ceux employés par nous et qui procèdent à leur publication et à leur diffusion, nous consacrons ce travail à ceux qui luttent pour le relèvement technique de notre pays. Nous désirons de toute notre âme que d'autres fassent demain une œuvre meilleure et plus complète.

Enfin nous nous sentons obligés d'exprimer nos remerciments à la maison Oldenbourg de Munich et à Mr. l'ingénieur Alfred Schlomann de la bienveillance par laquelle ils nous ont autorisés à publier cet ouvrage.

Bukarest, 1er Novembre 1921.

Ing. **M. Cioc** et Ing. **A. Rainu.**

Cuprinsul:

Sumarul.

Indice pe materie pentru partea română şi pentru celelalte limbi.

Elemente de masini:

Unelte:

Indice pe materii

I.

pag. 14.

1. A ajusta un şurub
2. şurub (n) cu ochiu
3. bulon (n) articulat
4. bulon (n) cu piuliţa şi capul scufundate
5. antretoază (f)
6. bulon (n) de distanţare
7. tub (n) de distanţare
8. bulon (n) cu pană (clavetă)
9. a pune şplintul la un bulon

pag. 15.

1. şurub (n) de oprire, — de strângere
2. şurub (n) fără cap şi piuliţă
3. şurub (n) cu cheie
4. şurub (n) cu aripi
5. şurub (n) micrometric
6. bulon (n) de încastrare, — de fixare în piatră
7. bulon (n) de fundaţie, — de ancorare
8. placă (f) de ancorare, contraplacă (f)

pag. 16.

1. pană (f) de oprire, clavetă (f)
2. placă (f) de fundaţie
3. şurub (n) cu filet (ghivent) multiplu
4. şurub (n) pentru lemn
5. cheie (f) de şuruburi
6. gura (f) cheiei
7. deschiderea (f) cheiei
8. cheie (f) simplă

pag. 17.

1. cheie (f) dublă
2. cheie (f) oblică
3. cheie (f) pentru şuruburi de oprire
4. cheie (f) înfundată
5. cheie (f) închisă
6. cheie (f) de robinete
7. cheie (f) cu cârlig, — cu cioc
8. cheie (f) cu ghiare, — cu furchetă

pag. 18.

1. cheie (f) cu deschidere regulabilă
2. cheie (f) engleză, — franceză
3. şurubelniţă (f)
4. a bulona
5. a înşuruba
6. a ancora
7. a strânge şurubul
8. a înşuruba
9. a fixa cu buloane (şuruburi)

pag. 19.

1. a închide cu buloane (şuruburi)
2. a împreuna prin buloane (şuruburi)
3. a deşuruba
4. a slăbi (a desface) un şurub
5. a se slăbi, a se desface
6. a strânge un şurub
7. a întări strângerea unui şurub
8. a deforma ghiventul unui şurub
9. a fileta, a tăia ghivent, a ghiventui
10. a tăia ghivent (a fileta) cu mâna

pag. 20.

1. a finisa un ghivent (filet)
2. filieră (f) simplă
3. a tăia ghivent (a fileta) cu filiera
4. a tăia ghivent (a fileta) la strung
5. cuţit (n) pentru filetat (tăiat ghivent), piepten (n)
6. cuţit (n) pentru ghivent (filet) interior, — pentru ghivent de piuliţă
7. cuţit (n) pentru ghivent (filet) exterior
8. breză (f) de tăiat ghivent, — de filetat
9. filieră (f) cu inel

pag. 21.

1. filieră (f) cu fălcele, — cu bacuri clupă
2. fălcele (f. pl.) de tăiat ghivent, bacuri (n. pl.) de tăiat ghivent
3. burghiu (n) de ghivent, tarod (m)
4. a fileta o gaură, a taroda
5. maşină (f) de tăiat ghivent, — de filetat.

II.

6. pană (f) clavetă (f)
7. faţă (f) de pană, suprafaţă de pană
8. dos (f) de pană
9. unghiul (n) penei

pag. 22.

1. înclinaţia (f) penei
2. pană (f) de lemn
3. pană (f) de fer
4. pană (f) de oţel
5. legătură (f) cu pană, calaj
6. pană (f) transversală
7. pană (f) longitudinală
8. înălţimea (f) penei
9. lăţimea (f) lărgimea, penei
10. lungimea (f) penei

pag. 23.

1. gaură (f) de pană
2. suprafaţă (f) de sprijin a unei pene, baza unei pene

3. şanţ (n) de pană, renură
4. a face şanţ
5. daltă (f) (cuţit) pentru făcut şanţuri
6. maşină (f) de făcut şanţuri
7. a freza şanţuri
8. pană (f) cu nas, pană cu călcâi
9. nas (n), călcâi (de pană)
10. pană (f) încastrată

pag. 24.

1. pană (f) patrată
2. pană (f) rotundă
3. pană (f) plată
4. pană (f) scobită, pană (f) concavă
5. pană (f) tangenţială
6. pană (f) dublă
7. contra-pană (f)
8. adaos (n) de pană
9. pană (f)
10. şplint (n)
11. cuiu (n) de fixare (a penei)

pag. 25.

1. pană (f) de regulare
2. pană (f) inelară, inel (n) conic
3. şanţ (n) şi lambă (f) renură (f), şi langhetă (f)
4. lambă (f) langhetă (f)
5. Opritor (n) de siguranţă pentru pană
6. a împăna, a claveta, a cala
7. a desface (a scoate) o pană, a decala
8. a strânge o pană
9. a întări o pană

III.

pag. 26.

1. nit (n)
2. corp (n) de nit, tijă de nit
3. cap (n) de nit
4. capul (n) original, primul cap
5. cap (n) de închidere, al doilea cap
6. unghiul (n) de frezaj al unui nit
7. gaură (f) de nit
8. nit (n) cu cap înecat
9. nit (n) cu cap jumătate înecat

pag. 27.

1. nit (n) cu cap bombat
2. nit (n) cu cap ciocănit
3. nit (n) de montaj, nit pentru legături provizorii
4. nituire
5. linia (f) niturilor, cusătura niturilor
6. distanţa (f) niturilor
7. distanţa (f) până la margine (a tablei)
8. nituire (f) la cald
9. nituire (f) la rece

pag. 28.

1. nituire (f) de rezistenţă
2. nituire (f) etanşă, nituire hermetică
3. nituire (f) cu o secţiune de forfecare (tăere)
4. secţiune (f) de forfecare (tăere)
5. nituire (f) cu două secţiuni de forfecare (tăere)
6. nituire (f) cu mai multe secţiuni de forfecare (tăere)
7. nituire (f) prin suprapunere

pag. 29.

1. nituire (f) cu placă de acoperire, cu eclisă
2. nituire (f) cu dublă placă de acoperire, — cu eclise duble
3. placă de acoperire (f), eclisă (f)
4. nituire de tablă îndoită (ambutisată)
5. nituire (f) simplă, — cu un rând de nituri
6. nituire (f) dublă, — cu două rânduri de nituri
7. nituire (f) multiplă, — cu mai multe rânduri de nituri

pag. 30.

1. nituire ( ) în zig-zag
2. nituire (f) paralelă
3. nituire (f) convergentă
4. distanţa (f) nitului de latura colţarului
5. a nitui
6. a freza nitul
7. a introduce nitul, a pune nitul
8. Ciocan (n) de nituit

pag. 31.

1. a ştemui niturile, a calfata
2. daltă (f) de ştemuit
3. a desnitui, a desface niturile
4. a tăia capul (n) nitului
5. nituire (f) cu mâna
6. nituire (f) mecanică
7. maşină (f) de nituit, nituitoare (f)
8. dorn (n) de nituit, buterolă

pag. 32.

1. ciocan (n) de nituit
2. ciocan-buterolă (n)
3. contra-buterolă (f)
4. cric (n) pentru nituit
5. contra-buterolă (f) p. cric
6. suport (n) cu pârghie şi contra-buterolă
7. cleşte (m) pentru nituri
8. cleşte (m) cu dinţi pentru nituri
9. cuptor (n) pentru nituri

pag. 33.

1. foc (n) pentru nituri

IV.

2. osie (f) axă (f)
3. fusul (n) osiei, — axei
4. suportul (m) osiei, lagărul osiei
5. capul (n) osiei, — axei
6. corpul (n) osiei, — axei
7. sarcina (f) osiei, încărcătura osiei
8. frecare (f) de osie
9. frecare (f) de fus de osie
10. osie (f) fixă
11. osie (f) mobilă

pag. 34.

1. osie (f) acuplată
2. osie (f) necuplată, — liberă
3. osie (f) mobilă
4. osie (f) conducătoare, axa (f) conducătoare
5. axa (f) de rotaţie
6. osie (f) de roată, axă de roată
7. rotaţia (f) unei axe
8. încercarea (f) unei axe, — unei osii
9. ruptura (f) axei, — osiei
10. a schimba (înlocui) o osie, — o axă
11. schimbarea (f) (înlocuirea) unei osii, — unei axe

pag. 35.

1. strung (n) pentru osii
2. strungărie (f) de osii
3. a strunji osi
4. transmisie (f)
5. arbore (m)
6. fusul (m), cepul (n), boldul (n) unui arbore
7. fus (n) intermediar, gât (n) de arbore
8. arbore (m) plin, — masiv
9. arbore (m) gol, — găurit
10. arbore (m) patrat
11. arbore (m) de transmisie

pag. 36.

1. arbore (m) orizontal
2. arbore (m) vertical
3. arbore (m) flexibil
4. arbore (m) motor, — de comandă
5. arbore (m) intermediar, transmisie (f) intermediară
6. arbore (m) de decuplare
7. inel (n) fix al arborelui
8. inel (n) de oprire, — mobil
9. arbore (m) cotit, cu genunchiu
10. cot de arbore (n) genunchiu (n) de arbore

pag. 37.

1. a coti
2. arbore (m) dublu cotit, — cu dublu genunchi
3. a tăia un arbore, — o osie
4. arbore (m) de distribuţie
5. arbore (m) de reversibilitate, — p. schimbare de mers. —

V.

6. Fus (n), cep (n), bold (n) turion (n)
7. umăr (n) guler (n), ambază (f)
8. înălţimea (f) umărului, — gulerului
9. presiune (f) pe fus

pag. 38.

1. frecarea (f) fusului
2. suprafaţă (f) de frecare, de contact
3. fus (n) umblat, — adaptat în locaşul său
4. fus (n) de sprijin, gât (n) de arbore
5. fus (n) intermediar (n) cu gulere, gât (n) de arbore
6. fus (n) frontal
7. fus (n) vertical, pivot (m)
8. pivot (m) inelar
9. fus (n) cu caneluri, — cu inele

pag. 39.

1. fus (n) cu vârf, — ascuţit
2. fus (n) cilindric
3. fus (n) conic
4. fus (n) sferic
5. fus (n) de furcă
6. fus (n) încastrat
7. fus (n) de rotaţie
8. a se învârti pe un fus

VI.

pag. 40.

1. suport (m), lagăr (n), palier (n)
2. lungimea (f) suportului sau lagărului
3. diametrul (n) interior al suportului sau lagărului
4. lungimea (f) de construcţie a suportului sau lagărului
5. suprafaţa (f) de sprijin, — de contact
6. presiunea (f) pe suport (lagăr) suprafaţa de contact
7. presiunea (f) specifică a suportului (lagărului), — pe unitatea de suprafaţă
8. suport sau lagăr (m) de pivot, — de bază, crapodină (f)
9. placă (f) de bază

pag. 41.

1. suport sau lagăr (m) de pivot inelar, crapodină (f) inelară
2. inel (n) de bază
3. suport (m) sau lagăr de bază cu bile, crapodină cu bile
4. suport sau lagăr (m) cu caneluri
5. suport sau lagăr de sprijin, — intermediar
6. suport sau lagăr frontal
7. suport sau lagăr cu gât
8. suport sau lagăr închis

pag. 42.

1. cusinet, bucea
2. a pune buceaua unui suport sau lagăr
3. suport sau lagăr obicinuit
4. cusinet, perniţă
5. cusinet regulabil
6. garnitură

pag. 43.

1. a garnisi un cusinet
2. a garnisi un cusinet cu metal alb
3. rebordul cusinetului
4. corpul suportului sau lagărului
5. capacul suportului sau lagărului
6. şurub de capac
7. piciorul suportului sau lagărului
8. bulon de picior al lagărului
9. placa de bază a suportului sau lagărului

pag. 44.

1. nas, tachet
2. pană (f) de ajustare
3. bulon (n) de fundaţie
4. gaură (f) de ungere
5. şanţ (n) de ungere, canal (n) de ungere
6. farfurie (f) de unsoare, colector (n) de unsoare
7. suport sau lagăr drept, obicinuit
8. suport sau lagăr oblic

pag. 45.

1. suport sau lagăr (m) Sellers, — cu rotulă
2. suport sau lagăr (m) cu ungere prin inele
3. suport sau lagăr (m) cu bile
4. bilă (f)
5. inel (n) de ghidare, — de conducere
6. suport sau lagăr (m) fus sferic
7. cusinet (m) sferic, perniţă (f) sferică
8. suport (m) sau lagăr cu rulouri

pag. 46.

1. suport sau lagăr (m) cu cuţit
2. cuţit (n) de suport sau lagăr
3. reazemul (n) cuţitului
4. suport sau lagăr (m) de părete
5. consolă (f), scaun (n)
6. suport sau lagăr (m) de suspensiune
7. consolă (f) suspendată, scaun (n) de suspensiune
8. suport sau lagăr (m) de suspensiune închis
9. suport sau lagăr (m) de suspensiune deschis

pag. 47.

1. suport sau lagăr (m) de suspensiune deschis cu traversă de închidere
2. scaun (n) de suport sau lagăr, capră
3. casetă (f) în zid pr. suport sau lagăr, cadru (n), în zid p. suport sau lagăr
4. suport sau lagăr (m) cu consolă, p. coloane
5. suport sau lagăr (m) cu consolă longitudinală
6. consolă (f) în unghi
7. suport sau lagăr principal
8. suport sau lagăr (m) interior

pag. 48.

1. suport sau lagăr (m) exterior
2. suportul sau lagărul (m) unei maşini se încălzeşte
3. încălzirea (f) unui suport sau lagăr
4. suportul sau lagărul (m) se uzează
5. suportul sau lagărul (m) se gripează (se angrenează)
6. a regula suportul (cusineţii)
7. a unge suportul sau lagărul
8. strat (n) de unsoare

VII.

pag. 49.

1. Ungere (f)
2. ungere (f) continuă
3. ungere (f) periodică
4. ungere (f) cu mâna
5. aparat (n) de ungere cu mâna
6. ungere (f) automatică
7. ungător (n) automatic
8. ungere (f) separată

pag. 50.

1. ungător (n) separat
2. ungere (f) centrală
3. aparat (n) de ungere centrală
4. unsoare (f), materie de uns (f), grăsime (f)
5. unsoare (f) lichidă
6. unsoare (f) solidă, — consistentă
7. grad (n) de fluiditate al unsoarei
8. ulei (n) de uns
9. viscositatea (f) uleiului
10. uleiul (n) se cicleşte, — se resinifică

pag. 51.

1. Resinificarea (f) uleiului, ciclirea (f) uleiului
2. unsoare (f) animală, ulei (n) animal
3. ulei (n) vegetal
4. ulei (n) mineral
5: ulei (n) de maşini
6. ulei (n) pentru cinlindre
7. ulei (n) fin
8. rezervor (n) de ulei
9. cană (f) de uns
10. cană (f) de uns cu valvulă

pag. 52.

1. cană (f) de uns
2. injector (n) de ulei, siringă (f(de ungere
3. conductă (f) de ulei
4. ungere (f) cu ulei
5. gaură (f) de ungere
6. şanţ (n) de ungere, canal (n) pentru ulei
7. inel (n) de picurare, — de ungere
8. inel (n) de stropire, — de ungere, - de împroşcare
9, colector (n) de ulei, vas (n) de scurgere pentru ulei

pag. 53.

1. epurator (n) de ulei, filtru (n) de ulei
2. ulei (ñ) filtrat
3. aparat (n) de ungere
4. Ţeavă (f) de ungere
5. Cutie (f) de unsoare
6. Robinet (n) de ungere
7. Ungător (n), vas (n) de unsoare
8. Vas (n) de unsoare, goden de ungere
9. ungător (n) de sticlă

pag. 54.

1. ungere (f) cu fitil
2. ungător (n) cu fitil
3. fitil (n) de ungere
4. fitilul se îmbâcseşte
5. ungător (n) cu ac
6. ungător (n) cu picuriciu
7. tub (n) capilar de picurare picuriciu
8. ungător (n) rotativ
9. ungere (f) centrifugală

pag. 55.

1. ungere (f) inelară, — cu inele
2. inel (n) de ungere
3. bae (f) de ulei
4. cameră (f) de ulei
5. orifici (n) de scurgere al uleiului
6. a goli de ulei, a lăsa uleiu să se scurgă
7. pompă (f) de ulei
8. ungător (n) Stauffer
9. ungător (n) unghiular

pag. 56.

1. împreunare (f). acuplare (f). acuplaj (n)
2. acuplaj (n) de arbori
3. acuplaj (n) fix
4. acuplaj (n) cu manşon
5. manşon (n) de acuplare, de împreunare
6. acuplaj (n) cu şurub
7. manşon (n) cu ghivent
8. acuplaj (n) cu dulie, — cu manşon

pag. 57.

1. dulie (f) de acuplare, — de împreunare
2. acuplaj (n) cu zbanţuri, — cu cusineţi
3. cusineţi (n) de acuplare, zbanţ (n) de acuplare
4. bulon (n) de acuplare, — de împreunare
5. acuplaj (n) cu disc
6. disc (n) de acuplare, — de împreunare

pag. 58.

1. acuplaj (n) Sellers, — cu con dublu
2. con (n) de acuplare, — depresiune
3. acuplaj (n) mobil
4. acuplaj (n) extensibil, — cu mişcare longitudinală
5. acuplaj (n) ealstic
6. acuplaj (n) cu dispozitiv de decuplare
7. commandă (f) prin acupla cu dispozitiv de decuplare
8. dispozitiv (n) de decuplar

pag. 59.

1. manşon (n) mobil, — de de cuplare

2. pârghie (f) de decuplare
3. furcă (f) de decuplare
4. arbore (n) de decuplare
5. a acupla, a împreuna un acuplaj
6. a decupla, a desface acuplajul
7. decuplare (f)

pag. 60.

1. decuplare (f) automată
2. acuplaj (f) cu ghiare, — cu măsele
3. ghiară (f) măsea (f)
4. decuplare (f) cu ghiare
5. acuplaj (n) cu clichet
6. clichet
7. acuplaj (n) cu fricţiune

pag. 61.

1. acuplaj (n) cu con de fricţiune
2. disc (n) de fricţiune
3. acuplaj (n) cu perii
4. acuplaj (n) cu piele
5. acuplaj (n) electro-magnetic
6. acuplaj (n) cu chingă, cu curea
7. acuplaj (n) cu tijă
8. acuplaj (n) cu articulaţie
9. articulaţie)f)

pag. 62.

1. fus (n) de articulaţie, (Bold) (n) de articulaţie
2, acuplaj (n) cu articulaţie în cruce, — universal, — Cardan
3. articulaţie (f) în cruce
4. articulaţie (f) sferică
5. a acupla, a împreuna
6. acuplat, împreunat
7. acuplat direct cu

pag. 63.

1. a decupla, a desface un acuplaj

IX.

2, angrenaj (n)
3. roată dinţată, — de angrenaj
4. pasul (n) dinţilor, — angrenajului
5. cerc (n) de împărţire, — primitiv
6. cerc (n) exterior
7. cerc (n) interior, — de bază
8. a angrena
9. angrenare (f), contact (n)

pag. 64.

1. linie (f) de angrenare, — de contact
2. distanţa (f) de angrenare, — de contact
3. arc (n) de angrenare, — de contact
4. durata (f) de angrenare — de contact
5. a angrena
6. a desangrena
7. traectoria (f) capului dintelui
8. dinte (m)
9. profil (n) al dintelui
10. coasta (f) dintelui, flancul (n) dintelui

pag. 65.

1. capul (n) dintelui
2. înălţimea (f) capului
3. piciorul (n) dintelui, baza (f) dintelui
4. înălţimea (f) piciorului
5. înălţimea (f) dintelui
6. grosimea (f) dintelui
7. golul (n) (între doi dinţi)
8. lărgimea (f) dintelui
9. dinte (n) turnat brut

pag. 66.

1. dinte (n) rabotat — geluit
2. dinte (m) frezat
3. presiune (f) pe dinte
4. presiune (f) specifică pe dinte, — unitară pe dinte
5. frecarea (f) dinţilor
6. travaliul (n) de frecare al dinţilor
7. angrenaj (n) cicloidal, dantură (f) cicloidală
8. epicicloidă (f)
9. cicloidă (f)
10. hipocicloidă (f)

pag. 67.

1. pericicloidă (f)
2. cerc (n) primitiv
3. cerc (n) de rulment
4. angrenaj (n) cu fuse, dantură (f) cu fuse
5. angrenaj (n) cu dublu punct, dantură (f) cu dublu punct
6. angrenaj (n) cu coaste (flancuri) drepte, dantură (f) cu coaste drepte
7. angrenaj (n) interior, dantură (f) interioară
8. angrenaj (n) în evolventă, dantură în evolventă
9. evolventă (f)

pag. 68.

1. transmisiune (f) prin angrenaje, angrenaj
2. transmisiune (f) intermediară cu angrenaje
3. roţi dinţate de serie, asortiment
4. roţi (f. pl.) de forţă

5. roţi (f. pl.) de travaliu, — de transmisiune
6. angrenaj (n) cilindric
7. roată (f) motrică, pinion (n)
8. raport (n) de transmisiune

pag. 69.

1. roată (f) cilindrică, — dreaptă
2. coroană (f) dinţată
3. nervura (f) coroanei
4. butucul (m) roţei
5. gulerul (m) butucului
6. gaură (f), alesaj (n)
7. braţ (n) de roată, spiţă (f)
8. coroană (f) suprapusă, — raportată
9. roată (f) divisată, — din bucţăi
10. roată (f) despicată

pag. 70.

1. angrenaj (n) cu dinţi interiori
2. roată (f) cu dinţi interiori
3. roată (f) cu dinţi frânţi' — cu dinţi unghiulari
4. dinte (n) frânt, — unghiular
5. unghi (n) de avans
6. angrenaj (n) cu bază dinţată, — cu cremalieră
7. bară (f) dinţată cremalieră (f)
8. angrenaj (n) cu roţi conice
9. con (n) de bază

pag. 71.

1. con (n) complementar
2. roată (f) conică
3. angrenaj (n) unghiular, — conic în unghi drept
4. roată (f) conică în unghi drept
5 angrenaj (n) cu şurub fără fine, — cu melc
6. roată (f) helicoidală
7. şurub (n) fără fine, melc (m)
8. roată (f) cilindrică helicoidală
9. roată (f) hiperboloidică

pag. 72.

1. roată (f) cu dinţi de lemn
2. dinte (m) adaos, — raportat
3. dinte (m) de lemn
4. angrenaj (n) de fer pe fer
5. angrenaj (n) de lemn pe fer
6 a angrena
7. a monta (a pune) dinţii de lemn la o roată
8. roţile (f. pl.) fac sgomot, — hârâe.

pag. 73.

1. maşină (f) de modelat roţi dinţate (angrenaje)
2. maşină (f) de tăiat roţi dinţate (angrenaje — de frezat roţi dinţate (angrenaje)

X.

3. transmisiune (f) cu roţi de fricţiune, — prin fricţiune
4. roată (f) de fricţiune
5. presiune (f) de fricţiune, — producătoare de fricţiune
6. roată (f) cilindrică de fricţiune

pag. 74.

1. roată (f) conică de fricţiune
2. transmisiune (f) cu discuri de fricţiune
3. disc (n) de fricţiune
4. cilindre (m) de fricţiune, rulou (n) de fricţiune
5. con (n) de fricţiune, tambur (n) (conic de fricţiune)
6. transmisiune (f) cu fricţiune. prin roţi cu gât şi şanţ
7. roată (f) de transmisie cu gât, — cu şanţ

pag. 75.

1. gât (n), şanţ (n)
2. unghiul (n) gâtului (şanţului) roatei
3. adâncimea (f) gâtului (şanţului)
4. transmisiune (f) intermediară cu fricţiune

XI.

5. transmisiune (f) prin curea
6. roată (f) motrice, — de comandă
7. roată (f) mişcată, — comandată
8. tensiunea (f) curelei
9. forţa (f) transmisă
10. curba (f) conducătoare, partea (f) conducătoare a curelei

pag. 76.

1. curea (f) condusă, partea (f) condusă a curelei
2. săgeata (f)
3. unghi (n) subintins, arc (n) de contact
4. a comanda un arbore prin curea, a mişca un arbore prin curea
5. curea (f)
6. capătul (n) ascendent al curelei
7. capătul (n) descendent al curelei
8. lăţimea (f) curelei
9. grosimea (f) curelei

pag. 77.
1. faţa (f) dinspre carne a curelei
2. faţa (f) dinspre păr a curelei
3. transmisiune (f) intermediară cu curea
4. comandă (f) prin curea
5. curea (f) deschisă
6. curea (f) încrucişată
7. curea (f) semi-încrucişată
8. transmisiune (f) în unghi
9. roata (f) de ghidare, rolă (f) de ghidare, pulie (f) de ghidare, rodanţă (f)

pag. 78.
1. transmisiune (f) cu tensiune provocată prin greutate
2. rolă (f) de tensiune, pulie (f) de tensiune
3. transmisiune (f) cu conuri, — cu tambure conice
4. curea (f) orizontală
5. curea (f) verticală
6. curea (f) suitoare de la stânga la dreapta
7. curea (f) suitoare de la dreapta la stânga
8. cureaua (f) bate

pag. 79.
1. cureaua (f) alunecă
2. cureaua (f) se ridică în sus
3. a întinde cureaua
4. a scurta cureaua
5. cureaua sare de pe roată
6. ridicător (n) de curea, aparat (n) de pus cureaua
7. a pune o curea pe roată
8. a scoate o curea depe roată

pag. 80.
1. cureaua (f) stă pe arbore
2. curea (f) dublă
3. curea (f) multiplă
4. piele (f) de curea
5. curea (f) de comandă
6. curea (f) articulată
7. legătură (f) de curea
8. întinzător (n) de curea, aparat (n) de întins curele
9. curea (încleiată)
10. a încleia cureaua
11. cleĭ (n) de piele

pag. 81.
1. curea (f) cusută
2. a coase cureaua
3. curea (f) de cusut
4. agrafă (f) de curea
5. şurub (n) pentru curea
6. agrafă (f) cu ghiare pentru curea
7. roată (f) de transmisie, pulie (f)
8. obada (f) roţei
9. grosimea (f) obezei
10. lăţimea (f) roţei

pag. 82.
1. roată (f) cilindrică de transmisie
2. roată (f) bombată de transmisie
3. bombătura (f) roţei
4. roată (f) de transmisie cu braţe (spiţe) drepte
5. roată (f) de transmisie cu braţe (spiţe) curbate
6 roată (f) de transmisie cu bride (spiţe) duble
7. roată (f) de transmisie de fontă
8. roată (f) de transmisie de fer

pag. 83.
1. roată de transmisie de lemn
2. roată (f) de transmisie dintr' o bucată
3. roată (f) de transmisie divisată
4. con (n) de transmisie, pulie (f) conică, tambur (n) conic
5. roată (f) de transmisie cu etaje, pulie (f) multiplă
6. roată (f) de transmisie fixă şi liberă
7. roată (f) fixă de transmisie (curea)
8. roată (f) liberă de transmis, roată (f) nebună
9. manşonul (n) roţei nebune

pag. 84.
1. a trece o curea de pe roata nebună pe roata fixă
2. a acupla şi a decupla, a pune şi a scoate cureaua
3. aparate(n) de schimbat cureaua, — de scos cureaua
4. furcă (f) de decuplare — de schimbat cureaua
5. transmisiune (f) cu cablu, — cu funie, — frânghie
6. tensiunea (f) cablului, — funiei
7. roată (f) de ghidare, a cablului, rodanţa (f) de cablu
8. transmisiune (f) ciclică prin cablu, — cu fire multiple

pag. 85.
1. cablu (n), funie (f), frânghie (f)
2. şuviţă (f), toron (n)
3. inimă (f)
4. a răsuci cablul, — frânghia
5. maşină (f) de răsucit cablul, — frânghia

6. cablu (n) în spirală
7. cablu (n) închis
8. împreunare (f) de cabluri, matiseala (f)
9. a matisi cablul, a împreuna extremitățile cablurilor
10. loc de matiseală, — de împreunare

pag. 86.

1. legătură (f) de cabluri (aparat)
2. frecare (f) de cablu
3. rigiditatea (f) unui cablu, — unei funii
4. unsoare (f) de cablu
5. cablu (n) mobil, funie (f) mobilă
6. cablu (n) fix, funie (f) fixă
7. cablu (n) metalic
8. cablu (n) de oțel
9. cablu (n) de cânepă. frânghie (funie) de cânepă
10. cablu de bumbac

pag. 87.

1. roată (f) pentru cablu
2. șanț (n) de roată (pentru cablu)
3. roată (f) pentru cablu metalic
4. roată (f) pentru cablu de cânepă, — p. frânghie (otgon)
5. cablu (n) de transmisie, — motor
6. cablu (n) de comandă
7. cablu (n) de ridicat
8. cablu (n) de ascensor
9. cablu (n) de macara

pag. 88.

1. cablu (n)
2. cablu (n) de cabestan
3. a înfășura un cablu
4. a desfășura un cablu

XII.

5. transmisiune (f) cu lanț
6. lanț (n)
7. roată (f) de lanț
8. lanț (n) din verigi, — din inele, — obicinuit
9. verigă (f) inel (n) de lanț
10. pas (m), lungimea interioară a verigei

pag. 89.

1. lărgimea (f) interioară a verigei
2. verigă (f), inel (n) de lanț
3. frecare (f) de lanțuri
4. încuietoare (f) de lanțuri, legătură (f) de lanțuri
5. lanț (n) sudat
6. sudură (f) la cap
7. sudură (f) laterală
8. lanț (n) cu verigi scurte, — englezesc
9. lanț (n) cu verigi lungi, — nemțesc

pag. 90.

1. lanț (n) cu verigi înfudate, cu călușe
2. căluș (n) de lanț, traversă (f) de lanț
3. lanț (n) calibrat
4. lanț (n) cu cârlige
5. rotiță (f) de lanț, pinion de lanț
6. roată (f) de lanț, roată (f) de cabestan
7 ghid (n) de lanț
8. roată (f) de transmisie cu lanț, pulie (f) p. lanț
9. lanț (n) articulat
10. zăbală (f) de lanț, ecliză (f) de lanț, placă (f) de lanț

pag. 91.

1. capul (n) zăbalei (eclisei, plăcei)
2. bulon (n) de lanț articulat
3. lanț (n) Gall
4. roată (f) dințată de lanț
5. arbore (m) pentru lanț
6. lanț (n) de transmisiune, — motric
7. lanț (n) de greutăți
8. lanț (n) de macara
9. lanț (n) de ancoră
10. curea (f) de lanț
11. lanț (n) fără fine, lanț (n) continuu

pag. 92.

1. cârlig (n)
2. gura (f) cârligului, deschiderea (f) cârligului
3. tija (f) cârligului
4. gâtul (n) cârligului
5. inel (n) cârlig, traversă (f) de cârlig
6. cârlig (n) dublu
7. cârlig (n) pentru cablu
8. cârlig (n) pentru lanț
9. accesorii (n. pl) de cârlig
10. ochi (n) de lanț, ochetă (f) de lanț

pag. 93.

1. cârlig (n) închis

XIII.

2. pulie (f), rolă (f) rodanță (f)
3. pulie (f) fixă, rolă (f) fixă
4. pulie (f) mobilă, rolă (f) mobilă
5. suportul (n) puliei (rolei)

6. axa (f) puliei (rolei)
7. palanc (n), muflu (n)
8. muflu (n)
9. muflu (n) fix

pag. 94.

1. muflu (n) mobil
2. muflu (n) superior
3. muflu (n) inferior
4. palanc (n) diferenţial
5. pulie (f) diferenţială, rolă (f) diferenţială
6. palanc (n) cu cablu, — cu frânghie, muflu (n) cu cablu
7. palanc (n) cu lanţ, muflu (n) cu lanţ
8. tambur (n)
9. peretele (n) tamburului, învelişul (n) tamburului

pag. 95.

1. arborele (m) tamburului, axa (f) tamburului
2. tambur (n) pentru cablu
3. tambur (n) pentru lanţ

XIV.

4. opritoare (f), mecanism (n) de oprire
5. opritoare (f) cu dinţi
6. roată (f) de oprire, — cu clichet
7. cârlig (n) de oprire, clichet (n)
8. opritoare (f) cu fricţiune, mecanizm (n) de oprire cu fricţiune
9. clichet (n) de fricţiune, con (n) de fricţiune

pag. 96.

1. frână (f)
2. frână (f) cu sabot, — cu papuc
3. roată (f) de frână
4. sabot (m) de frână, papuc (m) de frână
5. pârghie (f) frână
6. forţă (f) de frânare
7. frână (f) cu roată cu gât
8. frână (f) conică
9. frână (f) cu panglică, — cu bandă

pag. 97.

1. panglică (f) de frână, bandă (f) de frână
2. frână (f) diferenţială
3. frână (f) centrifugală

XV.

4. ţeavă (f), tub (n)
5. tubular
6. diametrul (m) interior al ţevei (tubului)
7. ţeava (tubul) are x m/m diametru interior, o ţeavă (un tub) de x m/m
8. peretele (m) ţevei (tubului)

pag. 98.

1. grosimea (f) peretelui)
2. lungimea (f) utilă
3. vopseaua (f) ţevei (tubului)
4. îmbrăcămintea (f) ţevei (tubului), învelitoarea ţevei
5. împreunare (f) de ţevi (tuburi), joantă
6. înşurubare (f) de ţevi (tuburi)
7. împreunare (f) cu flanşe, — cu bride
8. împreunare (f) cu flanşe şi buloane
9. ţeavă (f) cu flanşe (bride)
10. flanşă (f) bridă (f)

pag. 99.

1. diametrul (n) flanşei (bridei)
2. grosimea (f) flanşei (bridei)
3. bulon (n) de flanşă (bridă)
4. cercul (n) găurilor de bulon
5. suprafaţă (f) de contact a flanşei (bridei), rebord de etansitate
6. garnitură (f) de flanşe
7. inel (n) de garnitură
8. flanşă (f)

pag. 100.

1. flanşă (f) (bridă) cu şanţ şi inel, de încastrare
2. contraflanşă (f), contrabridă (f)
3. flanşă (f) (bridă) din fier cornier, raportată
4. flanşă (f) fixă
5. flanşă (f) mobilă
6. inel (n) sudat, — lipit
7. flanşă (f) nituită
8. flanşă (f) sudată
9. flanşă (f) înşurubată

pag. 101.

1. cheie (f) pentru flanşe
2. împreunare (f) cu manşon joantă (f) cu manşon
3. ţeavă (f) cu manşon
4. manşon (n) de ţeavă
5. garnitură (f) de ţeavă
6. adâncimea (f) manşonului
7. adâncimea (f) garniturei
8. a plumbui o joantă, a garnisi o ţeavă cu plumb
9. ţeavă (f) de fontă, tub (n) de fontă
10. ţeavă (f) turnată vertical (în picioare)

pag. 102.

1. ţeavă (f) turnată orizontal (culcat)
2. ţeavă (f) de fer, tub (n) de fer
3. ţeavă (f) nituită
4. ţeavă (f) sudată
5. ţeavă (f) sudată cap la cap
6. ţeavă (f) sudată prin suprapunere
7. ţeavă (f) sudată în spirală
8. ţeavă lipită, — alămită (arămită)
9. ţeavă (tub) fără sudură

pag. 103.

1. ţeavă (f) laminată
2. aparat (n) de laminat ţevi (tuburi)
3. laminor (n) de ţevi (tuburi)
4. ţeavă (f) trasă
5. a trage ţevi (tuburi)
6. ţeavă (tub) de aramă
7. ţeavă (tub) de alamă
8. ţeavă (f) cu rebord şi flanşă mobilă
9. rebord (n)
10. a face rebordul la o ţeavă, a ambutiza o ţeavă

pag. 104.

1. ţeavă (f) (tub) de compensaţie (dilatare)
2. ţeavă (f) elastică tub elastic
3. ţeavă (f) ondulată
4. ţeavă (f) cu presestupă
5. ţeavă (f) cu nervuri
6. serpentin (n)
7. serpentin (n) refrigerent, — de răcire
8. serpentin (n) de încălzire
9. obturator (n) de ţeavă, închizător (n) de ţeavă

pag. 105.

1. dop (n) cu şurub
2. capac (n) de închidere, obturator (n) extern cu şurub
3. flanşă (bridă) oarbă, — de obturaţie
4. racord (n) de ţevi, tubulară (f)
5. manşon (n) dublu
6. cot (n) de ţeavă
7. racord (u) curbat, ţeavă, curbată
8. racord (n) în U, ţeavă bifurcată
9. ţeavă (tub) de reducere

pag. 106.

1. ramificaţie (f) de ţevi, branşament (n)
2. ramificaţie (f) în unghi drept
3. ramificaţie (f) în unghi ascuţit
4. ţeavă (f) de ramificaţie
5. ţeavă (tub) în cruce, cruce
6. ţeavă (tub) în U
7. ţeavă (tub) cu 3 căi
8. ţeavă (tub) cu 4 căi
9. manşon (n) cu ghivent

pag. 107.

1. manşon (n) de reducere
2. racord (n) cu ghivent, niplu (n)
3. niplu (n) dublu, racord (n) dublu cu ghivent
4. cot (n) de ţeavă, genunchi (n) de (ţeavă), ţeavă (f) cotită
5. cot (n) în unghi drept
6. cot (n) de reducere
7. cot (n) rotunjit
8. ţeavă (f) de gaz, tub (n) de gaz
9. ţeavă (f) de apă
10. ţeavă (f) de căldare

pag. 108.

1. ţeavă (f) de foc
2. ţeavă (f) de fum
3. ţeavă (f) fierbătoare
4. ţeavă (f) de încălzire
5. ţeavă (f) d aspiraţie
6. sorb (n), crepină (f)
7. conductă (f) de aspiraţie
8. ţeavă de presiune (refulare)
9. conductă (f) de presiune
10. tubulară (f)

pag. 109.

1. conductă (f) de ţevi
2. ţeavă (f) de admisiune, — de alimentare
3. ţeavă (f) de evacuare, — de scurgere
4. ţevărie (f) reţea (f) de ţevi
5. plan (f) de instalaţie al ţevilor
6. a aşeza o ţeavă (un tub)
7. suport (n) de ţeavă, etrier (m), scară (f)
8. agrafă (f) pentru ţevi, cârlig (n) pentru ţevi
9. conductă (f) de aburi
10. conductă (f) de apă

pag. 110.

1. conductă (f) de gaz
2. sifon (n)
3. lovitură (f) de berbec
4. ruptură (f) de ţeavă
5. ventil (n) de siguranţă
6. cheie (p) de ţevi
7. cleşte (m) de ţevi
8. cuţit p. tăiat ţevi
9. perie (f) de ţevi

pag. 111.

1. curăţitor (n) de ţevi, raschetă (f)

2. indicator (n) de nivel de apă
3. cutia (f) indicatorului de nivel
4. tubul (n) de sticlă al indicatorului de nivel
5. robinetul (n) indicatorului de nivel
6. linia (f) de nivel a apei
7. coloană (f) de apă.

XVI.

pag. 112.

1. ventil (n). supapă (f), valvulă (f)
2. cameră (f) de ventil
3. capac (n) de ventil
4. şurub (n) de la capacul ventilului
5. diametrul (n) interior al ventilului
6. diametrul (n) de trecere

pag. 113.

1. deschidere (f) de trecere
2. secţiune (f) de trecere
3. corp (n) de ventil sau s
4. şez (n) de ventil, scaun (n) de ventil
5. suprafaţă (f) de contact a unui ventil, de obturaţie
6. a şlefui ventilul in scaunul său
7. tijă (f) de ventil
8. volant (n) roată, manivelă (f)
9. lungime (f) totală

pag. 114.

1. cursă (f) de ventil (s)
2. limita (f) cursei ventilului
3. con (n) limitator de cursă
4. suprapresiunea (f) ventilului
5. massa (f) ventilului
6. acceleraţia (f) ventilului
7. ventilul se inţepeneşte
8. ventilul rămâne suspendat
9. ventilul oscilează

pag. 115.

1. ventilul (n) bate
2. a deschide ventilul s
3. a inchide ventilul s
4. jocul (n) ventilului s
5. inchiderea (f) ventilului s
6. deschiderea (f) ventilului s
7. ridicarea (f) ventilului s
8. diagrama (f) de ridicare a ventilului
9. a echilibra (a descărca) ventilul
10. echilibrarea (n) ventilului s, descărcarea (f) ventilului s

pag. 116.

1. ventil (n) auxiliar
2. ventil (n) cu ridicare
3. ventil (n) cu disc (taler) platou
4. disc (n) de ventil, taler (n) de ventil, platou (n) de ventil
5. ventil (n) cu con
6. con (n) de ventil
7. ventil (n) sferic, — cu bilă
8. bilă (f) de ventil
9. căciulă (f) de oprire
10. ghidaj (n) de ventil sau supapă

pag. 117.

1. ghidaj (n) cu aripioare
2. ventil (n) cu aripioare superioare, cu ghidaj superior
3. ventil (n) cu aripioare inferiorare, cu ghidaj inferior
4. aripioare (f. pl.) de ghidaj
5. ghidaj (n) cu cui, — cu ştift
6. cui (n) de ghidare, ştift (n) de ghidare
7. ghidajul (n) tijei ventilului, drept
8. ventil (n) sau supapă (f) de trecere, obicinuit
9. ventil sau supapă cu trecere unghiulară

pag. 118.

1. ventil sau supapă cu trei căi, — alternativ
2. ventil sau supapă cu scaun inelar
3. ventil sau supapă cu un scaun inelar simplu
4. ventil sau supapă cu scaun inelar dublu
5. ventil sau supapă cu scaun inelar multiplu
6. ventil sau supapă cu etaje
7. ventil sau supapă, cu scaun dublu
8. ventil sau supapă, de ţeavă, vană

pag. 119.

1. ventil sau supapă in clopot
2. ventil sau supapă cu greutăţi
3. greutate de ventil
4. ventil sau supapă cu resort
5. resort de ventil
6. ventil sau supapă de siguranţă
7. ventil sau supapă cu contra-greutate
8. contra-greutate de ventil
9. pârghie de ventil, — de supapă

pag. 120.

1. ventil de siguranţă cu resort
2. resort de ventil
3. a încărca ventilul (n) (sau supapa

4. a regula (n) sarcina ventilului
5. a supraîncărca ventilul (n) sau supapa
6. ventil sau supapă comandată (n), ventil sau supapă
9. mecanism de distribuţie (comandă)

pag. 121.

1. ventil sau supapă de oprire cu supape sau ventile
2. ventil (n) sau supapă de oprire pentru aburi
3. ventil sau supapă de reţinere
4. ventil (n) sau supapă de siguranţă pentru tuburi
5. ventil (n) sau supapă de reducere
6. ventil (n) sau supapă de aspiraţie
7. ventil (n) sau supapă atmosferică de intrare a aerului

pag. 122.

1. ventil sau supapă de suprapresiune, — de scăpare
2. ventil (n) sau supapă de admisiune
3. ventil (n) sau supapă de eşire, — de emisiune
4. ventil (n) sau supapă de golire, — de evacuare
5. ventil (n) sau supapă de curăţire
6. ventil (n) sau supapă de scurgere, — de descărcare
7. ventil (n) sau supapă de alimentare
8. ventil sau supapă de probare, — de încercare
9. ventil (n) sau supapă de curăţire

pag. 123.

1. ventil (n) sau supapă cu disc, — cu clapet
2. disc (n) de ventil, clapet de ventil
3. ventil (n) sau supapă cu clapet de piele
4. ventil (n) sau supapă cu clapet de cauciuc
5. opritor (n) de clapet
6. clapet (n) de siguranţă
7. clapet (n) de reţinere

pag. 124.

1. clapet (n) de oprire
2. clapet (n) de aspiraţie
3. clapet (n) de presiune, — de refulare
4. clapet (n) de admisiune
5. clapet (n) de descărcare, — de evacuare
6. ventil (n) fluture, supapă cu gât
7. a strangula trecerea, a reduce secţiunea de trecere
8. strangularea, (f) reducerea trecerei —

pag. 125.

1. vană sau (f) registru
2. camera (f) vanei
3. capul (n) vanei
4. tija (f) vanei
5. corpul (n) vanei
6. locaşul (n) vanei
7. inel (n) de obturaţie, — de garnitură
8. ghidajul (n) vanei, — registrului

pag. 126.

1. bară (n) de ghidaj
2. piuliţă (n) de ghidaj
3. vană (f) sau registrul de oprire
4. vană (f) de apă
5. vană (f) de gaz
6. vană (f) de aburi
7. valvulă (f) cilindrică, saltar (n) oscilant, — Corliss
8. saltar (n) rotativ, valvulă (f) de distribuţie rotativă
9. saltar (n) de distribuţie

pag. 127.

1. saltar (n) plan
2. saltar (n) în formă de cochilie
3. tija (f) saltarului
4. saltar (n) piston, — cilindric, piston (n) de distribuţie
5. saltar (n) echilibrat
6. distribuţie (l) cu saltar
7. robinet (n)
8. cepul (n) robinetului
9. capul (n) robinetului
10. camera (f) robinetului, cutia (f) robinetului

pag. 128.

1. a deschide robinetul
2. a închide robinetul
3. robinet (n) conic
4. robinet (n) cu valvulă
5. robinet (n) cu şurub
6. robinet (n) cu presestupă
7. robinet (n) drept, — obicinuit
8. robinet (n) în unghi
9. robinet (n) cu trei căi

pag. 129.

1. robinet (n) cu patru căi
2. robinet (n) de golire
3. robinet (n) de amestec
4. robinet (n) de oprire

5. robinet (n) de apă
6. robinet (n) de gaz
7. robinet (n) de evacuare
8. robinet (n) de descărcare
9. robinet (n) de alimentare
10. robinet (n) de probă, — de încercare, sfârşit de cap

XVII.

pag. 130.
1. cilindru (n)
2. axa (f) cilindrului
3. diametrul (n) cilindrului, alesajul (n) cilindrului
4. peretele (m) cilindrului, cămaşa (f) cilindrului
5. capacul (n) cinlindrului
6. bulon (h) de capac
7. înşurubarea (f) capacului
8. fundul (n) cilindrului

pag. 131.
1. pres-garnitura (f) cilindrului, pes-estupa (f) cilindrului
2. îmbrăcămintea (f) cilindrului, învelitoarea (f) cilindrului
3. a strungi un cilindru
4. a restrungi un cilindru
5. a aleza un cilindru
6. maşină (f) de alezat cilindrele
7. ungerea (f) cilindrelor
8. cilindru (n) cu simplu efect

pag. 132.
1. cilindru (n) cu dublu efect
2 eilindru (n) de aburi, —
3. cilindru (n) de pompă
4. cilindru (n) de presiune

XVIII.

5. pres-garnitură (f), pres-estupă (f), cutie (f) de garnitură
6. capac
7. flanşa (f) capacului, brida (f) capacului
8. cutia (f)
9. garnitura (f)

pag. 133.
1. locaşul (n) garniturei
2. grosimea (f) garniturei
3. bulon (n) de pres-garnitură,
4. manşon de fund, cutie de...
5. inel (n) de bază
6. inel (n) de ungere
7. pres-garnitură pentru aburi
8. pres-garnitură cu piele

pag. 134.
1. garnitură (f) de piele
2. pres-garnitură metalică
3. frecare (f) de pres-garnitură
4. a strânge pres-garnitura
5. pres-garnitura se înţepeneşte
6. pres-garnitura pierde. — nu este etanşă
7. pres-garnitura este etanşă, — închide hermetic

pag. 135.
1. cilindrul este făcut etanş printr'o pres-garnitură
2. a pune garnitura
3. garnitură (f) de cânepă, — de câlţi
4. şuviţă (f) de cânepă, tresă (f) de cânepă
5. garnitură (f) de asbest
6. şuviţă (f) de asbest, sfoară (f) de asbest
7. garnitură (f) de cauciuc
8. garnitură (f) de metal

XIX.

pag. 136.
1. piston (n)
2. diametrul (n) pistonului
3. grosimea (f) pistonului
4. jocul (n) pistonului
5. forţa (f) pistonului
6. tija (f) pistonului
7. coada (f) tijei pistonului
8. ghidajul (h) tijei pistonului
9. şurubul (n) piston

pap. 137.
1. cheia (f) pistonului
2. pres-garnitura (f) pistonului
3. ungerea (f) pistonului
4. viteza (f) pistonului
5. acceleraţia (f) pistonului
6. frecarea (f) pistonului
7. cursa (f) pistonului
8. cursa (f) completă (dublă) a pistonului
9. cursa (f) înainte a pistonului
10. cursa (f) înapoi a pistonului

pag. 138.
1. ridicarea (f) în sus a pistonului
2. scoborârea (f) pistonului
3. garnitura (f) pistonului
4. piston (n) cu garnitură de cânepă
5. piston (n) cu garnitură de piele
6. a garnisi un piston cu piele
7. piston (n) cu garnitură metalică

pag. 139.
1. segment (m) de piston, cerc de garnitură
2. joanta (f) segmentului de piston, cercului de garnitură
3. segment (m) de piston elastic

4. corp (n) de piston
5. capac (n) de piston, platou (n) de piston
6. şurub (n) dela capacul pistonului
7. inel (n) de tensiune, cerc (n) de tensiune
8. piston (n) cu garnitură în labirint cu garnitură in caneluri.

pag. 140.

1. piston (n) şlefuit, — fără garnitură
2. a şlefui un piston
3. piston (n) plin, — cu disc
4. piston (n) scufundător, plunger (n)
5. piston (n) de aburi
6. piston (n) pompă
7. piston (n) rezervă, de schimb

XX.

8. transmisiune (f) prin manivelă
9. poziţia (f) la punctul mort, — moartă

pag. 141.

1. punct (n) mort
2. manivelă (f)
3. corp (n) de manivelă, braţ (n) de manivelă
4. arbore (m) de manivelă
5. suportul (lagărul) arborelui de manivelă, principal
6. fus de manivelă, buton de manivelă
7. suport (lagăr) al butonului manivelei
8. manivelă (f) frontală

pag. 142.

1. contra-manivelă (f)
2. disc-manivelă (f)
3. manivelă (f) pentru braţ, — de mână
4. manetă de manivelă
5. manivelă (f) pentru un om
6. manivelă (f) pentru doi oameni
7. manivelă (f) de siguranţă
8. bătae (f) de manivelă
9. a învârti manivela

pag. 143.

1. culisă-manivelă
2. culisă
3. piatra culisei, patina
4. excentric
5. excentricitate
6. disc de excentric, platou de excentric
7. disc de excentric dintr'o bucată
8. disc de excentric din două bucăţi.

pag. 144.

1. inel de excentric. guler de excentric
2. tijă (f) de excentric
3. presiune (f) de excentric
4. frecare (f) de excentric
5. comandă (f) prin excentric
6. excentric
7. bielă (f)
8. corp (n) de bielă
9. cap (n) de bielă

pag. 145.

1. cap (n) de bielă închis
2. cap (n) de bielă deschis (tip marin)
3. cap (n) de bielă cu cupuşon
4. bielă (f) de acuplare
5. glisiere (f. pl.)
6. patină (f)
7. glisieră (f)
8. suprafaţă (f) de alunecare
9. presiune (f) de glisieră
10. frecare (f) de glisieră

pag. 146.

1. ghidajul (n) tijei
2. cutia (f) de ghidaj, buceaua de ghidaj
3. tijă (f) glisieră. tijă de ghidaj
4. ghidaj (n) cu cap de cruce
5. cap (n) de cruce
6. patină (f)
7. bulonul (n) capului de cruce
8. tija (f) capului de cruce

pag. 147.

1. pana (f) capului de cruce

XXI.

2. resort (n) arc (n)
3. resort (n) de flexiune
4. resort (n) cu lame, arc (n) cu foi
5. săgeată (f)
6. resort (n) cu lame suprapuse, arc (p) cu foi suprause
7. legătura (f) resortului (arcului)
8. ochi (m) de resort (arc)
9. suport (n) de resort (arc)

pag. 118.

1. resort (m) în spirală, arc în spirală
2. resort (m) de torsiune
3. resort (n) helicoidal
4. resort (n) conic

5. resort (n) cu secţiune dreptunghiulară
6. resort (n) cu secţiune circulară, — din sârmă rotundă
7. compresiunea (f) resortului
8. a comprima un resort
9. a întinde un resort

pag. 149.

1. spiră (f) de resort
2. numărul (n) spirelor
3. a fi elastic, a fi compresibil, a arcui

XXII.

4. volant (n)
5. obadă (f) de volant, coroană (f) de volant
6. spiţă (f) de volant, braţ (n) de volant
7. butuc (m) de volant
8. grad (n) de neregularitate
9. volant (n) divizat, — din două părţi

pag. 150.

1. împreunarea (f) obezei
2. bulonul (n) obezei
3. bulonul (n) butucului
4. volant cu dinţi, — dinţat
5. ruptură (f) de volant, — explozie (f) de volant
6. ruptura (f) obezei, — coroanei volantului

XXIII.

7. regulator (n)
8. arbore (m) de regulator
9. massă centrifugală, greutate de regulator, ghiulea de regulator

pag. 151.

1. manşon de regulator
2. cursa manşonului de regulator
3. pârghie de regulator
4. aparat de regulare (potrivire) al regulatorului
5. regulator (n) centrifugal
6. regulator (n) cu pendul
7. regulator (n) cu con
8. regulator (n) axial
9. regulator (n) cu contra-greutate

pag. 152.

1. contra-greutate (f) de regulator
2. regulator (n) cu resort
3. resort (n) de regulator
5. regulator (n) de putere
6. a regula

XXIV.

pag. 153.

1. menghină (f)
2. menghină (f) de banc
3. a strânge (a fixa) o piesă în menghină
4. şurub (n) de menghină
5. fălcele (f. pl.) de menghină' bacuri
6. căptuşala (f) fălcelei

pag. 154.

1. placă (f) de menghină, adaos (n) de menghină
2. menghină (f) paralelă
3. menghină (f) pentru ţevi
4. presă de strâns cu şurub
5. presă cu şurub de banc
6. menghină (f) de mână
7. cleşte teşit de prins
8. menghină (f) de mână cu fălcele înguste

pag. 155.

1. menghină (f) cu ştift
2. menghină (f) de lemn

XXV.

3. cleşte (m)
4. gură (f) de cleşte
5. cleşte (m) plat
6. cleşte cu gură rotundă
7. cleşte cu dinţi, — p. ţevi de gaz
8. cleşte (m) cu buclă, — cu verigă
9. cleşte de sârmă, — american
10. cleşte (m) de tăiat sârmă

pag. 156.

1. cleşte (m) tăietor
2. cleşte (m) de tăiat
3. cleşte (m) de scos cuie
4. cleşte (m) de îndoit
5. cleşte (m) de tras
6. cleşte (m) de lipit
7. cleşte (m) p. becuri de gaz
8. pensetă (f)
9. foarfece (n)
10. lama (f) tăetoare a foarfecelui

pag. 157.

1. foarfece (n) cu arc
2. foarfece (n) cu pârghie
3. foarfece (n) cu braţ, — de banc
4. foarfece (n) de masă
5. foarfece (n) paralel
6. foarfece (n) cu cadru
7. foarfece (n) de mână
8. maşină (f) de forfecat, foarfece (n) mecanic
9. foarfece (n) p. tablă, — de tinichigiu

pag. 158.

1. foarfece (n) pentru perforat
2. foarfece (n) pentru sârmă

XXVI.

3. nicovală (f)
4. faţa (f) nicovalei
5. soclul (n) postament (n) butuc (m)
6. nicovală (f) de fierărie
7. nicovală (f) mică
8. nicovală (f) de banc
9. nicovală (f) cu corn

pag. 159.

1. cornul (n) sau conul (n) nicovelei
2. bicorn (n)
3. coadă (f)
4. bicorn (f) de banc
5. nicovală cu coadă, steclu, tasou
6. steclu ascuţit, tasou ascuţit
7. fer pentru îndoit
8. fer pentru făcut reborduri
9. nicovală pentru funduri, — de căldărar

pag. 160.

1. placă de polisat
2. placă cu tipare de forjat

XXVII.

3. ciocan (n)
4. faţa (f) ciocanului
5. pana (f) ciocanului, vârful ciocanului
6. coada (f) ciocanului
7. a ciocăni, a bate cu ciocanul
8. a ciocăni la rece, a bate la rece
9. ciocan (n) de lăcătuş

pag. 161.

1. ciocan (n) de ferar
2. ciocan (n) de întins, — plat
3. ciocan (n) de bătut
4. ciocan (n) de mână
5. ciocan (n) de banc
6. ciocan (n) cu bătaia încrucişată
7. ciocan (n) de bătut, baros
8. ciocan (n) cu vărf ascuţit
9. ciocan (n) plat

pag. 162.

1. ciocan (n) cu vărful în cruce
2. ciocan (n) cu vărful sferic
3. ciocan (n) cu vărful despicat
4. ciocan (n) de bază, plan
5. ciocan (n) plan de îndreptat
6. ciocan (n) de bază rotund, — de gâtuit
7. ciocan (n) cu capetele sferice

pag. 163.

1. ciocan (n) de ambutisat
2. ciocan (n) cu vârful în pană
3. ciocan (n) de găurit
4. ciocan (n) de raschetat
5. ciocan (n) canelat, — de stampat
6. ciocan (n) de lemn, malu (n)
7. ciocan (n) de zinc
8. ciocan (n) de aramă
9. a forja cu ciocanul

pag. 164.

1. a forja la rece
2. a forja la cald
3. a forja în tipare, a stampa
4. tipar (n) stampă (f), matriţă (f)
5. matriţă inferioară
6. matriţă superioară
7. a refula, a turti
8. a îndesni, a mata
9. a suda
10. sudură
11. a suda

pag. 165.

1. a suda
2. sudură
3. căldură (f) de sudare
4. defect (n) de sudură
5. cuptor (n) de sudat
6. a tăia cu ciocanul
7. tăetură (f) la nicovală
8. ciocan (n) de tăiat, tăietor
9. ciocan (n) de tăiat la cald, tăitor la cald
10. ciocan (n) de tăiat la rece, tăetor la rece

pag. 166.

1. forjă (f) fierărie, făurărie
2. vatră (f) de forjă
3. coş (n) de forjă, horn, cămin
4. foc (n) de forjă
5. unelte (f) de fierărie, de forjă
6. vătrar (n)
7. cârlig (n) de vatră
8. pămătuf (m)
9. lopăţică (f)
10. cleşte (m) de foc

pag. 167.

1. ventilator de (n) forjă. suflător
2. foale (f)
3. forjă (f) portativă

XXVIII.

4. daltă (f)
5. daltă (f) lată
6. daltă (f) ascuţită, — crucişă

7. a ciopli cu dalta crucişe, a dăltui
8. daltă (f) pentru pietre
9. daltă (f) de mână

pag. 168.

1. daltă (f) de banc
2. a dăltui, a lucra cu dalta, a cisela
3. a dăltui, a ciopli cu dalta
4. însemnător (n) de centre, poanton
5. centru, punct făcut cu însemăntorul
6. a însemna, a marca cu însemnătorul
7. poanson

pag. 169.

1. matriţă (f)
2. poanson (n) de mână
3. poanson (n) de banc
4. poanson (n) găurit
5. cleşte (m) de găurit, — de poansonat
6. a găuri. a perfora, a poansona

XXIX.

7. pilă (f)
8. mâner (n) de pilă

pag. 170.

1. tăetură (f) de pilă
2. tăetură (f) bastardă, — mijlocie
3. tăetură (f) fină, — dulce
4. tăetură (f) simplă
5. tăetură (f) încrucişată
6. tăetură (f) superioară, tăetura a doua
7. tăetură (f) inferioară, tăetură primă
8. a tăia pile
9. tăetor (m) de pile
10. daltă (f) pentru tăiat pile
11. ciocan (n) de pile

pag. 171.

1. nicovală (f) de pile
2. a retăia pilele
3. pilă (f) retăiată
4. a căli pile
5. călire de pile
6. a pili
7. trăsătură cu pila
8. pilitură (f)
9. praf (f) de pilitură

pag. 172.

1. banc (n) de pilit, — de ajustat
2. pilă (f) de mână
3. pilă (f) de braţ
4. pilă (f) bastardă
5. pilă (f) fină, — dulce
6. pilă (f) semi-bastardă, — semi-fină
7. pilă (f) suprafină
8. a finisa, a netezi, a plana cu pila

pag. 173.

1. pilă (f) de polisat
2. pilă (f) de pachet
3. pilă (f) cu tăetură mare
4. pilă (f) plată
5. pilă (f) obtuză, buntă
6. pilă (f) ascuţită
7. pilă (f) cu vârful plat

pag. 174.

1. pilă (f) dreptunghiulară
2. pilă (f) triunghiulară
3. pilă (f) patrată
4. pilă (f) rotundă
5. pilă (f) semirotundă
6. pilă (f) triunghiulară turtită, — cu colţuri
7. pilă (f) de rotunjit
8. pilă (f) ovală

pag. 175.

1. pilă (f) cuţit, — cu tăiş
2. pilă (f) rombică
3. pilă (f) cu muchiile rotunde
4. pilă (f) de spintecat
5. pilă (f) in formă de X
6. pilă (f) de găurit
7. pilă (f) de ferăstrău

pag. 176.

1. pilă (f) de găuri
2. raşpilă (f)

XXX.

3. răzuitor (n), şabăr (n), raşchet (n)
4. răzuitor (n) plat
5. răzuitor (n) canelat
6. răzuitor (n) triunghiular
7. răzuitor (n) în formă de inimă

pag. 177.

1. a răzui
2. a aleza răzuind
3. a finisa răzuind
4. alezor (n), raibăr (n)
5. alezor (n) ascuţit
6. alezor (n) unghiular
7. alezor (n) cu caneluri în spirală
8. alezor (n) canelat
9. alezor (n) conic

pag. 178.

1. alezor (n) de fusuri
2. alezor (n) de maşini, — mecanic
3. a aleza

XXXI.

4. burghiu (n), sfredel (n)
5. manşon (n) de burghiu
6. arbore (n) port-burghiu

pag. 179.

1. gaură (făcută cu burghiu)
2. a găuri, a perfora, a sfredeli
3. a găuri din nou, a rectifica o gaură
4. burghiu de finisat. alezor
5. găurire (f)
6. găuritoare (f) de mână, maşină (f) de găurit de mână
7. sfredel (n), sfredeluş
8. burghiu (n) de cepuri

pag. 180.

1. burghiu (n) cu un tăiş
2. burghiu (n) cu două tăişuri
3. burghiu (n) cu vârf
4. burghiu (n) cu centru
5. vârf (n) central
6. burghiu (n) spiral
7. burghiu (n) de fresat
8. burghiu (n) de lemne

pag. 181.

1. sfredel, sfredel elicoidal
2. sfredel (n) cu urechi
3. burghiu-lingură, — lingură (f) de găurit
4. sfredel răsucit, — american
5. burghiu (n) lung
6. burghiu (n) de pământ, sfredel (n) de pământ
7. burghiu (n) de piatră, sfredel (n) de piatră

pag. 182.

1. unelte de găurit, ustensile pentru găurit
2. port-burghiu cu şurub, găuritor cu şurub
3. burghiu cu arcuş, — cu arc
4. arcuş, arc pentru burghiu
5. port-burghiu de piept
6. burghiu (n)
7. port-burghiu (n) cu manivelă
8. manivelă (f) pentru găurit
9. burghiu (n) cu clichet, boraci

pag. 183.

1. maşină de găurit, găuritoare

XXXII.

2. freză (f)
3. dinte (n) de freză
4. freză (f) cu dinţi adaoşi
5. freză (f) cu profil invariabil
6. freză (f) laterală, — cu disc
7. freză (f) pr. canale (renuri)

pag. 184.

1. freză (f) cilindrică
2. freză (f) de făcut tăeturi
3. freză (f) cu coadă
4. freză (f) plană, — frontală
5. freză (f) pr. roţi dinţate, — pr. angrenaje
6. freză (f) helicoidală
7. freză (f) scobită, — pentru frezat ţevi la exterior
8. freză (f) profilată
9. a freza

pag. 185.

1. frezare (f)
2. maşină (f) de frezat

XXXIII.

3. ferăstrău (n)
4. tăetură (f) de ferăstrău
5. pânză (f) de ferăstrău, lamă (f) de ferăstrău
6. mâner (n) de ferăstrău
7. dinte (m) de ferăstrău, colţ (m) de ferăstrău
8. unghiul (n) dinţilor
9. unghi (n) de tăere

pag. 186.

1. unghi (n) de ascuţire
2. linia (f) dinţilor
3. linia (f) superioară a dinţilor
4. dinte (m) triunghiular
5. dinte (m) de lup
6. dinte (m) în formă de M
7. dinte (m) perforat
8. dinte (m) răsucit, — rostuit
9. dintar (m), ceapraz (n), fer (n) de rostuit

pag. 187.

1. a rostui dinţii unui ferăstrău
2. a tăia dinţii unui ferăstrău
3. a tăia cu ferăstrăul
4. rumeguş (n)
5. a tăia cu ferăstrăul la rece
6. a tăia cu ferăstrăul la cald
7. ferăstrău (n) de tăiat la rece
8. ferăstrău (n) de tăiat la cald
9. ferăstrău (n) pentru metale
10. ferăstrău (n) pentru lemn

pag. 188.

1. ferăstrău (n) de mână
2. ferăstrău (n) pentru doi oameni
3. ferăstrău (n) neîncordat
4. ferăstrău (n) vertical
5. ferăstrău (n) transversal, joagăr (n)
6. beschia (f), ferăstrău (n) cu pântece
7. ferăstrău (n) cu mâner, în coadă de vulpe

8. ferăstrău (n) cu spate
9. spate (m) de ferăstrău
10. ferăstrău (n) de împuns, — de găurit

pag. 189.

1. ferăstrău (n) cu spate pr. metale
2. ferăstrău (n) încordat, — cu cadru
3. ferăstrău (n) cu arc
4. arc (n) de ferăstrău, cadru (n) de ferăstrău
5. ferăstrău (n) de traforaj, — de ceasornicar
6. ferăstrău (n) de placaje
7. ferăstrău (n) de dulgher
8. limbă de ferăstrău, încordator, lemnuş
9. ferăstrău (n) nemţesc

pag. 190.

1. ferstrău (n)
2. ferăstrău (n) mecanic
3. ferăstrău (n) panglică
4. ferăstrău (n) circular, circular (n)
5. ramă de ferăstrae, ramă de gater
6. ferăstrău (n) cu ramă, — gater
7. bloc (n) de ferăstrău

XXXIV.

8. topor (n)
9. tăiş (n)

pag. 191.

1. ochi (n), muche (f)
2. coadă (f) de topor
3. topor (n) de mână
4. bardă (f) de lemnar
5. bardă (f)
6. secure (f)
7. bărdiţă (f)
8. tezlă (f)
9. a ciopli cu tezla
10. rindea (f), gealău (n)
11. cutia (f) rindelei, corpul (n) rindelei
12. fer (n) de rindea, cuţit (n) de rindea

pag. 192.

1. gura (f) rindelei
2. a rabota, a gelui
3. a rabota, a da la rindea
4. a rabota
5. rabotaj (n), geluire (f), rinduială (f)
6. geluituri (f. pl.) (talaj)
7. rindea (f) dublă, — cu două cuţite
8. cuţit (n) de rindea
9. contra-cuţit
10. rindea (f) de curăţat, — de cioplit, cioplitoare

pag. 193.

1. rindea (f) de spălat, — de făţuit, faţuitoare
2. rindea (f) de banc
3. rindea (f) de mână
4. de lămbuit, lămbuitor
5. rindea (f) gură de broască
6. rindea (f) pentru şanţuri, ulucă
7. rindea (f) rotundă
8. rindea (f) pentru profile
9. masă (f) de dulgher, teşghea, banc de dulgher

pag. 194.

1. cleştele teşghelei, — cutia teşghelei
2. cârligul teşghelei, pana teşghelei
3. maşină (f) de rabotat, — geluit
4. daltă (f) de lemnar
5. a dăltui
6. daltă (f) mare
7. daltă (f) îngustă, p. găuri

pag. 195.

1. daltă (f) scobită
2. daltă (f) scobită triunghiulară
3. cuţitoaie (f)
4. cuţitoaie (f) cu tăişul drept
5. cuţitoaie (f) cu tăişul curb
6. cui (n), piron (n)
7. a bate în cuie

pag. 196.

1. a încheia în cuie
2. gaură (f) de cui
3. ciocan (n) de cuie
4. cui (n) de sârmă
5. fer (n) de bătut cuie
6. a încheia
7. a încleia împreună
8. clei (n)
9. presă (f) de mână p. încleiat

XXXV.

10. tocilă (f), piatră (f) de tocilă, piatră (f) de ascuţit

pag. 197.

1. troacă (f) de tocilă
2. bobul (m) pietrei de ascuţit, granulaţia (f) pietrei de ascuţit
3. piatră (f) de tras, piatră (f) de ascuţit
4. piatră (f) de ulei

5. a ascuţi, a şlefui
6. aparat (n) de ascuţit, maşină (f) de ascuţit (şlefuit)
7. piatră (f) de ascuţit
8. emeri, şmirghel
9. hârtie (f) cu emeri
10, pânză (f) cu emeri

pag. 198.

1. polizor (n), lemn (n) cu emeri
2. piatră (f) de emeri
3. inel (n) de emeri
4. cilindru (m) de emeri
5. piatră (f) de emeri
6. a şlefui cu emeri
7. maşină (f) de şlefuit cu emeri
8. praf (n) de emeri

XXXVI.

9. a căli

pag. 199.

1. călire (f)
2 a recoace, a reveni
3. recoacere (f) revenire
4. culoare (f) de călire
5. durata (f)
6. duritate (f) naturală
7. duritate (f) vitroasă
8. scară (f) de duritate
9. grad (n) de duritate
10. praf (n) de călit
11. crăpătură (f) din călire

pag. 200.

1. călire (f) la suprafaţă
2. călire (f) prin răcire în bae
3. întărire (f) prin ciocănire
4. călire (f) în ulei
5. călire (f) în apă

XXXVII.

6. a lipi, a suda
7. a lipi împreună, a suda împreună
8. a uni prin sudură
9. a deslipi, a desface o sudură
10. sudare, alămire

pag. 201.

1. sudură
2. sudură (f) moale
3. sudură (f) tare
4. dungă (f) de sudură, sudură (f)
5. loc (n) de sudură, sudură (f)
6. ciocan (n) de lipit, — de sudat, — de alămit
7. fer (n) de lipit, — de sudat
8. fer de lipit ascuţit, — de sudat cu vârf
9. fer (n) de lipit (sudat) cu gaz
10. bec (n) de gaz pentru sudat

pag. 202.

1. lampă (f) de lipit — de sudat
2. flacără (f) de sudură
3. sobă (furnal) de sudat (lipit)
4. materie (f) sudantă, — de lipit, plumb de lipit
5. materie (f) de lipit moale, cositor
6. materie (f) de lipit rapidă
7. materie (f) de lipit tare, brozură
8. apă (f) pentru sudat, — pălămit
9. apă (f) tare

pag. 203.

1. ţeavă (f) pentru sudat, suflaiu
2. cleşte (m) de sudat, — de lipit
3. probă (f) de sudură
4. lingură (f) de turnat

XXXVIII.

pag. 204.

1 a măsura cu precizie
2. măsurătoare (f) de precizie
3. calibru (n)
4. calibru (n) cu şurub
5. calibru (n) micrometric, — micrometru (n)
6. calibru (n) cu cursor, şubler (n)

pag. 205.

1. gura (f) calibrului
2. calibru (n), — linear
3. calibru de înălţimi, — normal
4. calibru (n) pentru ţevi
5. calibru (n)
6. calibru (n) de adâncime
7. calibru (n) pentru diametre, — pentru găuri
8. calibru-tampon (n)

pag. 206.

1. calibru (n) pentru şuruburi
2. şablon pentru ghivent
3. şablon pentru table
4. calibru (n) de toleranţă, — limită
5. calibru (n) normă, — etalon
6. şablon pentru sârme de fer
7. compas (n)
8. compas (n) de grosime
9. compas (n) de interior, — de găuri

pag. 207.

1. compas (n) cu resort
2. compas (n) de grosime cu şurub

3. compas (n) de grosime pentru bile
4. compas (n) de trasat, — de divizat
5. a trasa, a însemna
6. vârf (n) de însemnat, — de trasat
7. însemnător (n) paralel
8. compas (n) cu vârful regulabil
9. sgârieciu (n)

pag. 208.

1. echer (n) colţar (n)
2. echer (n) cu spătar
3. echer (n) dublu, T-eu
4. echer (n) exagonal
5. echer (n) mobil, pantometru (n)
6. a îndrepta, a egaliza
7. placă (f) de îndreptat, marmoră (f) de îndreptat
8. nivel (n) cu bulă de aer, poloboc (n)

pag. 209.

1. nivel (n) sferic
2. fir (n) cu plumb
3. comptor (n) de curse, numărător (n) de curse
4. comptor (n) de rotaţii, tachimetru (n)

XXXIX.

pag. 210.

1. fer
2. minereu (n) de fer
3. fontă (f) brută, fer brut
4. fontă (f) albă
5. fontă (f) cenuşie
6. fontă (f) pestriţa, — amestecată

pag. 211.

1. fontă (f) Spiegel, fer Spiegel
2. fontă (f) manganată, fer manganat
3. fontă (f) turnată, fontă
4. turnătură (f) în forme descoperite
5. turnătură (f) în şasiuri
6. turnătură (f) în nisip
7. turnătură (n) în nisip uscat
8. turnătură (f) în nisip verde

pag. 212.

1. turnătură (f) în pământ, — în forme de argilă
2. fontă (f) turnată în chochilii, fontă dură, fontă întărită
3. fontă (f) de oţel, — oţelită
4. fontă (f) maleabilă
5. fer (n) forjat
6. fer (n) sudat
7. fer (n) pudlat

pag. 213.

1. fer (n) moale, —, omogen
2. fer (n) Bessemer
3. fer (n) Thomas
4. fer (n) Martin
5. oţel (n)
6. oţel (n) sudat
7. oţel (n) pudlat
8. oţel (n) de fuziune
9. oţel (n) Bessemer
10. oţel (n) Thomas

pag. 214.

1. oţel (n) Martin, — Siemens-Martin
2. oţel (n) cimentat
3. oţel (n) rafinat
4. oţel (n) de creuset, — de oală
5. oţel nichel (n)
6. oţel-Wolfram (n)
7. oţel (n) de scule
8. fer (n) în bare
9. fer (n) rotund

pag. 215.

1. fer (n) patrat
2. fer (n) exagonal
3. fer (n) lat
4. fer (n) balot, — de cercuri
5. fer (n) laminat
6. fer-cornir, fer-colţar
7. fer (n) în T.
8. fer (n) în dublu-T
9. fer (n) în U
10. fer (n) în Z
11. tablă (f) de fer

pag. 216.

1. foaie (f) de tablă
2. tablă (f) neagră de fer
3. tablă (f) subţire
4. tablă (f) groasă, — de cazangerie
5. tablă (f) striată
6. tablă (f) ondulată
7. tablă (f) albă, — cositorită, tinichea
8. aramă (f), cupru (n)
9. zinc (n)
10. cositor (n)
11. nichel (n)

pag. 217.

1. plumb (n)
2. aur (n)
3. argint (m)
4. platină (f)
5. alamă (f)
6. bronz (n)
7. bronz (n) fosforos

8. bronz (n) de tunuri
9. bronz (n) de clopote
10. metal (n) alb, compoziţie
11. metal-delta (n)

XXXX.

pag. 218.

1. a desena
2. a desena în mărime naturală
3. a desena la scară
4. birou (n) de desen
5. desenator (m)
6. desen (n)
7. masă (f) de desenat
8. cutie (f) de masă, saltar (n)

pag. 219.

1. masă (f) de desenat regulabilă
2. mapă (f) pentru desene
3. cozier (n) clasor (n)
4. planşetă (f)
5. T-eu (n)
6. capul (n) T-eului
7. corpul (n) T-eului
8. echer (n), colţar (n)
9. riglă (f), lineal (n), linie (f)
10. florar (n), pistolet (n)

pag. 220.

1. riglă (f) flexibilă
2. hârtie (f) de desen
3. foaia (f) de desen, coală (f) de desen
4. hârtie (f) de schiţe (crochiuri)
5. carnet (n) de schiţe (crochiuri)
6. cui (n) de planşet (crochiuri)
7. a măsura
8. măsură (f), dimensiune (f)
9. măsură (f) metrică
10. măsură (f) în ţoli
11. măsură (f) normală

pag. 221.

1. scară (f)
2. dublu-decimetru (m)
3. metru, metru articulat
4. metru (n) — panglică
5. riglă (f) cu scară de reducere, scară de reducere
6. scară (f) de dimensiuni transversale
7. scară (f) metrică, metru (m)
8. riglă (f) gradată în ţoli
9. măsura (f) de contracţiune (scădere), riglă (f) cu măsură de contracţiune

pag. 222.

1. riglă (f) de calcul
2. a construi
3. constructor (m)
4. construcţiune (f)
5. greşală (f) de construcţiune
6. desenare (f) de maşină, desen (n) de maşini
7. desen (n) de maşini
8. a schiţa
9. schiţa (f), crochiu (n)
10. desen (n) cu mâna liberă

pag. 223.

1. a proecta
2. proect (n)
3. schiţa (f) de proect, crochiu (n) de proect
4. plan (n) de ansamblu, dispoziţie (f) generală
5. desen (n) de detaliu (amănunt)
6. desen (n) de execuţie, — de atelier
7. lista (f) pieselor
8. schiţa (f) cotată

pag. 224.

1. a reprezenta o piesă de maşină în vedere exterioară
2. vedere (f) din faţă
3. vedere (f) laterală
4. vedere (f) în elevaţie
5. vedere (f) longitudinală
6. plan (n) proecţie orizontală
7. contur (n)
8. a reprezenta o piesă de maşină în secţiune (tăetură)
9. secţiune (f) longitudinală, tăetură (f) longitudinală

pag. 225.

1. secţiune (f) transversală, tăetură transversală
2. secţiune (f) x-y
3. axă (f)
4. linie (f) de cotă
5. săgeată (f) de cotă
6. cotă (f) măsură (f)
7. din axă în axă
8. cota principală, măsuri principale
9. a cota, a pune cotele, a pune măsurile
10. punerea (f) cotelor

pag. 226.

1. a desena în creion
2. a trage linii punctate
3. a puncta
4. a face linii şi puncte
5. a haşura
6. haşură (f)
7. cutie (f) de compas
8. compas (n)
9. braţ (n) de compas
10. picior (n) de compas

pag. 227.

1. vârf (n) de compas
2. capul (n) compasului

3. compas (n) de schimb, — cu vârfuri mobile
4. port-creion (n) de compas
5. trăgător (n) de compas
6. vârf (n) de compas de schimb
7. ac (n) de compas
8. prelungitor (n) de compas
9. cheie (f) de compas

pag. 228.

1. compas (n) de creion
2. compas (n) de măsurat, măsurător (n)
3. compas (n) de divizat, compas micrometric
4. balustru (n)
5. compas (n) de reducere
6. comps (p) cu lineal
7. centru (n) de compas

pag. 229.

1. ac (n) de însemnat
2. rotiță (f) de punctat
3. cutie (f) p. creioane de compas
4. raportor (n)
5. raportor (n) cu echer
6. trăgător (n)
7. trăgător (n) de curbe
8. trăgător (n) dublu
9. trăgător (n) de linii punctate

pag. 230.

1. a ascuți trăgătorul
2. creion (n)
3. a ascuți creionul
4. mașină (f) de ascuțit creioane
5. placă (f) de ascuțit creiaone
6. pilă (f) de creioane
7. a șterge, a rade
8. gumă (f) de șters
9. gumă (f) de creion
10. gumă (f) de cerneală

pag. 231.

1. cuțit (n) de ras, răzător
2. a trage în cerneală
3. tuș (n)
4. peniță (f) de desen
5. a scrie desenul
6. scriere (f) rondă
7. scriere (f) dreaptă
8. peniță (f) rondă
9. apărătoare (f) de peniță
10. a colora

pag. 232.

1. cutie (f) de culori
2. culori (f. pl.) în bucăți
3. culori (f. pl.) de acuarelă
4. tub (n) de culori
5. pensulă (f), penel (n)
6. goden (n), farfurioară (f) de tuș (culori)
7. a amesteca (a prepara) tuș, a amesteca —
8. a freca o culoare
9. hârtie (f) sugătoare

pag. 233.

1. a spăla desenul cu buretele
2. burete (m)
3. desenul (n) se încrețește
4. creion (n) colorat, pastel (n)
5. creion (n) roșu
6. creion (n) albastru
7. a calchia
8. copie (f) pe hârtie de calc
9. hârtie (f) de calc
10. pânză (f) de calc

pag. 234.

1. heliografie (f)
2. hârtie (f) de heliograf
3. copie (f) albastră
4. copie (f) albă
5. aparat (n) pentru heliografie
6. atelier (n) heliografic

XXXXI.

7. mișcare (f)
8. cinematica (f)
9. mișcare (f) rectilinie

pag. 235.

1. mișcare (f) uniformă
2. spațiu (n) parcurs
3. viteză (f), iuțeală (f)
4. timp (n)
5. mișcare (f) variată
6. accelerație (f)
7. întârziere, accelarație (f) negativă
8. viteză inițială, iuțeală (f) inițială
9. viteză finală, iuțeală finală
10. viteză mijlocie (f), iuțeală mijlocie
11. mișcare (f) uniform accelerată

pag. 236.

1. mișcare (f) uniform întârziată
2. cădere (f) liberă
3. înălțime (f) de cădere
4. durată (f) de cădere
5. înălțimea ascensiunei, — traectoriei
6. durata (f) aruncărei
7. mișcare (f) curbilinie
8. accelerație (f) tangențială
9. accelerație (f) normală, — centripetă

pag. 237.

1. accelerație (f) totală
2. forța (f) tangențială
3. forța (f) normală, — centripetă

4. forţă (f) centrifugă
5. tragere (f) parabolică, aruncare (bătae) (f) parabolică
6. unghi (f) de tragere, tir (n) parabolic
7. bătae (f) de tragere
8. înălţime (f) de tragere
9. traectorie (f)
10. viteză (f) de tragere, — de aruncare
11. curbă (f) balistică

pag. 238.

1. aruncare (f) orizontală, bătae (f) orizontală
2. aruncare (f) verticală, bătae (f) verticală
3. mişcare (f) neliberă
4. rezistenţa (f) drumului—traectoriei
5. rezistenţă (f) normală
6. rezistenţă (f) tangenţială
7. pendul (n)
8. pendul (n) circular
9. amplitudinea (f) pendulului

pag. 239.

1. unghi (n) de amplitudine
2. oscilaţia (f) pendulului
3. durata (f) de oscilaţie
4. pendul (n) conic, — centrifugal
5. pendul (n) cicloidal
6. plan (n) înclinat
7. unghi (n) de înclinaţie
8. paralelogramul (n) vitezelor (acceleraţiilor)

pag. 240.

1. a descompune o viteză (acceleraţie în componentele ei
2. componentă (f) a vitezei (acceleraţiei)
3. a compune mai multe viteze (acceleraţii) într'o rezultantă
4. viteză (f) rezultantă (acceleraţie)
5. translaţie (f), mişcare (f) de translaţie
6. rotaţie (f), mişcare (f) de rotaţie

pag. 241.

1. axă (f) de rotaţie
2. unghi (n) de rotaţie
3. viteză (f) unghiulară
4. acceleraţie (f) unghiulară
5. forţa (f)
6. direcţiunea (f) forţei
7. punctul (n) de aplicaţie al forţei
8. paralelogramul (n) forţelor
9. forţa (f) rezultantă

pag. 242.

1. componentă (f)
2. triunghi (n) de forţă
3. poligon (n) de forţe
4. pol (n)
5. distanţa (f) polară
6. poligon (n) funicular
7. linie (f) de închidere
8. poligon (n) închis
9. forţele sunt în echilibru

pag. 243.

1. momentul forţei P în raport cu centrul de rotaţie 0
2. braţul de pârghie al forţei P în raport cu centrul de rotaţie 0
3. cuplul (n) de forţe
4. momentul (n) cuplului
5. axa (f) cuplului
6. moment (n) static
7. moment (n) de inerţie
8. moment (n) de inerţie în raport cu o axă, — ecuatorial

pag. 244.

1. moment (n) de inerţie în raport cu un punct, — polar
2. centru (n) de greutate (gravitate)
3. greutate (f), forţă de gravitate
4. acceleraţia (f) gravităţei
5. massă (f)
6. echilibru (n)
7. echilibru unui corp în repaos
8. echilibru (n) stabil
9. echilibru (n) labil
10. echilibru (n) indiferent

pag. 245.

1. lucru (n) mecanic, travaliu (n)
2. putere (f) mecanică
3. cal-putere (m)
4. forţă (f) vie, energie (n) cinetică
5. principiul (n) conservărei energiei
6. frecare (f)
7. rezistenţă (f) de frecare
8. coeficient (m) de frecare
9. unghi (n) de frecare

pag. 246.

1. suprafaţă (f) de frecare
2. frecare (f) statică, — la pornire
3. frecare (f) de alunecare, — de mişcare
4. frecare (f) de rulment, — de rostologire
5. travaliu (n) de frecare
6. travaliu (n) total

7. travaliu (n) util, — folositor
8. coeficient (m) de randament, randament (n)

pag. 247.

1. rezistenţă (f)
2. ştiinţa (f) despre rezistenţa materialelor, rezistenţa materialelor
3. tensiune (f)
4. tensiune (f) normală
5. solicitare (f), sarcină (f)
6. un corp este solicitat la tracţiune, compresiune, flexiune
7. sarcină admisibilă, limită de solicitare
8. mod (n) de încărcare

pag. 248.

1. sarcină (f) constantă
2. sarcină (f) variabilă (dela 0 la +)
3. sarcină (f) variabilă (dela + 00 la)
4. deformaţie (f)
5. deformaţie (f) elastică
6. travaliu (n) de deformaţie
7. alungire (f)
8. strangulare (f), stricţiune (f)
9. alungire (f) relativă

pag. 249.

1. coeficient (m) de alungire
2. modul (n) de elasticitate
3. alungire (f) la ruptură
4. alungire (f) elastică
5. deformaţie (f) permanentă (remanentă), rest de alungire
6. reacţiune (f) elastică
7. limită (f) de elasticitate
8. limită (f) de proporţionalitate

pag. 250.

1. limita (f) deformaţiilor mari
2. tracţiune
3. rezistenţa (f) la tracţiune
4. solicitare (f) la tracţiune
5. forţa (f) de tracţiune
6. tracţiune (f) unitară, tensiune (f) de tracţiune, efort de tracţiune
7. compresiune (f)
8. rezistenţa (f) la compresiune
9. solicitare (f) de compresiune

pag. 251.

1. forţa de compresiune
2. compresiune (f) unitară, efort de compresiune
3. flexiune (f) îndoire
4. rezistenţă (f) la flexiune
5. solicitare (f) la flexiune
6. moment (n) de flexiune
7. flexiune (f) unitară, efort (n) de flexiune
8. moment (n) de rezistenţă

pag. 252.

1. săgeată (f) de flexiune, flexiune (f)
2. flambaj (n), îngenunchere (f)
3. rezistenţa (f) la flambaj
4. solicitare (f) la flambaj
5. forfecare (f)
6. rezistenţa (f) la forfecare
7. solicitare (f) la forfecare
8. forfecare (f) unitară, efort (n) de forfecare
9. coeficient (m) de forfecare

pag. 253.

1. coeficient (m) de alunecare
2. torsiune (f) răsucire (f)
3. solicitare (f) la torsiune, — la răsucire
4. moment (n) de torsiune
5. unghi (n) de torsiune
6. maşină (f)
7. organe (d. pl.) de maşină, părţi (f. pl.) de maşină
8. a construi o maşină
9. construcţie (f) de maşini

pag. 254.

1. fabrică (f) de maşini, atelier (n) de construcţi mecanice
2. fabricant (m) de maşini
3. inginer (m) mecanic, — de maşini
4. şef (m) de atelier
5. maistru (m), contra-maistru (m)
6. constructor (m) mecanic, mecanic (m)
7. a monta o maşină

pag. 255.

1. montarea (f) unei maşini
2. monteur (m)
3. atelier (n) de demontaj
4. a demonta o maşină
5. demontarea (f) unei maşini
6. a pune o maşină în funcţiune
7. a funcţiona, a fi în funcţiune
8. a opri o maşină

pag. 256.

1. ateiler (n)
2. banc (n) masă (f) de lucru
3. ladă (f) de scule, dulap (n) de scule
4. scule (f. pl.) unelte (f. pl.)
5. unelte de mână
6. maşină (f) operatoare, — de lucru
7. maşină (f) motrice
8. maşină-unealtă (f)

Zur Einführung.

Der vorliegende Band eröffnet eine Reihe gleichartiger Fachwörterbücher, die dem Ingenieur für das Verständnis der technischen Bezeichnungen in den wichtigsten Kultursprachen ein unerläßliches Hilfsmittel sein sollen. An der Sammlung technischer Ausdrücke in den einzelnen Sprachen ist bisher trotz der Internationalität der Technik wenig gearbeitet worden. Die bisher vorhandenen technologischen Wörterbücher behandeln in weiten Zügen das gesamte Gebiet der Technik. Sie weisen deswegen naturgemäß einen großen Mangel an solchen Ausdrücken auf, die dem Fachingenieur für sein engeres Arbeitsfeld von Wichtigkeit sind. Diesem Mangel, der in allen Fachkreisen lebhaft empfunden wird, sollen meine Wörterbücher abhelfen.

Bei der Verfolgung dieses Zweckes habe ich mich einer Methode der Bearbeitung technischer Wörterbücher bedient, die von der bisherigen Bearbeitungsweise lexikalischen Stoffes grundsätzliche Abweichungen verzeichnet und die sich kurz charakterisiert als

»Fachgruppenbearbeitung mit gleichzeitiger Einführung der Skizze in das technische Wörterbuch«.

Diese Fachgruppenbearbeitung wird von Fachingenieuren derart vorgenommen, daß das betreffende Fach mit seinen allgemeinen, theoretisch und praktisch wichtigen Ausdrücken in systematisch logischem Aufbau zusammengestellt wird, wobei sich der Stoff innerhalb des Fachs in einzelne Kapitel zergliedert.

Ein wesentlicher Vorzug dieser Einteilung nach Fachgruppen liegt darin begründet, daß sie meinem Wörterbuche neben dem des Nachschlagewerks bis zu einem gewissen Grade den Charakter als Lehrbuch verleiht. Namentlich die Fachkollegen, die ins Ausland gehen und die Studierenden der Technischen Hochschulen, an denen neuere Sprachen zum Prüfungsgegenstande gemacht sind, dürften es freudig begrüßen, die Materie in systematischem Zusammenhange dargestellt zu erhalten.

Die markanteste Abweichung von den bisherigen erhalten meine Wörterbücher insbesondere durch die Zuhilfenahme der überall verstandenen Zeichensprache, der Skizze, der Formel, des Symbols bei der Ermittlung der entsprechenden fremdsprachlichen Ausdrücke, und die Beibehaltung derselben in dem Texte. Auf Grund dieser Universalsprache des Ingenieurs wurden die Übersetzungen direkt in den Werkstätten und Bureaux des betreffenden Landes angefertigt und erheben den Anspruch auf große Genauigkeit. In keinem Falle wurden die termini lediglich technischen Wörterbüchern, Katalogen, Preislisten etc. entlehnt; eine große Anzahl derselben ist von mir zum erstenmal gesammelt und festgehalten worden, wodurch meiner Arbeit ein grundlegender Wert beizumessen sein dürfte. Da die technische Terminologie in den einzelnen Ländern noch keineswegs feststeht, so ist es einleuchtend, daß ich hierbei außerordentlichen Schwierigkeiten begegnet bin. Ich habe mich indes bemüht und werde dies in Zukunft in gleichem Maße tun, durch Heranziehung von Autoritäten eine Terminologie zu schaffen, die Anspruch auf allgemeine Beachtung machen kann.

Mit der Aufnahme der Skizze in den Text bezwecke ich sowohl den Ausdrücken ihre schärfste Erklärung zu geben, als auch den Charakter als Lehr- und Memorierbuch zu betonen, da bekanntermaßen die Ausdrücke am leichstesten im Gedächtnis haften, mit denen man eine Vorstellung verbindet.

Ein Blick in meine Wörterbücher zeigt ihre Dreiteilung in

1. Inhaltsübersicht,
2. systematischen Aufbau des Wortschatzes,
3. durchlaufendes alphabetisches Verzeichnis.

Schon mit Hilfe der vorangestellten Inhaltsübersicht dürfte sich der mit seinem Fache vertraute Ingenieur unschwer in dem nach Fachgruppen zergliederten Hauptteile zurechtfinden und ohne weiteres aus der Muttersprache in eine fremde übersetzen können. Um aber meine Wörterbücher auch für das Übersetzen aus der fremden in die Muttersprache, sowie einer fremden in eine andere fremde geeignet zu machen, gebe ich am Schlusse jedes Bandes eine alphabetische Zusammenstellung des Wortschatzes, und zwar der fünf Sprachen Deutsch, Englisch, Französisch, Italienisch und Spanisch in einem einzigen durchlaufenden Alphabete, zu welchem dann das Russische, das sich aus leicht ersichtlichen Gründen dieser Anordnung nicht einfügen läßt, in gesonderter alphabetischer Reihe tritt.

Von der Zweckmäßigkeit und Nützlichkeit dieser Anordnung dürfte sich jeder bald überzeugen; der Vorteil tritt um so klarer hervor, als es ersichtlich ist, daß jedes nach meiner Methode bearbeitete Wörterbuch 30 zweisprachige ersetzt. Dieses in fünf Sprachen durchlaufende Alphabet hat vor dem getrennt bearbeiteten den Vorzug, daß man jedes Wort der fünf Sprachen in ein und derselben alphabetischen Reihe findet und sich somit wesentlich rascher orientieren kann.

Da die technische Ausdrucksweise in den einzelnen Landstrichen eines Staates nicht immer die gleiche ist, sind nur solche Ausdrücke aufgenommen, mit denen man in allen Landesteilen ein und denselben Gegenstand bezeichnet.

Ebenso wurde die Verschiedenheit der Terminologie in Großbritannien und Nordamerika berücksichtigt. Solche Ausdrücke, die nur oder mit Vorliebe in den Vereinigten Staaten von Nordamerika gebraucht werden, sind durch ein angefügtes (A) gekennzeichnet.

Meine Wörterbücher, die in dem Rahmen von Taschenwörterbüchern gehalten sind, sollen den Ingenieur, den technischen Kaufmann, den Studierenden auf Reisen, in die Werkstätten, in die Bibliotheken, in das Kolleg etc. begleiten. Ausdrücke, die sich auf nicht mehr zeitgemäße Konstruktionen beziehen, oder die nur noch einen historischen Wert haben, sind weggelassen worden. Der vorliegende Band enthält »Die Maschinenelemente und die gebräuchlichsten Werkzeuge für Metall- und Holzbearbeitung« nebst einem Anhang, in dem einige für technische Bureaux wertvolle Ausdrücke, betreffend »Technisches Zeichnen« und »Allgemeines«, aufgenommen sind. Von den Werkzeugen sind in diesem Bande nur solche aufgeführt, die sich in jeder Maschinenwerkstatt vorfinden, die daher an dieser Stelle als unbedingt zu den Maschinenelementen gehörig zu betrachten sind. Die Werkzeuge und Werkzeugmaschinen als Fach für sich bleiben einem besonderen Bande vorbehalten.

Ich bin mir wohl bewußt, daß meine Arbeit noch Mängel enthält. Ich bitte dies mit den großen Schwierigkeiten zu entschuldigen, die gerade dem Beginn, meines Unternehmens, gerade der Bearbeitung des ersten Bandes entgegenstanden. Ich gebe mich der Hoffnung hin, daß diese Mängel durch die tatkräftige Mitarbeit aller derer, die den Kern meines Werkes für gut erkannt haben, aus den folgenden Bänden und den Neubearbeitungen des ersten mehr und mehr verschwinden werden.

Ich übergebe nunmehr meine Arbeit der Öffentlichkeit in der Hoffnung, weiten Kreisen mit ihr zu dienen. Ich sage meinen zahlreichen Mitarbeitern, insbesondere denen, die in meinem Auftrage die Reisen ins Ausland unternommen haben, meinen aufrichtigsten Dank, ebenso den Herren Professoren und Ingenieuren, den technischen Betrieben und technischen Körperschaften, die durch Beiträge oder sonstwie mein Unternehmen in entgegenkommender Weise gefördert haben.

Ferner möchte ich auch an dieser Stelle Herrn Dipl.-Ing. Paul Stülpnagel, Duisburg a. Rh., meinen herzlichsten Dank aussprechen für die wertvolle Mitarbeit, die er mir durch die Zusammenstellung des ersten Bandes geleistet hat. Der Verlagsbuchhandlung R. Oldenbourg, München-Berlin, die mit dem Verlag dieses Werkes große Opfer und Mühen in den Dienst der Technik gestellt hat, dürfte der Dank aller Fachgenossen gewiß sein.

Ich schließe meine Vorrede mit dem Wunsche, daß dieser Band mir das bisher entgegengebrachte Interesse erhalten und mir in meinem Bestreben, der auch in ihrer Terminologie rastlos fortschreitenden Technik ein elastisches Sprachwerk zu schaffen, neue Förderer meiner Arbeiten zuführen möge.

Der Herausgeber.

Geleitwort
zur unveränderten 2. Auflage.

Seit dem Waffenstillstand hat sich der Absatz der Wörterbücher derart gesteigert, daß die Bestände des I. Bandes wesentlich früher vergriffen waren, als vorauszusehen war. Infolgedessen richtete mein Verleger an mich die Bitte, so schnell als möglich eine Neuauflage des ersten Bandes der I. T. W. zu bearbeiten. Diesem Wunsche konnte ich leider nicht nachkommen. Der Dienst im Feldheer hat mich fast 5 Jahre voll in Anspruch genommen, so daß meine persönliche Anteilnahme an den Wörterbucharbeiten ausgeschaltet war. Die mir nach Wiederaufnahme meiner Ingenieurtätigkeit verbleibende Zeit muß ich zunächst der Vollendung der in Bearbeitung befindlichen Bände 15—18 der I. T. W. über die Faserstofftechnik und den Bergbau widmen, abgesehen davon, daß die mir zurzeit verfügbaren Geldmittel für die Umgestaltung und Vervollständigung der ersten Auflagen der einzelnen Bände infolge der Valutaverhältnisse nicht ausreichen, Ich bedaure deswegen außerordentlich, daß ich die zahlreichen an mich ergangenen Wünsche nach vollständiger Umarbeitung des ersten Bandes zurzeit noch nicht erfüllen kann und mir aus den gleichen Gründen in der mir gestellten Frist eine Ausmerzung von Fehlern nicht möglich war, da meine Beziehungen zu den ausländischen Mitarbeitern bis jetzt nur zum kleinen Teil wiederhergestellt sind.

Ich verspreche aber den Freunden meiner Wörterbücher, alle Vorbereitungen für eine gänzliche Umgestaltung des ersten Bandes zu treffen, damit nach Absatz der zweiten Auflage die dritte sich allen berechtigten Wünschen anpaßt.

Im Dezember 1919.

Der Herausgeber.

Mitarbeiter:

Ingenieur Cyril Alexander, Barcelona.
» G. Richard, Paris.
» Jules Kahn, Zoppot.
» Otis A. Kenyon, New York.
» Eduardo Kirchner, Barcelona.
» Professor Alvaro Llatas, Barcelona.
» Piero Oldrini, Mailand.
» G. O. Lehmann, Berlin.
» Richard Schulze, Charlottenburg.
» J. Storey, Manchester.
» Alfred Thimm, Mannheim.
» Alexander Trettler, St. Petersburg.
» Federico de la Fuente, Madrid.

Ferner folgende Firmen:

Alexander Hermanos, Barcelona.
Allgemeine Elektrizitäts-Gesellschaft, Berlin.
Berlin-Anhaltische Maschinenbau-Aktien-Gesellschaft, Berlin Dessau.
Gerberei und Leder-Treibriemen-Fabrik Johann Biertz, Viersen (Rheinpreußen).
Maschinenfabrik Eßlingen, Eßlingen.
De Fries & Co., Aktien-Gesellschaft, Werkzeugmaschinen-Fabrik, Düsseldorf.
Deutsch-Amerikanische Fabrik für Präzisions-Maschinen, Flesch & Stein, Frankfurt a. M.
C. L. P. Fleck Söhne, Maschinenfabrik, Berlin-Reinickendorf.
Paul Johs. Illing, Maschinen und Werkzeuge, Kiel.
La Maquinista Terrestre y Maritima, Barcelona.
Maschinenbau-Anstalt, Eisengießerei und Dampfkessel-Fabrik Aktien-Gesellschaft H. Paucksch, Landsberg a. W.
Petry-Dereux, G. m. b. H., Dampfkessel-Fabrik, Düren (Rheinland)
J. E. Reinecker, Werkzeugfabrik, Chemnitz-Gablenz.
Schuchardt & Schütte, Maschinen- und Maschinenbau-Artikel, Berlin-St. Petersburg.
Etablissements Sculfort-Malliar & Meurice à Maubeuge (Nord), Sculfort & Fockedey, Successeurs.
M. Selig jr. & Co., Maschinenbau-Bedarfsartikel, Berlin.
L. & C. Steinmüller, Röhrendampfkessel-Fabrik, Gummersbach (Rheinland).
Friedrich Stolzenberg & Co., G. m. b. H., Spezialfabrikation für Präzisions-Zahnräder, Berlin-Reinickendorf.
Maschinenbau-Aktien-Gesellschaft vorm. Ph. Swiderski, Leipzig
Franco Tosi, Legnano.
R. Wöste & Co., Düsseldorf.
Eisenwerk Wülfel, Hannover, usw.

I.

Schraubenlinie (f), Schneckenlinie (f) helical line hélice (f)	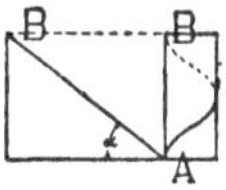	винтовая линія (f) elica (f) hélice (f)	1
Steigungswinkel (m), Neigungswinkel (m) angle of inclination angle (m) d'inclinaison	α	уголъ (m) подъема, (уклона) angolo(m)d'inclinazione ángulo (m) de incli- nación	2
Steigung (f) pitch pas (m)	$tg\ \alpha$	подъемъ (m) passo (m), inclinazione (f) inclinación (f)	3
Schraubenfläche (f) helicoidal surface surface (f) hélicoïdale		винтовая поверх- ность (f) superficie (f) elicoidale superficie (f) helicoidal	4
Schraubengang (m), Schraubenwindung (f) thread of screw spire (f) de vis	A—B	ходъ (m) винта spira (f) d'una vite espira (f) del tornillo	5
die Schraube hat x Gänge auf einen Zoll the screw has x threads per inch la vis a x pas au pouce		на дюймъ винта приходится x нарѣзокъ la vite a x passi per pollice el tornillo tiene x pasos por pulgada	6
Schraubengewinde (n) screw-thread filet (m) d'une vis	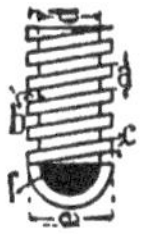	винтовая нарѣзка (f) filetto (m) d'una vite, verme (m) d'una vite filete (m) de un tornillo	7
Ganghöhe (f) der Schraube pitch of a screw pas (m) d'une vis	a	высота (f) хода passo (m) d'una vite paso (m) de un tornillo	8

1	**Gangtiefe (f) der Schraube** depth of thread profondeur (f) du filet	b	глубина (f) нарѣзки profondità (f) del filetto profundidad (f) del filete
2	**Gangbreite (f) der Schraube** width of thread largeur (f) du filet, largeur (f) de la spire	c	ширина (f) нарѣзки altezza (f) del filetto ancho (m) del filete
3	**Kerndurchmesser (m), innerer Gewindedurchmesser (m)** diameter at bottom of thread diamètre (m) du noyau, diamètre (m) intérieur du filet	d	діаметръ (m) стержня винта, внутренній діаметръ (m) нарѣзки diametro (m) interno del filetto diámetro (m) en el fondo del perno
4	**äußerer Gewindedurchmesser (m)** diameter of screw diamètre (m) extérieur du filet	e	внѣшній діаметръ (m) нарѣзки diametro (m) esterno del filetto diámetro (m) exterior del perno
5	**Kern (m), Schraubenkern (m)** body of a screw noyau (m) de la vis	f	стержень (m) винта anima (f) della vite núcleo (m)
6	**Rechtsgewinde (n)** right-handed thread filet (m) à droite	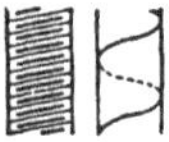	правая винтовая нарѣзка (f) impanatura (f) destrorsa filete (m) á la derecha
7	**rechtsgängig** right hand, right-handed [avec pas (m)] à droite		[винтъ (m)] съ правымъ ходомъ [vite (f)] a pane destrorsa, [vite (f)] a pane destro de paso derecho
8	**Linksgewinde (n)** left-handed thread filet (m) renversé, filet (m) à gauche		лѣвая винтовая нарѣзка (f) impanatura (f) sinistrorsa filete (m) á la izquierda
9	**linksgängig** left hand, left-handed [avec pas (m)] à gauche		[винтъ (m)] съ лѣвымъ ходомъ [vite (f)] a pane sinistrorsa, [vite (f)] a pane sinistro de paso izquierdo

einfaches Gewinde (n),
eingängiges Gewinde (n)
single thread
pas (m) simple, vis (f) à pas simple

однооборотная (одноходовая) нарѣзка (f)
passo (m) semplice, vite (f) a passo semplice 1
filete (m) de un paso

---

doppeltes Gewinde (n),
zweigängiges Gewinde (n)
double thread
double pas (m), vis (f) à double pas

двухоборотная (двухходовая) нарѣзка (f) 2
impanatura (f) doppia,
vite (f) a verme doppio
filete (m) doble

---

dreigängiges Gewinde (n)
triple thread
triple pas (m), vis (f) à triple pas

трехоборотная (трехходовая) нарѣзка (f) 3
impanatura (f) tripla,
vite (f) a verme triplo
filete (m) triple

---

mehrgängiges Gewinde (n)
multiplex thread
pas (m) multiple,
vis (f) à pas multiple

многооборотная (многоходовая) нарѣзка (f) 4
impanatura (f) multipla
filete (m) múltiple

---

scharfes Gewinde (n),
dreieckiges Gewinde (n), Dreiecksgewinde (n)
triangular thread, angular thread, V-thread
filet (m) triangulaire,
filet (m) pointu, filet (m) tranchant

остроугольная (треугольная) нарѣзка (f) 5
impanatura (f) triangolare
filete (m) triangular

---

scharfgängig
triangular threaded,
V-threaded
à filet (m) triangulaire

[винтъ (m)] съ острымъ ходомъ 6
a verme (m) triangolare,
a pane (m) triangolare
á paso (m) triangular

---

flaches Gewinde (n), viereckiges Gewinde (n),
Flachgewinde (n)
square thread
filet (m) plat, filet (m) rectangulaire,
filet (m) carré

прямоугольная нарѣзка (f) 7
impanatura (f) quadrangolare
filete (m) cuadrado

1 flachgängig
square threaded
à filet plat

[винтъ (m)] съ прямоугольной нарѣзкой
a verme (m) quadrangolare, a pane (m) quadrangolare
á paso (m) cuadrado

---

2 rundes Gewinde (n)
round thread
filet (m) rond

круглая нарѣзка (f)
impanatura (f) tonda
filete (m) redondo

---

3 rundgängig
round threaded, rounded
à filet (m) rond

[винтъ (m)] съ круглымъ ходомъ
a verme (m) tondo, a pane (m) tondo
á paso (m) retondo

---

4 Trapezgewinde (n)
buttress thread
filet (m) trapézoïdal

трапецевидная нарѣзка (f)
impanatura (f) trapezia
filete (m) trapezoidal

---

5 Muttergewinde (n), Hohlgewinde (n)
female thread
filet (m) femelle

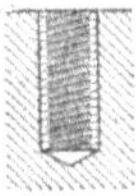

нарѣзка (f) гайки, винтовыя впадины (f pl.) полаго цилиндра
madrevite (f)
filete (m) matriz

---

6 Gasgewinde (n)
gaspipe-thread
filet (m) des tuyaux à gaz

нарѣзка (f) газовыхъ трубъ
filettatura (f) per tubi da gas
filete (m) para tubos de gas

---

7 Feingewinde (n)
fine thread
filet (m) fin

мелкая нарѣзка (f)
filettatura (f) fina, impanatura (f) fina
filete (m) fino

---

8 Feinheit (f) des Gewindes
fineness of the screw
nature (f) du filet

степень (f) тонкости нарѣзки
finezza (f) del filetto
finura (m) del filete

---

9 toter Gang (m), leerer Gang (m)
back-lash
jeu (m) inutile

мертвый ходъ (m)
giuoco (m) inutile
holgura (f) inútil, espacio (m) hueco de la rosca

---

10 Selbstsperrung (f)
automatic locking, self stopping, self catching
arrêt (m) automatique

самоторможенie (n)
serramento (m) automatico
cierre (m) automático

Verschraubung (f), Verbolzung (f) bolted joint (A) vissage (m), boulonnage (m)		скрѣпленіе (n) (стягиваніе (n)) болтами accoppiamento (m) a vite, collegamento (m) a vite, giunzione (m) a vite acoplamiento (m) por tornillo	1
Schraube (f), Schraubenbolzen (m) screw, screw-bolt, through bolt vis (f), boulon (m) à vis	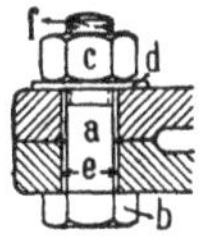	винтъ (m), болтъ (m) vite (f), bullone (m) tornillo (m)	2
Schaft (m) bolt, body or shank corps (m)	a	стержень (m) gambo (m) perno (m)	3
Kopf (m) head tête (f)	b	головка (f) testa (f) cabeza (f)	4
Mutter (f), Schraubenmutter (f) nut, screw-nut écrou (m)	c	гайка (f) dado (m) tuerca (f)	5
Unterlagscheibe (f) washer rondelle (f)	d	шайба (f) ranella (f), rosetta (f), piastra (f) arandela (f), ovalillo (m)	6
Schraubenloch (n) bolt-hole trou (m) de boulon	e	отверстіе (n) для винта (болта) foro (m) della vite, foro (m) del bullone agujero (m)	7
Bolzendurchmesser (m) diameter of bolt diamètre (m) du boulon	f	діаметръ (m) болта diametro (m) del bullone diámetro (m) del tornillo	8
Mutterschraube (f), Bolzen (m) mit Kopf und Mutter bolt with head and nut boulon (m) à tête et écrou	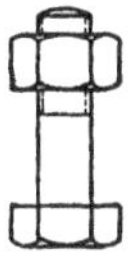	болтъ (m) съ головкой и гайкой bullone (m) con testa e dado tuerca (f) y tornillo (m), tornillo (m) con cabeza (f) y tuerca (f)	9
Sechskantkopf (m), Sechskant (m) hexagon head tête (f) à six pans	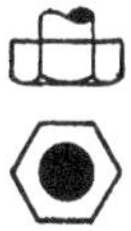	шестигранная головка (f) testa (f) esagonale cabeza (f) hexagonal	10

1 Vierkantkopf (m), Vierkant (m)
square-head
tête (f) carrée

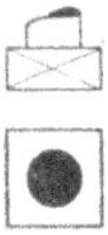

четырехгранная головка (f)
testa (f) quadra
cabeza (f) cuadrada

---

2 runder Kopf (m)
cheese-head, fillister head
tête (f) ronde

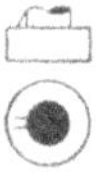

круглая головка (f)
testa (f) tonda
cabeza (f) redonda

---

3 versenkter Kopf (m)
counter-sunk head, machine screw (A)
tête (f) noyée

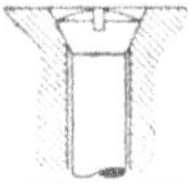

потайная головка (f)
testa (f) incassata
cabeza (f) embutida

---

4 Hammerkopf (m)
T head
tête (f) à T

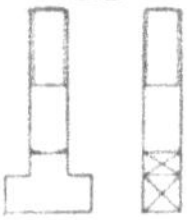

тавровая головка (f)
testa (f) ad ancora, testa (f) a T
cabeza (f) de martillo

---

5 Sechskantmutter (f)
hexagon nut
écrou (m) à six pans

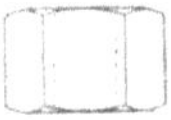

шестигранная гайка (f)
dado (m) esagonale
tuerca (f) hexagonal

---

6 Kronenmutter (f)
castellated nut
écrou (m) à entailles, écrou (m) crénelé

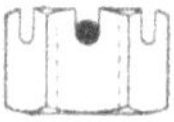

тычковая гайка (f)
dado (m) ad intagli
tuerca (f) hexagonal con entallas

---

7 Flügelmutter (f)
thumb-nut, fly nut, winged nut
écrou (m) à oreilles

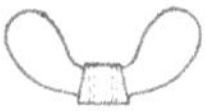

барашекъ (m), крылатая гайка (f), крылатка (f), гайка (f) съ ушками
dado (m) ad alette
tuerca (f) de oreja

---

8 Bundmutter (f)
flange nut, collar nut
écrou (m) à collet

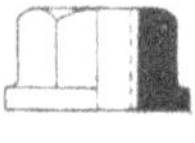

соединительная гайка (f)
dado (m) a colletto, dado (m) lavorato
tuerca (f) con basa

---

9 Stellmutter (f), Lochmutter (f)
adjusting-nut, circular nut
écrou (m) à trous, écrou (m) de fixage

регулировочная (установочная) гайка (f)
dado (m) a fori, dado (m) di fissamento
tuerca (f) de presión

---

10 gerändelte Mutter (f), gerippte Mutter (f)
milled nut, knurled nut
écrou (m) moleté

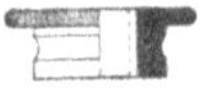

гайка (f) съ накаткой
dado (m) rotondo
tuerca (f) redonda rayada

Überwurfmutter (f) cap nut, screw-cap écrou (m) à chapeau, écrou (m) creux, écrou (m) à raccord		гаечный затворъ (m), кожуха (f) tappo (m) a vite tuerca (f) tapón con rosca	1
Gegenmutter (f) lock-nut, jam-nut, check-nut contre-écrou (m)	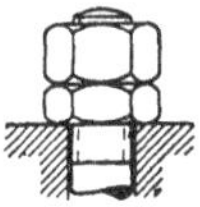	контръ-гайка (f), закрѣпная гайка (f), подгаешникъ (m) contro-dado (m) contra-tuerca (f), tuerca (f) de seguridad	2
Schraubensicherung (f) screw-locking-device arrêt (m) de sûreté de vis		приспособленіе (n), противъ отвинчиванія arresto (m) di sicurezza della vite aparato (m) de seguridad del tornillo	3
Befestigungsschraube (f) fixing screw, set screw, fastening screw boulon (m) de fixation, vis (f) de fixation		установочный винтъ (m), закрѣпляющій винтъ (m) vite (f) d'attacco, vite (f) di collegamento tornillo (m) de sujeción	4
Verschlußschraube (f) screw plug boulon (m) de fermeture, vis (f) de fermeture		скрѣпляющій винтъ (m) vite (f) di chiusura tornillo (m) de cierre	5
Bewegungsschraube (f) adjusting screw vis (f) de mouvement		винтъ (m), передающій движеніе vite (f) di aggiustamento tornillo (m) de movimiento	6
Preßschraube (f), Druckschraube (f) forcing screw, thrust screw vis (f) de pression		прессующій винтъ (m), прессовый винтъ (m) vite (f) di pressione tornillo (m) de presión	7
Stiftschraube (f) stud, stud-bolt goujon (m), prisonnier (m)	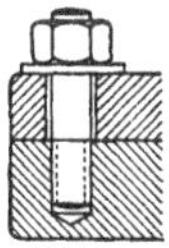	шпилька (f) vite (f) prigioniera espárrago (m)	8
Kopfschraube (f) tap bolt, set screw, cap screw (A) vis (f) à tête	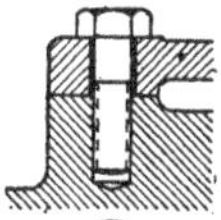	винтъ (m) съ головкою vite (f) mordente tornillo (m) central	9
Paßschraube (f), eingepaßte Schraube (f) tight fitting screw, reamed bolt (A) boulon (m) ajusté	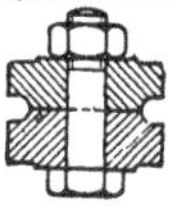	пригнанный винтъ (m) vite (f) passante tornillo (m) con fiador embutido	10

1 eine Schraube (f) einpassen
to fit a screw tight
ajuster un boulon

пригнать } винтъ
пригонять } (m)
infilare un bullone
ajustar un tornillo

---

2 Ösenschraube (f)
eye-screw, eye-bolt
vis (f) à œil, piton (m) à tige taraudée

винтъ (m) съ петлей
vite (f) ad occhio
hembrilla (f) terrajada

---

3 Klappschraube (f), Gelenkschraube (f)
swing-bolt
boulon (m) articulé

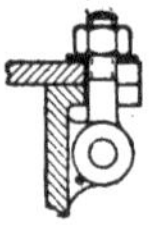

шарнирный болтъ (m), перекидной зажимный болтъ (m)
bullone (m) a snodo
tornillo (m) con cabeza articulada

---

4 versenkte Schraube (f), eingelassene Schraube (f)
counter sunk screw, counter-sunk-head and nut
boulon (m) noyé, fraisé

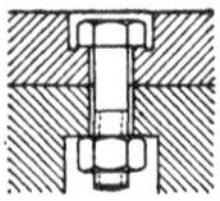

винтъ (m) съ потайкой головкой
vite (f) a testa e dado incassati
tornillo (m) embutido, tornillo (m) con cabeza y tuerca empotradas

---

5 Stehbolzen (m)
pillar-bolt, stay bolt
entretoise (f)

распорный болтъ (m)
tirantino (m)
tirante (m)

---

6 Distanzbolzen (m)
distance-sink-bolt
boulon (m) d'entretoisement

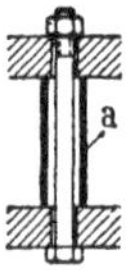

болтовая связь (f)
tirante (m)
tornillo (m) arriostrado

---

7 Distanzhülse (f)
distance-sink-tube
douille (f) d'entretoisement

a

распорная труба (f)
viera (f) del tirante
tubo (m) arriostrado

---

8 Schließbolzen (m), Bolzen (m) mit Vorsteckkeil, Bolzen (m) mit Splint
cotter bolt, eye bolt and key, joint bolt
boulon (m) à clavette

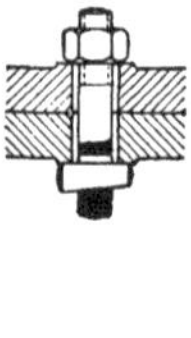

болтъ (m) съ чекою
bullone (f) a chiavella
tornillo (m) con sujeción por chaveta

---

9 einen Bolzen versplinten
to cottar a bolt
goupiller un boulon

закрѣпить } болтъ
закрѣплять } чекою
calettare un bullone
chavetear un perno

Klemmschraube (f),
Stellschraube (f)
clamping-screw, set-screw
vis (f) d'arrêt,
vis (f) de réglage,
vis (f) de serrage

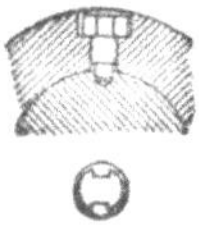

нажимной винтъ (m)
vite (f) d'arresto, vite (f)
di pressione 1
tornillo (m) de presión,
tornillo (m) ajuste

Schnittschraube (f),
Gewindestift (m)
grub screw, headless screw
cheville (f) taraudée

винтъ (m) съ прорѣзомъ
caviglia (f) a vite prigioniera 2
tornillo (m) prisionero

Knebelschraube (f)
tommy-screw
vis (f) a clef

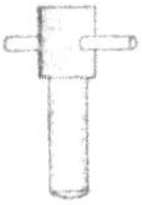

верстачный
винтъ (m); тисковый винтъ (m) 3
vite (f) con testa a spinetta
tornillo (m) de muletilla

Flügelschraube (f),
Daumenschraube (f),
Lappenschraube (f)
thumb-screw, wing screw
vis (f) à ailettes

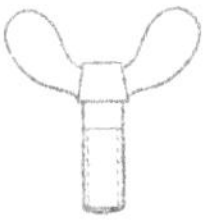

винтъ (m) съ лапками; барашка (f);
барашковый 4
винтъ (m)
vite (f) ad alette
tornillo (m) de oreja,
rosca (f) con mariposa

Mikrometerschraube (f)
milled edge thumb screw; micrometer-screw
vis (f) micrométrique

микрометрическій
винтъ (m)
vite (f) micrometrica 5
tornillo (m) micrométrico

Steinschraube (f)
rag-bolt, stone bolt,
fang bolt
boulon (m) de scellement

анкерный болтъ (m)
bullone (m) a mazzetta,
chiavarda (f) da murare 6
tornillo (m) para empotrar en piedra ó fábrica

Grundschraube (f), Fundamentschraube (f),
Fundamentanker (m),
Fundamentbolzen (m)
cotter bolt; foundation-bolt
boulon (m) de fondation,
boulon (m) à ancre

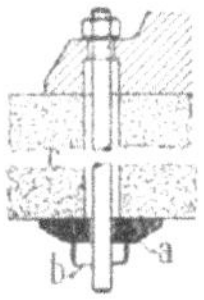

фундаментный
болтъ (m)
bullone (m) di fondazione, bullone (m) ad 7
ancora
tornillo (m) para sujeción ó fundación

Ankerplatte (f)
anchor plate, back stay,
foundation washer
contreplaque (f)

a

анкерная доска (f);
анкерная плита (f); 8
rosetta (f)
plato (m) de sujeción

1 Vorsteckkeil (m), Splint (m)
forelock-key, cotter, split pin
clavette (f) d'arrêt

b

чека (f)
chiavetta (f)
chaveta (f)

---

2 Grundplatte (f), Fundamentplatte (f)
foundation-plate, base-plate
plaque (f) de fondation

c

фундаментная плита (f)
piastra (f) di fondamento, piastra (f) di fondazione
placa (f) de fundación

---

3 mehrgängige Schraube (f)
multiple thread screw, screw with many threads
vis (f) à plusieurs filets

многооборотный винтъ (m)
многоходовой винтъ (m)
vite (f) a più pani, vite (f) a più filetti
tornillo (m) de varios filetes

---

4 Holzschraube (f)
wood-screw
vis (f) à bois

шурупъ (m)
vite (f) da legno
tornillo (m) de rosca de madera

---

5 Schraubenschlüssel (m), Mutterschlüssel (m)
spanner, wrench (A)
clef (f)

винтовой } ключъ (m)
гаечный } ключъ (m)
chiave (f)
llave (f) para tuercas

---

6 Maul (n) des Schraubenschlüssels
jaw of spanner, opening of wrench (A)
mâchoires (f. pl.) de la clef

a

зѣвъ (m) ключа
guancie (f pl.) della chiave, bocca (f) della chiave
boca (f) de la llave

---

7 Schlüsselweite (f), Maulweite (f)
size of jaw, span of jaw
ouverture (f) de la clef

b

величина (f) (отверстie (n)) ключа
apertura (f) della chiave
abertura (f) de la llave

---

8 einfacher Schraubenschlüssel (m)
single ended spanner, single ended wrench (A)
clef (f) simple

одинарный (односторонній) ключъ (m)
chiave (f) semplice
llave (f) sencilla, llave (f) simple

Doppelschlüssel (m), doppelmäuliger Schlüssel (m)
double ended spanner, double ended wrench (A)
clef (f) double

двойной (двусторонній) ключъ (m) 1
chiave (f) doppia
llave (f) de dos bocas, llave (f) doble

Wendeschlüssel (m)
bent spanner, bent wrench
clef (f) coudée

прикладный ключъ (m)
chiave (f) obliqua 2
llave (f) con mango curvado, llave (f) con mango de ángulo, llave (f) acodada

---

Stellschraubenschlüssel (m)
set screw-spanner or wrench
clef (f) à vis d'arrêt

ключъ (m) для подвинчиванія, ключъ (m) для подтягиванія 3
chiave (f) a vite d'arresto
llave (f) del tornillo de presión

Steckschlüssel (m), Aufsatzschlüssel (m)
socket-wrench
clef (f) à douille

торцовый ключъ (m)
chiave (f) femmina
llave (f) tubular, llave (f) de vaso, llave (f) de muletilla 4

Hülsenschlüssel (m)
cap key, box-wrench (A)
clef (f) fermée

ключъ (m) съ замкнутымъ зѣвомъ; накладной ключъ (m) 5
chiave (f) a collare
llave (f) cerrada, llave (f) de grifos

Hahnschlüssel (m)
cock-spanner, cock-wrench
clef (f) de robinets

ключъ (m) отъ крана
chiave (f) da rubinetto 6
llave (f) para espita, llave (f) espitera

Hakenschlüssel (m)
hook-spanner
clef (f) à crochet, clef (f) à téton

ключъ (m) для круглыхъ головокъ
chiave (f) a gancio 7
llave (f) para tuercas circulares, llave (f) de gancho

Gabel[schrauben]-schlüssel (m)
fork spanner, pin spanner
clef (f) à griffes

циркульный ключъ (m); вилочный ключъ (m) 8
chiave (f) a forchetta
llave (f) de horquilla, llave (f) tenedor

1 verstellbarer Schraubenschlüssel (m)
adjustable spanner or wrench
clef (f) à ouverture réglable

раздвижной ключъ (m)
chiave (f) ad apertura regolabile
llave (f) de abertura variable, llave (f) semifija

---

2 englischer Schraubenschlüssel (m), Franzose (m), Engländer (m)
coach-wrench, shifting-spanner, monkey-wrench (A)
clef (f) anglaise

англійскій (французскій) гаечный ключъ (m)
chiave (f) inglese
llave (f) inglesa

---

3 Schraubenzieher (m)
screw-driver, turn-screw
tournevis (m)

отвертка (f)
cacciavite (m)
destornillador (m)

---

4 verbolzen
to bolt
boulonner

скрѣпить, скрѣплять } болтами
collegare con bulloni
empernar

---

5 verschrauben
to screw
visser

свинтить свинчивать
collegare a vite, avvitare
atornillar

---

6 verankern
to tie
ancrer

скрѣпить связями (анкерными болтами)
fissare con tiranti
arriostrar

---

7 anschrauben
to screw, to screw on
serrer la vis

привинтить, привинчивать
collegare a vite, avvitare
afianzar con tornillos

---

8 einschrauben
to screw in
visser

ввинтить, ввинчивать
avvitare
atornillar

---

9 festschrauben
to fasten with screws, to secure by screws
fixer par boulons

свинтить свинчивать
fissare a vite
fijar con tornillos

zuschrauben to screw or to bolt up fermer par boulons	завинтить, завинчи- вать chiudere a vite cerrar con tornillos, asse- gurar con tornillos	1
zusammenschrauben to screw together, to fasten with screws assembler par boulons	свинтить свинчи- вать unire a vite unir con tornillos	2
abschrauben, losschrau- ben, lösen to screw off, to unscrew dévisser	отвинтить, отвинчи- вать svitare destornillar	3
eine Schraube lockern to loosen a screw, to slacken a screw déserrer	отпустить } винтъ отпускать } (m) allentare una vite aflojar	4
locker werden to get loose se déserrer	отвинтиться, от- винчиваться; винтъ (m) сдаеть allentarsi (delle viti) aflojarse	5
eine Schraube anziehen to screw up serrer	притянуть (притяги- вать) винтъ (m) stringere una vite apretar	6
eine Schraube nach- spannen, eine Schraube nachziehen to tighten a screw reserrer	подтянуть (подтяги- вать) винтъ (m) serrare a fondo, riserrare apretar de nuevo, repa- sar los tornillos	7
eine Schraube über- drehen to strip the thread of a screw déformer la vis	сорвать } рѣзьбу срывать } strappare il verme ad una vite torcer el tornillo	8
Schrauben (f. pl.) schnei- den, Gewinde (n) schneiden to cut screws, to thread a screw fileter, tarauder	нарѣзать (нарѣза́ть) болты; рѣзьбу filettare filetear	9
Schrauben (f. pl.) aus freier Hand schnei- den to cut screws by hand tarauder à la volée (f)	нарѣзать } винты нарѣза́ть } отъ руки filettare a mano filetear á mano	10

1	Schrauben (f pl.) nachschneiden, Gewinde (n) nachschneiden to chase a screw-thread fileter au peigne (m)		подрѣзать / подрѣза́ть } рѣзьбу товъ ripassare il filetto repasar un tornillo
2	Schneideisen (n), Gewindeeisen (n) screw-plate, die-plate filière (f) simple		винтовая / винтовальная } доска (f) filiera (f) semplice, trafila (f) terraja (f)
3	Schrauben (f. pl.) mit Gewindeeisen schneiden to cut screws with a die fileter à la filière (f)		нарѣзать (нарѣза́ть) винты доскою filettare alla filiera (f) cortar los tornillos con terraja
4	Schrauben (f.pl.) mit dem Drehstahl schneiden to cut screws with a chaser fileter au tour (m)		нарѣзать (нарѣза́ть) винты на токарномъ станкѣ filettare col pettine, filettare coll' ugnetto filetear con plantilla
5	Schraubstahl (m), Gewindestahl (m), Gewindestrehler (m) chaser, chasing-tool peigne (m)		гребенка (f) pettine (m), ugnetto (m) plantilla (f) para filetear, peine (m)
6	inwendiger Schraubstahl (m), Innenstrehler (m) inside chaser, inside chasing-tool peigne (m) femelle		гребенка (f) для нарѣзки гаекъ pettine (m) femmina plantilla (f) interior para filetear, peine (m) de interiores
7	auswendiger Schraubstahl (m), Außenstrehler (m) outside chaser peigne (m) mâle		гребенка (f) для нарѣзки винтовъ pettine (m) maschio plantilla (f) exterior para filetear, peine (m) de exteriores
8	Gewindefräser (m) thread-milling-cutter fraise (f) à fileter		шарошка (f) для нарѣзокъ impanatrice (f), fresa (f) per filettare fresa (f) para filetear
9	Wendeisen (n), Windeisen (n) stocks and dies tourne-à-gauche (m)	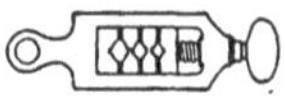	малый клуппъ (m) съ кольцомъ воротокъ (m) filiera (f) ad anello, trafila (f) ad anello terraja (f) de cojinete

Schneidkluppe (f),
Kluppe (f)
screw-stock, die stock
filière (f)

клуппъ (m)
filiera (f) a cuscinetti, 1
trafila (f) a cuscinetti
terraja (f) de anillo

Schneidbacken (f. pl.)
dies, screw-dies
coussinets (m. pl.)

a

плашка (f),
лисичка (f) 2
cuscinetti (m. pl.)
cojinetes (m pl.)

Gewindebohrer (m),
Schraubenbohrer (m)
tap, screw-tap
taraud (m)

метчикъ (m)
mastio (m), maschio (m) 3
creatore
macho (m) de aterrajar

Gewinde bohren
to tap
tarauder

нарѣзать (нарѣза́ть)
рѣзьбу метчикомъ 4
maschiettare
terrajar

Schraubenschneid-
maschine (f)
screw-cutting-machine
machine (f) à fileter,
machine (f) à tarauder

болторѣзный ста-
нокъ (m)
macchina (f) da filet- 5
tare, impanatrice (f)
máquina (f) de roscar

II.

Keil (m)
wedge
coin (m)

клинъ (m)
cuneo (m) 6
cuña (f), chaveta (f)

Keilfläche (f)
wedge-surface
pente (f), face (f) de coin

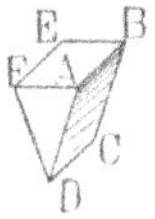

ABCD

щека (f) клина
superficie (f) del cuneo 7
cara (f) de la cuña

Keilrücken (m)
back of the wedge
dos (m) de coin

ABEF

основаніе (n) (голов-
ка f) клина 8
testa (f) del cuneo
cabeza (f) de la cuña

Keilwinkel (m)
angle of wedge
angle (m) du coin

α

уголъ (m) клина
angolo (m) d'inclina- 9
zione
ángulo (m) de la cuña

1	Anzug (m) des Keils, Steigung (f) des Keils taper of wedge serrage (m) du coin	$tg\ \alpha$	натягъ (m) клина, уклонъ (m) клина inclinazione (f) del cuneo inclinación (f) de la cuña
2	Holzkeil (m) wooden wedge coin (m) en bois		деревянный клинъ (m) cuneo (m) di legno cuña (f) de madera
3	Eisenkeil (m) iron wedge coin (m) en fer		желѣзный клинъ (m) cuneo (m) di ferro chaveta (f) [de hierro]
4	Stahlkeil (m) steel wedge coin (m) en acier		стальной клинъ (m) cuneo (m) d'acciaio chaveta (f) de acero
5	Keilverbindung (f), Verkeilung (f) keying, cottering calage (m), coinçage (m)		клиновое соединение (n) calettamento (m) a chiavella, calettatura (f) a bietta unión (f) por chaveta
6	Querkeil (m) cotter, key clavette (f) transversale	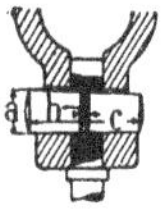	поперечный клинъ (m) chiavella (f) trasversale, bietta (f) trasversale chaveta (f) transversal
7	Längskeil (m) key clavette (f) longitudinale	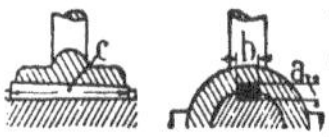	шпонка (f) chiavella (f), bietta (f) longitudinale chaveta (f) de torsión
8	Keilhöhe (f) thickness of a key, depth of a cotter hauteur (f) de clavette	a	высота (f) клина altezza (f) della chiavella altura (f) de la chaveta
9	Keilbreite (f), Keilstärke (f) width of a key, thickness of a cotter largeur (f) de clavette	b	ширина (f) клина larghezza (f) della chiavella, spessore (m) della chiavella ancho (m) de la chaveta
10	Keillänge (f) length of a cotter or key longueur (f) de clavette	c	длина (f) клина lunghezza (f) della chiavella longitud (f) de la chaveta

Keilloch (n)
slot for cotter or key
trou (m) de clavette

отверстіе (n) для клина, клиновое отверстіе (n) 1
apertura (f) della chiavella
agujero (m) para chaveta

Keilauflager (n)
bearing surface of cotter or key
surface (f) d'appui de clavette

опорная плоскость (f) клина
piano (m) d'appoggio del cuneo 2
superficie (f) de la chaveta, lecho (m) de la chaveta

Keilnut (f)
groove, key-way, slot
rainure (f)

пазъ (m), сквозной прорѣзъ (m)
scanalatura (f), incasso (m) 3
ranura (f) de la chaveta, caja (f)

Nuten (f. pl.) stoßen
to slot, to cut a key-way
faire des rainures (f. pl.)

долбить, желобить
scanalare 4
abrir ranuras, cajear

Nuteisen (n)
cold-chisel, groove-cutting-chisel, plough-bit (only for wood)
bec d'âne (m)

a

долбёжное зубило (n)
ferro (m) per scanalare 5
buril (m)

Nutenstoßmaschine (f)
slotting machine
machine (f) à faire des rainures (f. pl.)

долбёжная машина (f)
stozzatrice (f), macchina (f) per scanalare 6
máquina (f) de escoplar ranuras

Nuten (f. pl.) fräsen
to cut grooves, to mill grooves
fraiser des rainures (f. pl.)

нарѣзать } пазы,
нарѣза́ть } желоба 7
scanalare alla fresa (f)
fresar ranuras

Nasenkeil (m)
key, gibheaded key, gib
clavette (f) à talon

клинъ (m) съ выступомъ 8
chiavella (f) a nasello
chaveta (f) de cabeza

Nase (f)
head
talon (m)

a

выступъ (m) клина
nasello (m) 9
cabeza (f)

Nutenkeil (m)
sunk key
clavette (f) à rainure

шпунтовый клинъ (m), шпонка (f) 10
chiavella (f) incastrata
chaveta (f) encastrada

1	Quadratkeil (m) square key clavette (f) carrée		квадратный клинъ (m) chiavella (f) quadra chaveta (f) cuadrada
2	Rundkeil (m) round key clavette (f) ronde		круглая шпонка (f) chiavella (f) rotonda chaveta (f) redonda
3	Flachkeil (m) flat key, key on flat clavette (f) sur méplat, clavette (f) plate		шпонка (f) на лыскѣ chiavella (f) piatta chaveta (f) plana
4	Hohlkeil (m), Schlußkeil (m) hollow key, saddle key clavette (f) creuse		фрикціонная шпонка (f) chiavella (f) concava chaveta (f) cóncava
5	Tangentialkeil (m) tangent wedge clavette (f) tangentielle		тангенціальная (косая) шпонка (f) chiavella (f) tangenziale chaveta (f) tangencial
6	Doppelkeil (m) fox wedges or keys double-clavetage (m)		шпонка (f) съ контръ-клиномъ chiavella (f) doppia chaveta (f) doble
7	Gegenkeil (m) cotter, tightening-key contre-clavette (f)	a	контръ-клинъ (m) chiavella (f) chaveta (f)
8	Keilbeilage (f) gib and cotter contre-clavette (f)	 a	причека (f) contro-chiavella (f) contra-chaveta (f)
9	Vorsteckkeil (m), Schließe (f) cotter clavette (f)		чека (f) chiavella (f) chaveta (f)
10	Splint (m) split-pin goupille (f)		шплинтъ (m) spillo (m) pasador (m) de aletas
11	Anzugsstift (m), Stellstift (m) taper-pin cheville (f)		штифтъ (m), spina (f) pasador (m)

Stellkeil (m), Nachstellkeil (m) tightening-key, wedge-bolt, cotter with screw end clavette (f) de serrage, clavette (f) de réglage	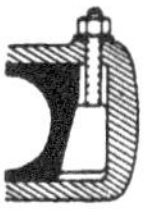	натяжная чека (f), установительный клинъ (m) cuneo (m) per aggiustamento cuña (f) de ajuste, cuña (f) de presión	1
Ringkeil (m) taper-washer douille (f) conique		кольцевая чека (f) chiavella (f) anulare chaveta (f) anillo	2
Nut (f) und Feder (f) slot and key rainure (f) et languette (f)	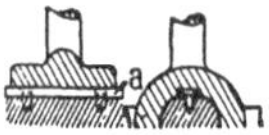	дорожка (f) и шпонка (f) scanalatura (f) e linguetta ranura (f) y lengüeta	3
Feder (f), Federkeil (m) joint-tongue, feather languette (f)	a	шпонка (f) linguetta (f) lengüeta (f)	4
Keilsicherung (f) key-securing-device arrêt (m) de sûreté des clavettes		замокъ (m) клина arresto (m) di sicurezza della chiavella fijador (m) de la chaveta	5
aufkeilen to key on claveter, caler		заклинить (заклинивать) calettare, collegare entrar, enmangar	6
loskeilen to knock the key out déclaveter		расклинить (расклинивать) disgiungere quitar, sacar, desmangar	7
einen Keil (m) eintreiben to drive in a cotter serrer une clavette (f)		вогнать (вгонять) загнать (загонять) клинъ serrare una chiavella encuñar	8
einen Keil (m) antreiben, einen Keil (m) anziehen to tighten up a cotter reserrer une clavette (f)		подтянуть (подтягивать) клинъ riserrare una chiavella calar	9

III.

No.	Deutsch / English / Français	Fig.	Русский / Italiano / Español
1	Niete (f) rivet, pin, clinch rivet (m)	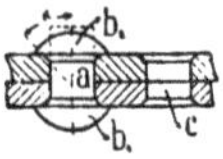	заклёпка (f) chiodo (m) remache (m)
2	Nietschaft (m) shank of a rivet corps (m) de rivet, tige (f) de rivet	a	стержень (m) заклёпки gambo (m) del chiodo cuerpo (m) del remache
3	Nietkopf (m) rivet-head tête (f) de rivet	b	головка (f) заклёпки testa (f) del chiodo, capocchia (f) cabeza (f) del remache
4	Setzkopf (m) swage-head, die-head tête (f) de pose, première tête (f)	b_1	начальная (закладная) головка (f) заклёпки testa (f) di posa cabeza (f) estampa
5	Schließkopf (m) rivet-point, closing-head tête (f) fermante, seconde tête (f)	b_2	замыкающая головка (f) заклёпки testa (f) ribadita cabeza (f) de cierre
6	Versenkungswinkel (m) angle of countersinking angle (m) du fraisage de rivet	α	уголъ (m) зинкованія отверстій angolo (m) di svasatura ángulo (m) de rebajamiento
7	Nietloch (n) rivet hole trou (m) de rivet	c	заклёпочная дыра (f), заклёпочное отверстіе (n) foro (m) del chiodo agujero de remache (m)
8	Niete (f) mit versenktem Kopf, versenkte Niete (f) flush rivet, rivet with countersunk head rivet (m) à tête noyée, rivet (m) noyé		заклёпка (f) съ потайной (утопленной) головкой capocchia (f) incassata, capocchia (f) rasata remache (m) á cabeza hundida
9	Niete (f) mit halbversenktem Kopf, halbversenkte Niete (f) rivet with half countersunk head rivet (m) à tête saillante		заклёпка (f) съ полупотайной головкой capocchia (f) semirasata remache (m) á cabeza semi-hundida

Niete (f) mit geschelltem Kopf
rivet with cup head, rivet with snap head
rivet (m) à tête bombée, rivet (m) à tête bouterollée

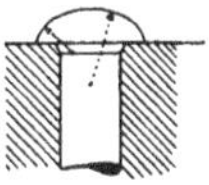

заклёпка (f) съ головкой подъ обжимку 1
capocchia (f) emisferica
remache (m) á cabeza de casquete, de gota (f) de sebo

Niete (f) mit gehämmertem Kopf
rivet with hand-made head
rivet (m) à tête martellée

заклёпка (f) съ головкой подъ молотокъ
chiodo (m) a testa ribadita 2
remache (m) á cabeza martillada, de diamante

Heftniete (f)
binding rivet, dummy rivet
rivet (m) [posé d'avance]

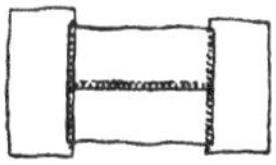

временная заклёпка (f)
chiodo (m) (per collegamenti provisori) 3
remache (m) de costura

Vernietung (f), Nietung (f)
riveting, riveted joint (A)
rivure (f)

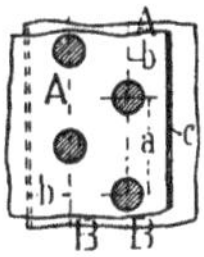

склёпка (f), клёпка (f)
chiodatura (f) 4
roblonado (m), remachado (m)

Nietnaht (f)
row of rivets
trace (f) de rivets, ligne (f) de rivets, rang (m) de rivets

AB

заклёпочный шовъ (m) 5
fila (f) di chiodi
costura (f)

Nietteilung (f)
pitch of rivets
écartement (m) des rivets

a

шагъ (m) шва; разстоянie (n) между заклёпками 6
passo (m) dei chiodi
paso (m) de remache

Randabstand (m)
distance from edge of plate
distance (f) au bord (de la tôle)

b

разстоянie (n) отъ края листа 7
labbro (m)
distancia (f) de la orilla

warme Nietung (f), Warmvernietung (f)
hot riveting
rivure (f) à chaud

горячая склёпка (f), горячая клёпка (f)
chiodatura (f) a caldo 8
remachado (m) en caliente

kalte Nietung (f)
cold riveting
rivure (f) à froid

холодная склёпка (f), холодная клёпка (f) 9
chiodatura (f) a freddo
remachado (m) en frio

1 feste Nietung (f), Kraftnietung (f), Festigkeitsnietung (f)
strength riveting, riveting of high efficiency
rivure (f) solide

прочная склёпка (f), прочная клёпка (f)
chiodatura (f) solida
remachado (m) sólido, remachado (m) de fuerza

---

2 dichte Nietung (f), Gefäßnietung (f), Dichtungsnietung (f)
tight riveting, riveting of low efficiency
rivure (f) étanche

плотная склёпка (f), плотная клёпка (f)
chiodatura (f) ermetica
remachado (m) hermético, remachado (m) para recipiente

---

3 einschnittige Nietung (f)
single shear riveting
rivure (f) [par des rivets] à une section de cisaillement, rivure (f) à une coupe

заклёпочный шовъ (m) съ одиночнымъ перерѣзываніемъ
chiodatura (f) a taglio semplice
remachado (m) sencillo

---

4 Abscherungsquerschnitt (m)
shearing-section
section (f) de cisaillement

a

площадь (f) срѣза
sezione (f) di resistenza al taglio
sección (f) de resistencia al corte

---

5 zweischnittige Nietung (f)
double shear riveting
rivure (f) [par des rivets] à deux sections de cisaillement, rivure (f) à deux coupes

заклёпочный шовъ (m) съ двойнымъ перерѣзываніемъ
chiodatura (f) a taglio doppio
remachado (m) doble

---

6 mehrschnittige Nietung (f)
multiple shear riveting
rivure [par des rivets] à sections de cisaillement multiples, rivure (f) à plusieurs coupes

заклепочный шовъ (m) съ многократнымъ перерѣзываніемъ
chiodatura (f) a più tagli
remachado (m) múltiple

---

7 Überlappungsnietung (f)
lap-riveting
rivure (f) droite à plat joint, rivure (f) à simple recouvrement

заклёпочное соединеніе (n) въ нахлестку (напускъ)
chiodatura (f) a sovrapposizione
roblonado (m) por superposición, remachado (m) por superposición

Laschennietung (f)
butt joint with single
    butt strap, single
    cover-plate riveting
rivure (f) à couvre-joint
		заклёпочное соеди-
		  неніе (n)
		  съ одной наклад-
		  кой
		chiodatura (f) a copri- *1*
		  giunto
		remachado (m) á eclise,
		  remachado (m) de
		  cubrejunta

Doppellaschennietung
    (f)
butt joint with double
    butt strap, double
    cover-plate riveting
rivure (f) à couvre-joint
    double
		заклёпочное соеди-
		  неніе (n)
		  съ двумя наклад-
		  ками
		chiodatura (f) a doppio *2*
		  coprigiunto
		remachado (m) á doble
		  eclise, remachado (m)
		  de doble cubrejunta

Lasche (f) butt strap, cover-plate couvre-joint (m)	a	накладка (f) coprigiunto (m) *3* eclise (m), brida (f), cubrejunta (f)

Bördelnietung (f)
angle seam, flanged
    seam
assemblage (m) à tôle
    emboutie
		склёпка (f) бортовъ
		chiodatura (f) d'angolo *4*
		remachado (m) angular

einreihige Nietung (f)
single riveting
rivure (f) simple
		одиночный шовъ
		  (m)
		chiodatura (f) semplice *5*
		remachado (m) en cos-
		  tura sencilla

zweireihige Nietung (f) double riveting rivure (f) double		двойной шовъ (m) chiodatura (f) doppia remachado (m) en cos- *6* tura doble

mehrreihige Nietung (f)
multiple riveting
rivure (f) à plusieurs
    rangs
		многорядный шовъ
		  (m), заклёпочный
		  шовъ (m) въ нѣ-
		  сколько рядовъ,
		  многорядное за- *7*
		  клёпочное соеди-
		  неніе (n)
		chiodatura (f) multipla
		remachado (m) en cos-
		  tura múltiple

1
Zickzack-Nietung (f),
Versatznietung (f)
zig-zag-riveting
rivure (f) en zig-zag,
rivure (f) en échiquier

заклёпочное соединеніе (n) съ шахматнымъ (зигзагообразнымъ) расположеніемъ заклёпокъ
chiodatura (f) a zig-zag, chiodatura (f) a file sfalsate
remachado (m) alternado, remachado (m) al tresbolillo

2
Kettennietung (f),
Parallelnietung (f)
chain-riveting
rivure (f) à chaîne, rivure (f) en carré, rivure (f) parallèle

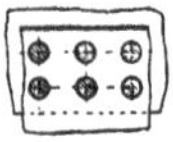

заклёпочное соединеніе (n) съ параллельнымъ (цѣпнымъ) расположеніемъ заклёпокъ
chiodatura (f) parallela
remachado (m) de cadena, remachado (m) paralelo

3
verjüngte Nietung (f)
riveting in groops
rivure (f) convergeante

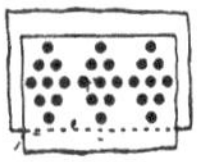

ступенчатая склепка (f)
chiodatura (f) convergente
remachado (m) converjente

4
Schenkelabstand (m)
distance from rivet center to side of angle
distance (f) à l'aile

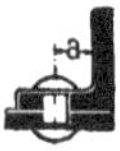

a

разстояніе (n) отъ полокъ угольника
distanza (f) dall' ala
distancia (f) de la arista del ángulo

5
nieten, vernieten
to rivet
river

заклепать, заклёпывать
chiodare
remachar

6
die Niete (f) einlassen, die Niete (f) versenken
to countersink a rivet, to sink in a rivet
fraiser le rivet

углубить } заклёпку
углублять } въ потай
infilare il chiodo
pasar el roblón

7
die Niete (f) eintreiben, die Niete (f) einziehen
to drive in a rivet
placer le rivet

вогнать заклёпку, вгонять заклёпку
introdurre il chiodo
introducir el roblón

8
Nietenzieher (m)
riveting-set
riveur (m)

зажимъ (m)
ribattitore (m)
embutidor (m) del roblón

[Nieten (f. pl.)] verstemmen
to caulk
mater

подчеканить, подчеканивать, зачеканить, зачеканивать 1
accecare, calafatare, presellare
afolar, calafatear

Stemmeißel (m), Stemmsetze (f.)
caulking-chisel, caulking iron
matoir (m)

a

чеканка (f)
presello (m), scalpello (m) da accecare 2
cortafrío (m) de afolar, punceta (f) de calafatear

---

entnieten, Nieten (f pl.) losschlagen
to unrivet, to cut out the rivets
enlever les rivets

расклепать, расклёпывать 3
schiodare
deshacer el roblonado

---

den Nietkopf (m) auskreuzen
to remove the rivet with cross-chisel
couper la tête du rivet

вырубить (вырубать) заклёпочную головку 4
tagliare la testa al chiodo
rebordear la cabeza del roblón

Handnietung (f)
hand-riveting
rivure (f) à la main

ручная клёпка (f)
chiodatura (f) a mano 5
remachado (m) á mano

Maschinennietung (f)
machine-riveting
rivure (f) mécanique

машинная клёпка (f)
chiodatura (f) a macchina 6
remachado (m) á máquina

Nietmaschine (f)
riveting-machine, riveter
machine (f) à river, riveuse (f)

клепальная машина (f) 7
chiodatrice (f)
remachadora (f)

Schelleisen (n), Döpper (m)
riveting-set, cup, snap-tool
bouterolle (f), chasse-rivet (m)

обжимъ (m), державка (f), штампа (f) для заклёпокъ, заклёпочное желѣзо (n) 8
stampo (m) per chiodi
estampa (f) para roblones, doile (m)

1	Niethammer (m) riveting-hammer marteau (m) à river, rivoir (m)		клепало (n), заклёпникъ (m), заклёпочный молотъ (m), заклёпный молотъ (m) martello (m) da ribadire martillo (m) de peña
2	Schellhammer (m) cup-shaped-dies bouterolle (f) à œil		кантовалка (f), кантовка (f) обжимка (f) martello (m) a stampo martillo (m) estampa
3	Vorhalter (m) riveting-knob, holding on tool contre-bouterolle (f)		поддержка (f) для заклёпокъ contro-stampo (m) taco (m) para remachar, sufridera (f) de remachar
4	Nietwinde (f) shrew-dolly truc (m) à vis		подпорка (f) для заклёпокъ martinetto (m) torno (m) de remachar
5	Nietpfanne (f) dolly contre-bouterolle (f)	a	поддержка (f) для заклёпокъ cunetta cazoleta (f)
6	Nietwippe (f) lever-dolly contre-bouterolle (f), support (m) à levier de contre-bouterolle		журавъ (m), журавликъ (m) punzone (m) del martinetto báscula (f) para roblonar, palanca (f) para roblonar
7	Nietzange (f) riveting-tongs (pl.) pince (f) à rivets		заклёпочныя клещи (f. pl.); клещи (m. pl.) для заклёпокъ tanaglia (f) da chiodi tenazas (f. pl.) para roblones
8	Nietkluppe (f) riveting-tongs (pl.), riveting-clamp pince (f) à rivets		клуппъ (m) для заклёпокъ tanaglia (f) mordente per chiodi tenaza (f) para roblones
9	Nietenglühofen (m) rivet-furnace four (m) à rivets		переносное горно (n) fucina (f) per scaldare i chiodi, fucina (f) per arroventare i chiodi fragua (f) para calentar los roblones

Nietfeuer (n) rivet-hearth or forge four (m) à rivets		горнъ (m) для нагрѣванія заклёпокъ fucina (f) da chiodi hornillo (n) para calentar los roblones	*1*

IV.

Achse (f) axle essieu (m), axe (m)	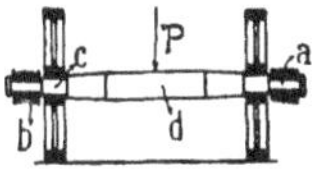	ось (f) asse (m) eje (m), árbol (m)	*2*
Achsschenkel (m), Achshals (m) axle-journal, axle-neck fusée (f)	a	осевая шейка (f) perno (m) dell' asse gorrón (m) del eje, cuello (m) del eje	*3*
Achslager (n) axle-bearing, journal-bearing support (m) de l'essieu	b	шейка (f), поддерживающая ось sopporto (m) del perno soporte (m) del eje	*4*
Achskopf (m) wheel-seat fuseau (m)	c	головка (f) оси testa (f) dell' asse cabeza (f) del eje	*5*
Achsschaft (m) axle renflement (m)	d	ось (f) corpo (m) dell' asse cuerpo (m) del eje	*6*
Achsdruck (m), Achsbelastung (f) load on axle charge (f) de l'essieu	P	нагрузка (f) оси carico (m) dell' asse carga (f) del eje	*7*
Achsenreibung (f) axle friction frottement (m) de l'essieu		тренiе (n) оси attrito (m) dell' asse fricción (f) del eje	*8*
Achsschenkelreibung (f) journal friction frottement (m) de fuseau		тренiе (n) шейки оси attrito (m) del perno fricción (f) del gorrón del eje	*9*
feste Achse (f) rigid axle, stationary shaft essieu (m) fixe		неподвижная ось (f) asse (m) fisso eje (m) fijo	*10*
bewegliche Achse (f) turning axle, revolving axle (A) essieu (m) mobile		подвижная ось (f) asse (m) mobile eje (m) móvil	*11*

1 gekuppelte Achse (f)
coupled axle
essieu (m) accouplé

спаренная ось (f)
asse (m) a giunto, asse (m) accoppiato
eje (m) acoplado

---

2 ungekuppelte Achse (f)
uncoupled axle
essieu (m) libre

свободная ось (f)
asse (m) libero, asse (m) senza giunto
eje (m) libre

---

3 verschiebbare Achse (f)
movable axle, sliding axle (A)
essieu (m) mobile

передвижная ось (f)
asse (m) mobile
eje (m) corredizo

---

4 Leitachse (f)
leading axle, forward axle
essieu (m) d'avant

ведущая ось (f)
asse (m) di guida
eje (m) de guia

---

5 Drehachse (f), Umdrehungsachse (f)
axis of rotation
axe (m) de rotation

ось (f) вращенія
asse (m) di rotazione
eje (m) de rotación

---

6 Radachse (f)
axle
axe (m) de la roue

ось (f) колеса
asse (m) della ruota
eje (m) de una rueda

---

7 Achsenumdrehung (f)
rotation of an axle, revolution of an axle
rotation (f) de l'axe

вращеніе (n) оси
rotazione (f) dell' asse
rotación (f) del eje

---

8 Achsprobe (f)
test of an axle
épreuve (f) de l'axe, essai (m) de l'essieu

испытаніе (n)
проба (f) оси
prova (f) dell' asse
prueba (f) del eje

---

9 Achsbruch (m)
axle-fracture
rupture (f) de l'axe, rupture (f) de l'essieu

поломка (f) оси
rottura (f) dell' asse
rotura (f) del eje

---

10 eine Achse (f) auswechseln
to exchange an axle, to renew an axle
changer d'axe, changer d'essieu

смѣнить / смѣнять } ось
cambiare un asse, mutare un asse
cambiar un eje

---

11 Auswechslung (f) einer Achse
renewing of an axle
changement (m) d'un axe, changement (m) d'un essieu

смѣна (f) оси
cambiamento (m) di un asse, mutamento (m) di un asse
cambio (m) de un eje

Achsendrehbank (f) axle-lathe tour (m) à essieux		токарный станокъ (m) для обточки осей tornio (m) per assi torno (m) para ejes	1
Achsendreherei (f) axle-turning shop atelier (m) des tours (à essieux)		мастерская (f) для обточки осей torneria (f) d'assi torneria (f) de ejes, cuadra (f) de tornear ejes, taller (m) de tornero	2
Achsen (f. pl.) abdrehen to turn axles (shafts) tourner des essieux		обточить } оси обтачивать } tornire gli assi tornear los ejes	3
Wellenleitung (f) shafting transmission (f)		трансмиссія (f) trasmissione (f) ad albero transmisión (f)	4
Welle (f) shaft arbre (m)		валъ (m) albero (m) árbol (m) de transmisión	5
Wellenzapfen (m) journal tourillon (m)	a	шипъ (m) вала perno (m) d'estremità dell'albero gorrón (m) del árbol	6
Wellenhals (m) neck tourillon (m) intermédiaire, tourillon (m) à collets	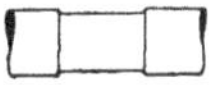	шейка (f) вала perno (m) intermedio gorrón (m) intermedio	7
volle Welle (f) solid shaft arbre (m) massif		массивный валъ (m) albero (m) pieno, albero (m) massiccio árbol (m) macizo	8
hohle Welle (f) hollow shaft arbre (m) creux		полый валъ (m) albero (m) cavo árbol (m) hueco	9
Vierkantwelle (f) square shaft arbre (m) carré		квадратный валъ (m) albero (m) quadro árbol (m) cuadrado	10
durchgehende Welle (f) continuous line of shafting, shaft in one piece arbre (m) de transmission		сквозной валъ (m) albero (m) di trasmissione árbol (m) longitudinal	11

1 liegende Welle (f)
horizontal shaft
arbre (m) horizontal

a

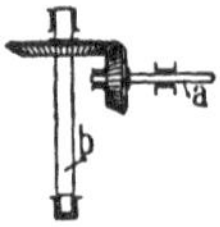

горизонтальный валъ (m)
albero (m) orizzontale
árbol (m) horizontal

---

2 stehende Welle (f)
vertical shaft
arbre (m) vertical

b

вертикальный валъ (m), стоячій валъ (m)
albero (m) verticale
árbol (m) vertical

---

3 biegsame Welle (f)
flexible shaft
arbre (m) flexible

упругій валъ (m)
albero (m) flessibile
árbol (m) flexible

---

4 Antriebswelle (f)
driving shaft
arbre (m) de couche

приводный валъ (m)
albero (m) di comando, albero (m) motore
árbol (m) de impulsión

---

5 Vorgelegewelle (f), Zwischenwelle (f)
intermediate shaft, jack shaft (A)
arbre (m) intermédiaire, arbre (m) de renvoi

промежуточный (передаточный) валъ (m)
albero (m) intermedio
árbol (m) intermedio

---

6 Ausrückwelle (f)
disengaging shaft
arbre (m) de débrayage

разобщающійся валъ (m)
albero (m) di disinnesto
árbol (m) de desembrague

---

7 Wellenbund (m)
collar, swell
portée (f)

обварка (f) вала
anello (m) fisso, collare (m)
anillo (m) fijo

---

8 Stellring (m)
adjusting ring, set collar, loose collar
bague (f) d'arrêt.

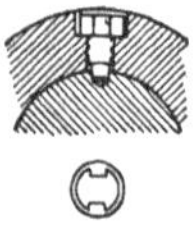

установочное кольцо (n), зажимное кольцо (n)
anello (m) d'arresto
anillo (m) móvil aprisionado

---

9 gekröpfte Welle (f)
[single throw] crank shaft
arbre (m) coudé

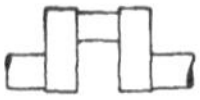

колѣнчатый валъ (m)
albero (m) a gomito
árbol (m) cigüeñal, árbol (m) de berbiquí

---

10 Kröpfung (f)
crank
coude (m)

колѣно (n)
gomito (m)
cigüeña (f)

kröpfen
to crank, to make a crank
couder

согнуть } колѣно
сгибать }
fare il gomito
formar el cigüeñal 1

---

doppelt gekröpfte Welle (f)
double throw crank shaft
arbre (m) à coude double

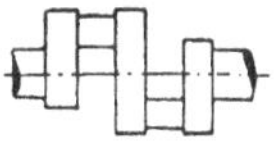

двухколѣнчатый валъ (m)
albero (m) a doppio gomito 2
árbol (m) de dos cigüeñales, árbol (m) de doble berbiquí

---

eine Achse, Welle abstechen
to cut off an axle [a shaft]
couper un arbre [un essieu]

подрѣ́зать } ось,
подрѣза́ть } валъ
tagliare un asse [un albero] 3
cortar un eje [un árbol]

Steuerwelle (f)
excentric shaft (A), governing shaft, regulating shaft
arbre (m) d'excentrique

распредѣлительный валъ (m)
albero (m) di distribuzione, albero (m) di regolazione 4
árbol (m) de distribución

Umsteuerwelle (f)
reversing shaft
arbre (m) de renversement

валъ (m) для перемѣны хода 5
albero (m) di rinvio
eje (m) de cambio de marcha

V.

Zapfen (m)
journal
tourillon (m)

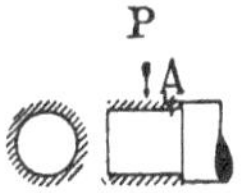

цапфа (f)
perno (m)
gorrón (m), collete (m), espiga (f) 6

Anpaß (m)
shoulder
embase (m)

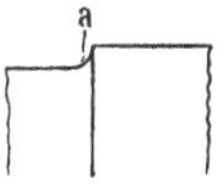

пригонъ (m) плечо (n)
spalla (f), bordo (m) 7
rebajo (m)

Schulterhöhe (f)
height of shoulder
hauteur (f) d'épaulement

A

высота (f) заплечика
altezza (f) del bordo 8
cota (f) de rebajo

Zapfendruck (m)
journal pressure
pression (f) sur le tourillon

P

давленіе (n) на цапфы
carico (m) sul perno 9
presión (f) en el muñón, carga (f) en el muñón

1 Zapfenreibung (f)
friction of journal
frottement (m) du tourillon

тренiе (n) цапфъ
attrito (m) del perno
fricción (f) del gorrón

---

2 Laufläche (f)
surface of contact
surface (f) de frottement

трущаяся поверхность (f)
superficie (f) di contatto, superficie (f) di scorrimento
superficie (f) de contacto

---

3 eingelaufener Zapfen (m)
journal which has settled in its place, worn-in journal (A)
tourillon (m) rodé

приработавшаяся цапфа (f)
perno (m) logorato, perno (m) che si è adattato nei suoi cuscini
gorrón (m) desgastado

---

4 Tragzapfen (m)
journal in middle of shaft, neck-journal (A)
tourillon (m) d'appui

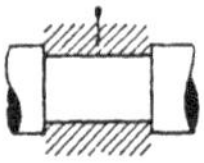

шейка (f)
perno (m) portante, perno (m) d'appoggio
collete (m)

---

5 Halszapfen (m)
journal with collars, neck-collar-journal (A)
tourillon (m) intermédiaire, tourillon (m) à collets

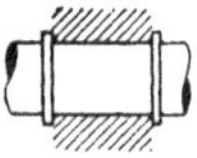

шейка (f)
perno (m) a colletto, perno (m) intermedio
collete (m) intermedio

---

6 Stirnzapfen (m)
journal on end of shaft, end-journal (A)
tourillon (m) frontal

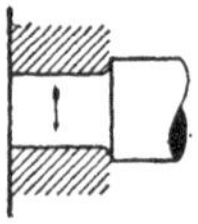

концевая цапфа (f) корневой шипъ (m)
perno (m) frontale, perno (m) d'estremità
collete (m) extremo

---

7 Spurzapfen (m), Stützzapfen (m)
vertical journal, pivot-journal (A)
pivot (m)

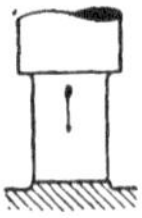

пята (f)
cardine (m), perno (m) di spinta, perno (m) di base
gorrón (m) de grapaldina

---

8 Ringzapfen (m)
hollow-pivot, ring-pivot (A)
pivot (m) annulaire

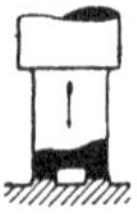

кольцевая пята (f)
perno (m) di spinta ad anello, cardine (m) ad anello
grapaldina (f), gorrón (m) de anillo

---

9 Kammzapfen (m)
thrust journal, journal with (three, four . . .) collars, journal to go in a thrust-block, collar journal (A)
tourillon (m) à cannelures

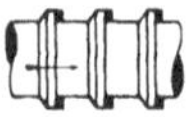

гребенчатая шейка (f)
perno (m) multiplo ad anelli
perno (m) con anillos, vástago (m) con anillos

Spitzzapfen (m)
pointed journal, conical pivot (A)
tourillon (m) à pointe

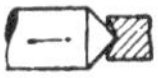

центръ (m)
perno (m) a punta
perno (m) apuntado 1

---

cylindrischer Zapfen (m)
cylindrical journal
tourillon (m) cylindrique

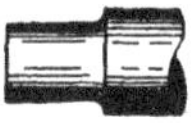

цилиндрическій шипъ (m); цилиндрическая цапфа (f)
perno (m) cilindrico
perno (m) cilíndrico, vástago (m) cilíndrico 2

---

konischer Zapfen (m)
conical journal
tourillon (m) conique

коническій шипъ (m) коническая цапфа
perno (m) conico
perno (m) cónico, vástago (m) cónico 3

Kugelzapfen (m)
ball journal, spherical journal (A)
tourillon (m) sphérique

шаровой шипъ (m)
perno (m) sferico
perno (m) esférico, vástago (m) esférico 4

Gabelzapfen (m)
forked journal
tourillon (m) à fourchette

шипъ (m) въ развилку
perno (m) a forchetta
gorrón (m) de horquilla 5

---

eingesetzter Zapfen (m)
inserted journal (crank pin), gudgeon
tourillon (m) rapporté

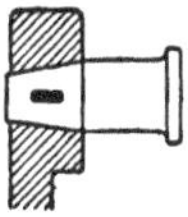

палецъ (m)
perno (m) incastrato
perno (m) empotrado, vástago (m) empotrado 6

Drehzapfen (m)
journal
tourillon (m) de rotation

вращающаяся цапфа (f)
perno (m) di rotazione
vástago (m) de rotación, espárrago (m) de rotación 7

---

sich auf einem Zapfen drehen
to turn on a journal
tourner sur un tourillon

вращаться на шипѣ
rotare sopra un perno, girare sopra un perno
girar sobre un vástago 8

VI.

1	Lager (n) bearing palier (m)	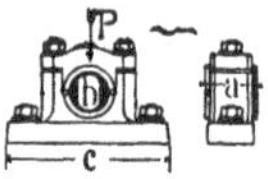	подшипникъ (m) sopporto (m) soporte (m)
2	Länge (f) des Lagers length of the bearing longueur (f) du palier	a	длина (f) вкладыша lunghezza (f) del sopporto longitud (f) del soporte
3	Bohrung (f) des Lagers, Durchmesser (m) des Lagers diameter of the bearing alésage (m) du palier, diamètre (m) du palier, diamètre (m) de l'alésage du palier	b	отверстіе (n) подшипника, діаметръ (m) вала diametro (m) del sopporto diámetro (m) interior del soporte
4	Baulänge (f) des Lagers length of the base longueur (f) de construction du palier	c	длина (f) подшипника lunghezza (f) alla base longitud (f) de la base del soporte
5	Auflagerfläche (f) area of bearing surface (f) d'appui	$a \cdot b$	площадь (f) опоры superficie (f) d'appoggio superficie (f) de contacto
6	Auflagerdruck (m), Lagerdruck (m) pressure on bearing pression (f) d'appui	P	давленіе (n) на подшипникъ pressione (f) d'appoggio presión (f) en la base del soporte
7	spezifischer Auflagerdruck (m), Flächenpressung (f) specific pressure, pressure per unit of area pression (f) par unité de surface	$\frac{P}{a \cdot b}$	давленіе (n) на единицу поверхности pressione (f) specifica, pressione (f) per unità di area presión (f) específica del soporte
8	Spurlager (n), Stützlager (n) step-bearing crapaudine (f)		подпятникъ (m) sopporto (m) per perni di base tejuelo (m), rangua (f)
9	Spurplatte (f), Spurpfanne (f) bearing disc, step, thrust-bearing grain (m)	a	вкладышъ (m) подпятника piastra (f) di base, ralla (f) quicionera (f)

Ringspurlager (n)
collar-step-bearing
crapaudine (f) annulaire

кольцевой подпятникъ (m)
sopporto (m) di base ad anello
cojinete-anillo (m), rangua (f) anular
1

Spurring (m)
collar step
anneau (m) de fond

a

кольцевой (n) вкладышъ (m) подпятника
anello (m) di base
anillo (m) de apoyo, corona (f) de asiento
2

Kugelspurlager (n)
ball collar thrust-bearing
crapaudine (f) à billes

подпятникъ (m) съ шариками
sopporto (m) di base a palle
cojinete (m) de esferas
3

Kammlager (n), Drucklager (n)
collar-thrust-bearing
palier (m) à cannelures

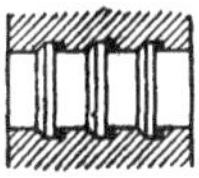

гребенчатый подшипникъ (m)
cuscinetto (m) di spinta
cojinete (m) á presión longitudinal, cojinete (m) de anillos
4

Traglager (n)
journal-bearing
palier (m) d'appui

подшипникъ (m)
sopporto (m) intermedio
soporte (m) intermedio
5

Stirnlager (n)
end-journal-bearing
palier (m)

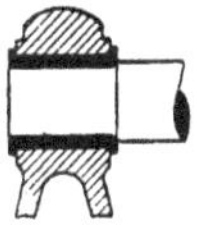

концевой подшипникъ (m)
sopporto (m) frontale, sopporto (m) d'estremità
soporte (m) frontal, soporte (m) extremo
6

Halslager (n)
neck-journal-bearing
palier (m) à collets

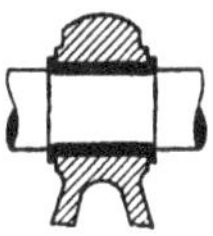

промежуточный подшипникъ (m)
sopporto (m) per perni a colletto
soporte (m) de extrangulamiento, collar (m)
7

Augenlager (n), einteiliges Lager (n), geschlossenes Lager (n)
solid journal-bearing, plain pedestal, solid pedestal, filbore
palier (m) fermé

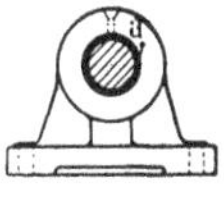

стаканъ (m)
sopporto (m) chiuso
soporte (m) cerrado
8

1	Lagerbüchse (f), Lagerhülse (f) bush, bushing, journal box coussinet (m)	a	втулка (f) стакана boccola (f), bossolo (m) dado (m)
2	das Lager ausbüchsen to bush a bearing mettre un coussinet		вставить (вставлять) втулку въ стаканъ mettere una boccola, mettere un bossolo poner un dado
3	Stehlager (n) plummer-block, pedestal, pillow block palier (m) ordinaire		нормальный (обыкновенный) подшипникъ (m) sopporto (m) ordinario, sopporto (m) ritto soporte (m) recto, soporte (m) de silla

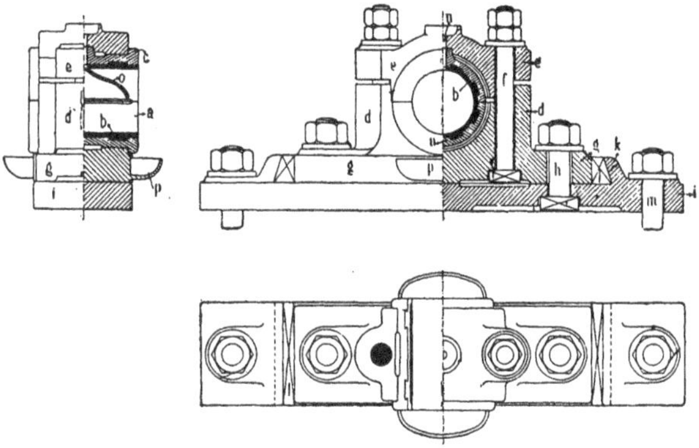

4	Lagerschale (f) bush, brass, pillow coussinet (m), coquille (f) de coussinet	a	вкладышъ (m) cuscinetto (m) cojinete (m)
5	nachstellbare Lagerschale (f) adjustable brass coussinet (m) réglable		регулируемый вкладышъ (m) cuscinetto (m) regolabile cojinete (m) ajustable
6	Lagerfutter (n) lining of the bearing, the babbit garniture (f), fourrure (f) pour revêtir un coussinet	b	прокладка (f) (футеровка f) вкладыша guancialetto (m), guarnitura (f) revestimiento (m)

ein Lager (n) ausfüttern to line a bearing, to babbit garnir un coussinet		набить (набивать) вкладышъ прокладкой guarnire un sopporto rellenar el cojinete	1
ein Lager (n) mit Weißmetall ausgießen to babbit a bearing garnir un coussinet de métal blanc		залить (заливать) вкладышъ бѣлымъ металломъ guarnire un sopporto con metallo bianco revestir un soporte (cojinete) con metal blanco	2
Schalenrand (m), Schalenbund (m) flange of the brasses rebord (m) du coussinet	c	бортъ (m) } вкладыша закраина (f) } вкладыша orlo (m), bordo (m) borde (m) de cojinete, pestaña (f) del cojinete	3
Lagerkörper (m), Lagerrumpf (m) pedestal body corps (m) de palier	d	кузовъ (m) подшипника castello (m) del sopporto, corpo (m) del sopporto cuerpo (m) del soporte	4
Lagerdeckel (m) cap, binder chapeau (m) de palier	e	крышка (f) подшипника cappello (m) del sopporto, coperchio (m) del sopporto tapa (f) del soporte	5
Deckelschraube (f), Lagerschraube (f) cap-screw, cap-bolt, binder bolt boulon (m) de chapeau	f	болтъ (m) отъ крышки подшипника bullone (m) del coperchio, bullone (m) del sopporto tornillo (m) de la tapa	6
Lagerfuß (m), Lagersohle (f) pedestal base patin (m), semelle (f)	g	основаніе (n) подшипника piede (m) del sopporto pie (m) del soporte	7
Lagerfußschraube (f) holding down bolt boulon (m) pour palier	h	болтъ (m) основанія подшипника bullone (m) per il piede del sopporto tornillo (m) del soporte	8
Sohlplatte (f), Grundplatte (f), Lagerplatte (f) sole-plate plaque (f) de fondation	i	основная плита (f) подшипника piastra (f) di fondaziono placa (f) del soporte	9

1	Nase (f) joggle, lip butoir (m)	k	выступъ (m) плиты tacchetto (m), nasello (m) taco (m)
2	Stellkeil (m) adjusting key cale (f)	l	установочный клинъ (m), cuneo (m) di aggiustamento, chiavetta (f) di calettamento cuña (f) de ajuste
3	Ankerschraube (f), Fundamentschraube (f) foundation-bolt boulon (m) de fondation	m	фундаментный болтъ (m) bullone (m) di fondazione tornillo (m) de asiento
4	Schmierloch (n) oil-hole trou (m) de graissage	n	смазочное отверстіе (n) orifizio (m) per oliatura, feritoia (f) della boccola agujero (m) para la lubrificación
5	Schmiernut (f) oil-groove patte (f) d'araignée	o	смазочная канавка(f), смазочный каналъ (m) canale (m) per la lubrificazione pata (f) de araña, ranura (f) de engrase
6	Ölfänger (m), Tropfbehälter (m), Tropfschale (f) oil-dish, drip-pan, dripping cup cuvette (f) d'huile	p	маслоуловитель (m) raccoglitore (m) d'olio colector (m) de aceite
7	Rumpflager (n) pedestal-bearing, pillow-block-bearing, plummer-block-bearing palier (m) ordinaire	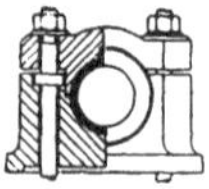	подшипникъ (m) безъ лапокъ sopporto (m) diritto ordinario soporte (m) recto ordinario
8	Schräglager (n) angle-pedestal-bearing, oblique pillow-block-bearing, oblique plummer block-bearing palier (m) oblique	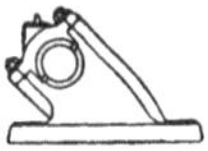	скошенный подшипникъ (m), косой подшипникъ (m), наклонный подшипникъ (m) sopporto (m) obliquo soporte (m) oblicuo

Stehlager (n) mit Kugelbewegung, Sellerslager (n)
Sellers-bearing, swivel bearing
palier (m) Sellers, palier (m) à rotule, palier (m) articulé

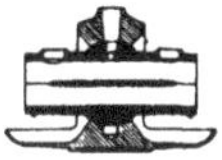

подшипникъ (m) Селлерса
sopporto (m) Sellers, 1
sopporto (m) a snodo
soporte (m) Sellers, Sellers apoyo

Ringschmierlager (n)
ring lubricating bearing, self lubricating bearing, oil saving bearing
graisseur (m) à bague

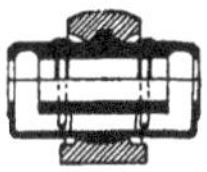

подшипникъ (m) съ кольцевою смазкою
sopporto (m) con oliatura automatica ad anello 2
soporte (m) de engrase automático con anillos

Kugellager (n)
ball-bearing
palier (m) à billes

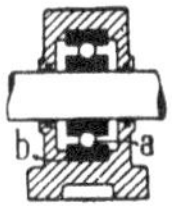

подшипникъ (m) на шарикахъ 3
sopporto (m) a palle
soporte (m) á bolas

Laufkugel (f)
ball
bille (f)

a

шарикъ (m)
palla (f) scorrevole 4
bola (f) corredera

Laufring (m), Kugelspur (f)
ball-race
anneau (m) de fond

b

обойма (f)
anello (m) di guida 5
anillo (m) de guia

Kugelzapfenlager (n)
ball and socket bearing
palier (m) à tourillon sphérique

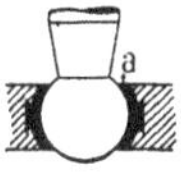

шаровой подшипникъ (m)
sopporto (m) per perno sferico 6
soporte (m) para gorrón esférico

Kugellagerschale (f)
spherical bush
coussinet (n) sphérique

a

вкладышъ (m) шарового подшипника
cuscinetto (m) per perno sferico 7
cojinete (m) para el soporte esférico

Rollenlager (n), Walzenlager (n)
roller-bearing
palier (m) à rouleaux

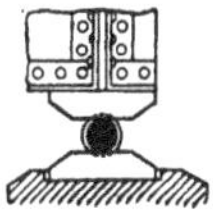

опора (f) на каткѣ
sopporto (m) a rulli, appoggio (m) a rulli 8
soporte (m) de rodillos

1	Schneidenlager (n) blade-bearing, fulcrum-bearing, knife-edge bearing support (m) à couteau	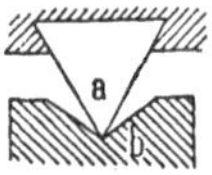	ножевая (призматическая) опора (f) appoggio (m) a coltello soporte (m) de cuña, soporte (m) de fiel
2	Schneide (f) blade, fulcrum, knife-edge couteau (m)	a	опорная призма (f) coltello (m) cuña (f) del soporte, fiel (m) del soporte
3	Pfanne (f) seat grain (m) de couteau	b	подушка (f) призматической опоры base (f) del coltello base (f) de soporte de cuña, apoyo (m) del fiel
4	Wandlager (n), Mauerlager (n) wall bracket-bearing chaise (f) murale	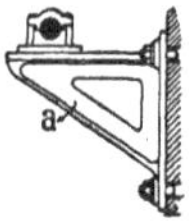	подшипникъ (m) на кронштейнѣ sopporto (m) a mensola soporte (m) de pared, soporte (m) de silleta, palomilla (f)
5	Wandkonsole (f), Wandbock (m), Wandlagerstuhl (m) wall-bracket console (f)	a	кронштейнъ (m), mensola (f) soporte (m) de ménsula, soporte (m) de cónsola de pared, soporte (m) de cartela
6	Hängelager (n) drop-hanger-bearing (A) chaise (f)	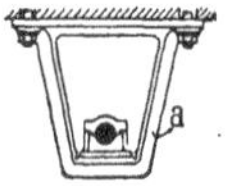	подшипникъ (m) на подвѣскѣ sopporto (m) pendente soporte (m) de suspensión, silla (m) de suspensión
7	Hängebock (m) drop-hanger-frame (A) chaise (f) suspendue	a	подвѣска (f) cavalletto (m) pendente silleta (f) de soporte de suspensión, colgante (m)
8	geschlossenes Hängelager (n) drop-hanger-frame V-form (A) chaise (f) fermée	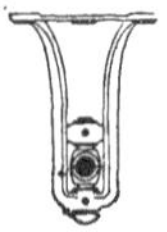	двуплечая подвѣска (f) Селлерса sopporto (m) pendente chiuso soporte (m) colgante cerrado
9	offenes Hängelager (n) drop-hanger-frame T-form (A) chaise (f) ouverte	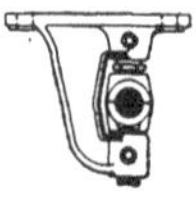	открытая подвѣска (f) Селлерса sopporto (m) pendente aperto soporte (m) colgante abierto

offenes Hängelager (n) mit Stangenschluß
drop hanger frame T-form with detachable links (A)
chaise (f) ouverte assemblée par tige

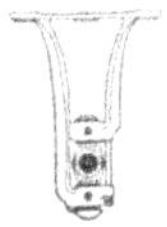

открытая подвѣска (f) Селлерса со струною
sopporto (m) pendente con traversa di chiusura 1
soporte (m) colgante abierto con travesaño de cierre

Lagerstuhl (m), Lagerbock (m), Stehbock (m)
floor-stand, floor-frame (A)
chevalet (m)

стойка (f) для подшипниковъ 2
cavalletto (m)
caballete (m)

Mauerkasten (m)
wall-box-frame (A)
œillard (m)

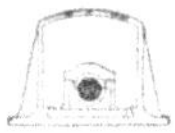

стѣнная коробка (f) ящикъ (m) 3
cassetta (m) da muro
cuadro (m) de pared

Säulen[konsol]lager (n)-
post-bearing (A), post hanger-bearing (A)
palier-console (m) à colonne

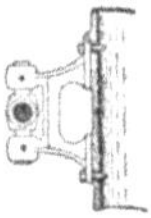

стѣнной кронштейнъ (m) Селлерса
sopporto (m) a mensola per colonne 4
soporte (m) de cónsola para columna

Längskonsollager (n)
longitudinal wall hanger-bearing (A)
palier-console (m) fermé

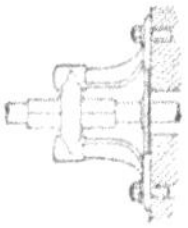

стѣнной кронштейнъ (m) Селлерса для вала нормальнаго къ стѣнѣ 5
sopporto (m) a mensola longitudinale
soporte (m) de cónsola longitudinal

Winkelkonsole (f)
angle-bracket, end wall bracket
console (f) à équerre

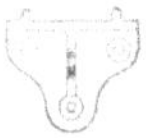

стѣнной угольникъ (m)
mensola (f) ad angolo, mensola (f) angolare 6
cónsola (f) en ángulo, cónsola (f) angular

Hauptlager (n)
main bearing, crank bearing (A)
palier (m) principal

a

коренной подшипникъ (m) 7
sopporto (m) principale
soporte (m) principal

Innenlager (n)
inside bearing
palier (m) intérieur

b

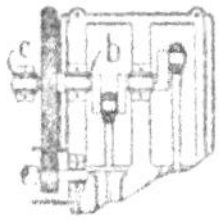

внутренній подшипникъ (m) 8
sopporto (m) interno
soporte (m) interior

1	Außenlager (n) outside bearing palier (m) extérieur	c	наружный подшипникъ (m) sopporto (m) esterno soporte (m) exterior
2	das Lager (n) einer Maschine läuft sich warm the machine has a hot bearing, box (A), the engine runs hot le palier d'une machine chauffe		подшипникъ (m) грѣется il sopporto (m) di una macchina si riscalda el soporte (m) de una máquina se calienta
3	Warmlaufen (n) des Lagers heating of a bearing, getting hot of a bearing échauffement (m) du palier		нагрѣванie (n) подшипника riscaldamento (m) del sopporto el calentamiento (m) del soporte
4	das Lager (n) läuft sich aus the bearing wears out le palier se rode		подшипникъ (m) выплавляется (изнашивается) il cuscinetto (m) si logora el cojinete (m) se desgasta
5	das Lager (n) frißt the bearing seizes le palier (m) grippe		подшипникъ (m) заѣдается il sopporto si ingrana el cojinete (m) se consume
6	das Lager (n) nachstellen to adjust the bearing régler les coussinets		подтянуть / подтягивать } подшипникъ (m) regolare il cuscinetto ajustar el cojinete
7	das Lager (n) schmieren to oil, to grease, to lubricate graisser le palier (m)		смазать (смазывать) подшипникъ, подпятникъ lubrificare il cuscinetto lubrificar, engrasar
8	Schmierschicht (f) film of oil couche (f) d'huile		слой (m) смазки strato (m) di grasso capa (f) de lubrificante

VII.

Schmierung (f) oiling, lubrication graissage (m)	смазка (f) lubrificazione (f) lubrificación (f), engrase (m)	*1*
beständige Schmierung (f) continuous oiling, continuous lubrication graissage (m) continu	непрерывная смазка (f) lubrificazione (f) continua engrase (m) continuo	*2*
unterbrochene Schmierung (f) intermittant oiling graissage (m) périodique	періодическая смазка (f) lubrificazione (f) periodica engrase (m) intermitente	*3*
Handschmierung (f) hand oiling graissage (m) à la main	ручная смазка (f) lubrificazione (f) a mano engrase (m) á mano	*4*
Handschmiervorrichtung (f) lubricator actuated by hand appareil (m) de graissage à la main	приспособленіе (n) для ручной смазки lubrificatore (m) a mano engrasador (m) á mano	*5*
selbsttätige Schmierung (f) self-oiling, automatic oiling graissage (m) automatique	автоматическая смазка (f) lubrificazione (f) automatica engrasado (m) automático	*6*
Selbstöler (m), selbsttätige Schmiervorrichtung (f) automatic lubricator, self-acting lubricator graisseur (m) automatique	лубрикаторъ (m), устройство (n) для автоматической смазки lubrificatore (m) automatico engrasador (m) automático, disposición (f) para engrasado automático	*7*
Einzelschmierung (f) separate oiling graissage (m) séparé	мѣстная смазка (f) lubrificazione (f) separata engrasado (m) por piezas	*8*

1 Einzelöler (m)
separate lubricator, separate lubrication
graisseur (m) séparé
масляника (f) для мѣстной смазки
oliatore (m) speciale, oliatore (m) separato
engrasador (m) aislado

---

2 Centralschmierung (f)
central lubrication
graissage (m) central
центральная смазка (f)
lubrificazione (f) centrale
engrase (m) central

---

3 Centralschmiervorrichtung (f)
oil distributing box
appareil (m) de graissage central
устройство (n) для центральной смазки
lubrificatore (m) centrale
disposición (f) de engrase central

---

4 Schmiermittel (n), Schmiere (f)
oil, grease, lubricant
matière (f) lubrifiante, graisse (f)
смазочный матеріалъ (m)
materia (f) lubrificante, grasso (m)
materia (f) lubrificante

---

5 flüssige Schmiere (f)
oil, liquid lubricant
matière (f) lubrifiante liquide
жидкая смазка (f)
lubrificante (m) liquido
engrase (m) líquido

---

6 Starrschmiere (f)
grease, consistent fat
matière (f) lubrifiante solide
твердая смазка (f), мазь (f)
lubrificante (m) solido
grasa (f) consistente, lubrificante (m) sólido

---

7 Flüssigkeitsgrad (m) der Schmiere
degree of consistency
degré (m) de fluidité de la graisse
тягучесть (f) смазки
grado (m) di fluidità
grado (m) de fluidez

---

8 Schmieröl (n)
lubricating oil
huile (f) de graissage
смазочное масло (n)
olio (m)
aceite (m) de engrase

---

9 Schlüpfrigkeit (f) des Schmieröls
lubricity of the oil
viscosité (f) de l'huile
вязкость (f) смазочнаго масла
viscosità (f) dell' olio
untuosidad (f)

---

10 das Schmieröl (n) verharzt
to become resinous, to thicken
l'huile se résinifie
смазочное масло (n) густѣетъ
l'olio (m) si resinifica
el aceite se resinifica

Verharzung (f) des Öls resinification of the oil résinification (f) de l'huile		затвердѣніе (n) масла resinificazione (f) dell' olio resinificación (f) del aceite	1
Tieröl (n) animal fat huile (f) animale		животное масло (n) olio (m) animale aceite (m) animal	2
Pflanzenöl (n) vegetable fat, vegetable oil huile (f) végétale		растительное масло (n) olio (m) vegetale aceite (m) vegetal	3
Mineralöl (n) mineral oil huile (f) minérale		минеральное масло (n) olio (m) minerale aceite (m) mineral	4
Maschinenöl (n) machine-oil huile (f) de machines		машинное масло (n) olio (m) per macchine aceite (m) para maquinaria	5
Cylinderöl (n) cylinder-oil huile (f) pour cylindres		цилиндровое масло (n) olio (m) per cilindri aceite (m) para cilindros	6
Spindelöl (n) watch-maker's-oil huile (f) fine		веретенное масло (n) olio (m) fino aceite (m) para husos	7
Ölbehälter (m) oil-tank, oil-reservoir récipient (m) pour huile	 a	резервуаръ (m) для масла recipiente (m) per olio depósito (m) para aceite	8
Ölkanne (f), Schmierkanne (f) oil-can burette (f)	b	ручная маслёнка (f) oliatore (m), bidone alenza (f), aceitera (f)	9
Ventilölkanne (f) valve-oil-can, oil-can with thumb-button burette (f) à valve		ручная маслёнка (f) съ клапаномъ oliatore (m) a valvola alenza (f) con válvula	10

1	Olspritzkanne (f) thumb-pressure oil-can, oiler burette (f) à huile		ручная маслёнка (f) съ пружиннымъ дномъ buretta (f) aceitera (f) de resorte
2	Olspritze (f), Schmierspritze (f) syringe for lubricating injecteur (m) à huile		спринцовка (f) для масла siringa (f) lubrificatrice jeringa (f) para engrase
3	Olzufluß (m) oil-feed, oil-supply conduite (f) d'huile		притокъ (m) масла conduttura (f) d'olio afluencia (f) del aceite
4	Olschmierung (f) oil-lubrication graissage (m) par huile	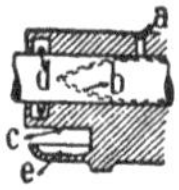	смазка (f) масломъ lubrificazione (f) ad olio engrase (m) con aceite
5	Schmierloch (n) oil-hole trou (m) de graissage	a	смазочное отверстіе (n) foro (m) per lubrificare agujero (m) de engrase
6	Schmiernute (f), Olnute (f) oil-groove patte (f) d'araignée	b	смазочная канавка (f) scanalatura (f) per l'olio ranura (f) de engrase, pata (f) de araña
7	Tropfring (m) drip-ring bague (f) d'égouttage	c	капельный кольцевой стокъ (m) sgocciolatore (m) anillo (m) metálico para engrasar
8	Spritzring (m) revolving oil dip-ring anneau (m) de graissage	d	смазочное кольцо (n) anello (m) lubrificatore anillo (m) protector
9	Olfänger (m), Tropfschale (f) drip cup, oil-cup under bearing, oil-catcher under bearing cuvette (f) d'égouttage, godet (m) à huile	e	маслоловитель (m), чашечка (f) для масла sgocciolatoio (m) colector (m) de aceite, recogedor (m) de aceite

Olreiniger (m), Olreinigungsvorrichtung(f)
oil-filter
filtre (m) à huile

приборъ (m) для очистки масла, аппаратъ (m) для очищенія масла 1
filtro (m) dell' olio, apparecchio (m) purificatore dell' olio
purificador (m) de aceite

---

gereinigtes Öl (n)
refined or purified oil, refiltered oil
huile (f) filtrée

очищенное масло (n)
olio (m) purificato 2
aceite (m) purificado

Schmiervorrichtung (f)
lubricator
appareil (m) de graissage

смазочный приборъ (m)
apparecchio (m) lubrificatore 3
lubrificador (m), engrasador (m)

Schmierröhrchen (n)
oil-pipe
tube (f) de graissage

a

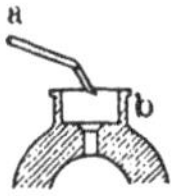

смазочная трубка (f)
canaletto (m) per la lubrificazione 4
tubito (m) de engrase

Schmierbüchse (f)
lubricator box
boîte (f) à graisse

b

маслёнка (смазочная коробка (f)) 5
scattola (f) lubrificatrice
engrasador (m), caja (f) para el engrase

Schmierhahn (m)
steam oiler grease cup, tallow-cup or cock, grease-cup with cocks
robinet (m) de graissage, robinet-graisseur (m)

маслёнка (f) съ двумя кранами
rubinetto (m) lubrificatore 6
grifo (m) engrasador, llave (f) de paso del engrasador

Öler (m), Schmiergefäß (n)
lubricator
godet (m) graisseur

маслёнка (f)
oliatore (m), vaso (m) lubrificatore 7
vasija (f) de engrasador, aceitera (f)

Ölvase (f), Schmiervase (f)
oil-cup
godet (m) graisseur

маслёнка (смазочная коробка (f))
vaso (m) dell'olio 8
copa (f) de aceite, engrasador (m) de copa

Ölerglas (n)
glass oil cup
godet (m) graisseur en verre

стеклянная маслёнка (f)
oliatore (m) di vetro 9
engrasador (m) de vidrio, engrasador (m) con bombillo de cristal

1 Dochtschmierung (f)
wick-oiling
graissage (m) à mèche

смазка (f) фитилёмъ
lubrificazione (f) a stoppino
engrase (m) por torcida, engrase (m) por mecha capilar

---

2 Dochtschmierer (m), Dochtschmierbüchse (f)
oil-syphon, wick lubricator
graisseur (m) à mèche

фитильная масленка (f)
lubrificatore (m) a stoppino
engrasador (m) de torcida, engrasador (m) de mecha capilar

---

3 Olerdocht (m)
wick for oil-syphon
mèche (f) du graisseur

фитиль (m)
stoppino
mecha (f) capilar

---

4 der Docht verfilzt
the wick is clogged up
la mèche se feutre

фитиль (m) сваливается
lo stoppino (m) si scioglie, lo stoppino (m) si feltra
la mecha se obstruye

---

5 Nadelschmiergefäß (n), Nadelschmierer (m)
needle-lubricator
graisseur (m) à aiguille

игольчатая масленка (f)
lubrificatore (m) ad ago
engrasador (m) de aguja

---

6 Tropfschmiergefäß (n), Tropföler (m)
sight feed oiler
graisseur (m) compte-gouttes

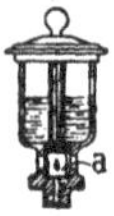

капельчатая маслёнка (f), аппаратъ (m) для смазыванія по каплямъ
oliatore (m) contagoccie
engrasador (m) cuentagotas

---

7 Tropfdüse (f)
sight feed nozzle
tube (f) de distribution du graisseur

a

каплеуказатель (m)
tubetto (m) gocciolatore
tubo (m) capilar de salida

---

8 umlaufendes Schmiergefäß (n)
rotating crank lubricator
graisseur (m) rotatif

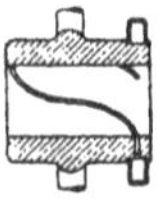

круговая маслёнка (f)
lubrificatore (m) girante
engrasador (m) circular

---

9 Centrifugalschmierung (f)
centrifugal lubrication
graisseur (m) centrifuge

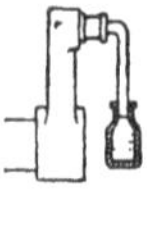

центробѣжная смазка (f)
lubrificatore (m) centrifugo
engrase (m) centrifugo, engrase (m) de telescopio

Ringschmierung (f) ring lubrication graissage (m) à bagues	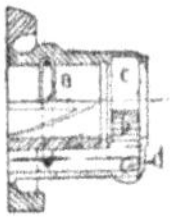	кольцевая смазка (f) lubrificazione (f) ad anello engrase (m) con anillo	*1*
Schmierring (m) revolving ring, oiling ring bague (f) de graissage	a	смазывающее кольцо (n) anello (m) lubrificatore anillo (m) de engrase	*2*
Olbad (n) oil-bath bain (m) d'huile	b	масляная ванна (f), масляная баня (f) bagno (m) d'olio baño (m) de aceite	*3*
Ölkammer (f) oil-chamber, oil-container chambre (f) d'huile	c	резервуаръ (m) для масла, камера (f) для масла camera (f) d'olio cámara (f) de aceite	*4*
Olablaß (m) oil-drainer vidange (m) d'huile	d	маслоспускное отверстiе (n) scarico (m) dell' olio tubo (m) de salida	*5*
Ol ablassen to let off the oil, to drain the oil vider l'huile		выпустить масло, выпускать масло scaricare l'olio, lasciar uscire l'olio vaciar el aceite	*6*
Olpumpe (f) oil-pump pompe (f) à huile	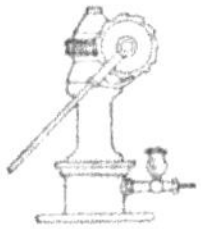	смазочный прессъ (m) pompa (f) d'olio bomba (f) de aceite	*7*
Staufferbüchse (f) Stauffer-lubricator graisseur (m) Stauffer		маслёнка Штауфера ingrassatore (m) Stauffer engrasador (m) Stauffer	*8*
Winkelschmierbüchse (f) angle-lubricator graisseur (m) à équerre	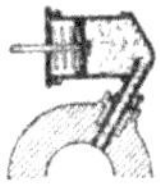	угловая маслёнка (f) ingrassatore (m) ad angolo engrasador (m) angular	*9*

VIII.

1 Kupplung (f)
coupling
accouplement (m)

сцѣпленіе (n), соединеніе (n), сопряженіе (n), муфта
giunto (m)
acoplamiento (m)

---

2 Wellenkupplung (f)
shaft-coupling
accouplement (m) des arbres

сцѣпленіе (n) / соединеніе (n) / сопряженіе (n) } валовъ
accoppiamento (m) d'alberi
acoplamiento (m) axial

---

3 feste Kupplung (f)
fast coupling
accouplement (m) fixe

постоянная муфта (f)
глухое { сцѣпленіе (n) / соединеніе (n) / сопряженіе (n)
giunto (m) fisso
acoplamiento (m) fijo

---

4 Muffenkupplung (f)
muff-coupling, box coupling
accouplement (m) par manchon

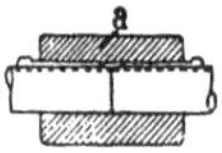

соединсніе (n) муфтою
giunto (m) a manicotto
acoplamiento (m) de manguito, manguito (m) de unión

---

5 Muffe (f), Muffenhülse (f)
coupling-box
manchon (m) d'accouplement

a

втулка (f) муфты
manicotto (m) d'accoppiamento
manguito (m)

---

6 Gewindekupplung (f), Schraubenkupplung (f)
screw-coupling, screw-joint
accouplement (m) à vis

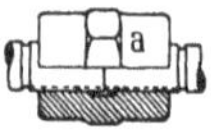

винтовое соединеніе (n)
giunto (m) a vite
acoplamiento (m) roscado, acoplamiento (m) de rosca

---

7 Gewindemuffe (f), Schraubenkupplungsmuffe (f)
screw-coupling box
manchon (m) à vis

a

винтовая муфта (f)
manicotto (m) filettato, manicotto (m) a vite
manguito (m) roscado

---

8 Hülsenkupplung (f)
sleeve-coupling
accouplement (m) à douille

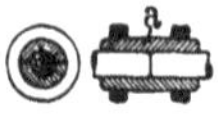

муфта (f) съ натяжными кольцами; патронная муфта (f)
giunto (m) conico
acoplamiento (m) de manguito

Kupplungshülse (f) sleeve douille (f) d'accouplement	a	кожухъ (m) соединительной муфты, кожухъ (m) сцѣпляющей муфты bossolo (m) del giunto manguito (m) de acoplamiento, de unión	1
Schalenkupplung (f) split-coupling accouplement (m) à coquilles	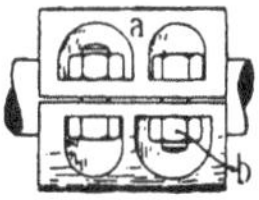	фланцевая } муфта тарелочная } (f) giunto (m) a conchiglia acoplamiento (m) de cojinetes	2
Kupplungsschale (f) bush coquille (f) d'accouplement	a	фланецъ (m) муфты, тарелка (f) муфты, тазъ (m) муфты conchiglia (f) cojinete (m)	3
Kupplungsschraube (f) coupling-bolt boulon (m) d'accouplement	b	соединительный болтъ (m), стяжной болтъ(m), скрѣпляющій болтъ (m), винтовая стяжка (f), винтовая сцѣпка (f) bullone (m) del giunto tornillo (m) del acoplamiento	4
Scheibenkupplung (f), Flanschenkupplung (f) flange-coupling, plate-coupling accouplement (m) à plateaux		дисковая муфта (f), дисковое соединенiе (n), дисковое сцѣпленiе (n), дисковое сопряженiе (n) giunto (m) a dischi acoplamiento (m) de disco, acoplamiento (m) de plato	5
Kupplungsscheibe (f), Kupplungsflansch (m) flange of coupling plateau (m) d'accouplement	a	стяжная шайба (f), стяжной фланцъ (m) disco (m) d'accoppiamento plato (m) de acoplamiento	6

1 Sellerskupplung (f), Doppelkegelkupplung (f)
Sellers-coupling
accouplement (m) Sellers, accouplement (m) à pince, accouplement (m) à double cône

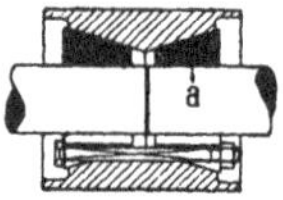

муфта (f) Селлерса, зажимная двухъконусная муфта (f)
giunto (m) Sellers, giunto (m) a doppio cono
acoplamiento (m) de Sellers, acoplamiento (m) de doble cono

---

2 Klemmkegel (m)
wedge for coupling
cône (m) de pression

a

зажимный конусъ (m)
viera (f) conica d'innesto
cono (m) de sujeción

---

3 bewegliche Kupplung (f)
movable coupling
accouplement (m) mobile

подвижная муфта (f)
innesto (m) mobile
acoplamiento (m) móvil

---

4 Ausdehnungskupplung (f), längsbewegliche Kupplung (f)
expansion-coupling, flexible coupling
accouplement (m) à mouvement longitudinal, accouplement (m) extensible

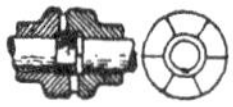

раздвижная муфта (f)
giunto (m) d'espansione, innesto (m) a movimento longitudinale
acoplamiento (m) graduable

---

5 elastische Kupplung (f)
elastic-coupling
accouplement (m) élastique

упругая муфта (f)
giunto (m) elastico
acoplamiento (m) elástico

---

6 Ausrückkupplung (f), Auslösungskupplung (f), lösbare Kupplung (f)
engaging and disengaging gear, clutch
accouplement (m) à débrayage

раздвижная соединительная муфта (f)
innesto (m)
acoplamiento (m) de interrupción, acoplamiento (m) de engranaje

---

7 Antrieb (m) mittels Ausrückkupplung
driving with clutch
commande (f) par accouplement à débrayage

приводъ (m) съ зубчатою муфтою
comando (m) ad innesto
impulsión (f) por acoplamiento de engranaje

---

8 Ausrückvorrichtung (f)
disengaging gear
appareil (m) à débrayage

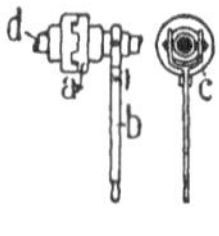

разобщительный механизмъ (m)
meccanismo (m) di disinnesto
juego (m) de granada, juego (m) de embrague

Ausrückmuffe (f), lösbare Kupplungsmuffe (f) disengaging clutch manchon (m) mobile	a	разобщающая муфта (f) manicotto (m) di disinnesto manguito (m) de embrague, manguito (m) de interrupción	1
Kupplungshebel (m), Ausrücker (m) disengaging lever levier (m) de débrayage	b	приводный / разъединительный } рычагъ (m) leva (f) d'innesto palanca (f) de interrupción, palanca (f) de embrague	2
Ausrückgabel (f) disengaging fork fourche (f) de débrayage	c	вилка (f) приводнаго рычага, вилка (f) разъединительнаго рычага forchetta (f) d'innesto horquilla (f) de la palanca de interrupción	3
Ausrückwelle (f) disengaging shaft arbre (m) de débrayage	d	разобщительный валъ (m), разъединительный валъ (m) albero (m) d'innesto eje (m) de interrupción	4
die Kupplung (f) einrücken to connect, to put in gear, to throw in the clutch embrayer		сцѣпить муфту, сцѣплять муфту innestare embragar el acoplamiento	5
die Kupplung (f) ausrücken, die Kupplung (f) auslösen to disconnect, to throw out of gear, to throw out the clutch débrayer		разобщить / разобщать / разъединить / разъединять } муфту disinnestare desembragar, desacoplar	6
Ausrückung (f) throwing out of gear débrayage (m)		разобщенie (n), разъединенie (n) disinnesto (m) desembrague (m), interrupción (f), desacoplamiento (m)	7

1	selbsttätige Auslösung (f), selbsttätige Ausrückung (f) automatic disconnecting débrayage (m) automatique		самодѣйствующее (автоматическое) разобщенiе (n), самодѣйствующее (автоматическое) разъединенiе (n) disinnesto (m) automatico desembrague (m) automático, interrupción (f) automática
2	Klauenkupplung (f), Zahnkupplung (f) claw-coupling, clutch-coupling accouplement (m) à griffes	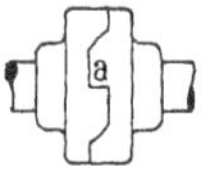 	раздвижная зубчатая муфта (f), сцѣпленiе (n) за лапку innesto (m) a denti acoplamiento (m) dentado
3	Klaue (f), Zahn (f) claw, clutch griffe (f)	a	выступъ (m), зубецъ (m), лапка (f) dente (m) diente (m)
4	Klauenausrückung (f) disconnecting with a claw-coupling débrayage (m) à griffes		разобщенiе (n) посредствомъ раздвижной зубчатой муфты disinnesto (m) a denti desacoplamiento (m) de los platos dentados
5	Klinkenkupplung (f) pawl-coupling accouplement (m) à cliquet	 	храповая муфта (f) innesto (m) a nottolino, innesto (m) a scatto acoplamiento (m) de trinquete
6	Klinke (f) pawl cliquet (m)	a	собачка (f) nottolino (m) gatillo (m) del trinquete
7	Reibungskupplung (f) friction clutch coupling accouplement (m) à friction		муфта (f) тренiя, трущееся сцѣпленiе (n), сцѣпленiе (n) тренiемъ innesto (m) a frizione acoplamiento (m) de fricción

Konuskupplung (f) cone coupling accouplement (m) à cône de friction	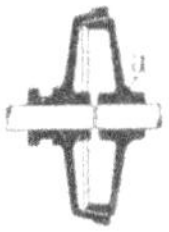	коническое сцѣпленіе (n) треніемъ innesto (m) a cono di frizione acoplamiento (m) cónico	1
Friktionsscheibe (f) friction disc plateau (m) à friction	a	фрикціонный дискъ (m) disco (m) di frizione plato (m) de fricción	2
Bürstenkupplung (f) brush-coupling accouplement (m) à brosses	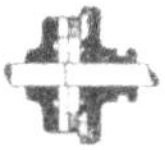	щеточная муфта (f) innesto (m) a spazzola acoplamiento (m) de escobilla	3
Lederkupplung (f) leather-coupling accouplement (m) à cuir	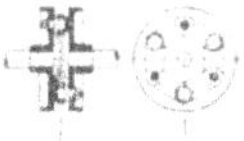	кожаная муфта (f) innesto (m) a cuoio acoplamiento (m) de cuero	4
Elektromagnet-kupplung (f) electro-magnetic coupling accouplement (m) électro-magnétique	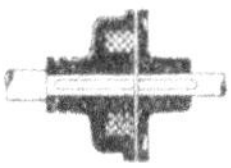	электромагнитное сцѣпленіе (n), (сопряженіе n), электромагнитная муфта (f) innesto (m) elettro-magnetico acoplamiento (m) electromagnético	5
Bandkupplung (f) Riemenkupplung (f) band-coupling accouplement (m) à ruban	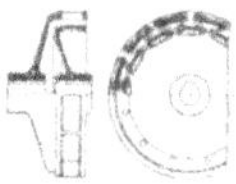	ленточная муфта (f), ременная муфта (f) innesto (m) a nastro, innesto (m) a cinghia acoplamiento (m) de correa	6
Stangenkupplung (f) rod coupling accouplement (m) de tiges		стержневая (штанговая) муфта (f) innesto (m) di aste acoplamiento (m) de vástago	7
Gelenkkupplung (f) jointed coupling accouplement (m) à articulation		суставчатая муфта (f) innesto (m) articolato, innesto (m) mobile acoplamiento (m) articulado	8
Gelenk (n) link, eye joint articulation (f)		суставъ (m) articolazione (f) articulación (f)	9

1 Gelenkzapfen (m)
link-pin (m)
tourillon d'articulation

a

цапфа (f) сустава
perno (m) d'articolazione
pasador (m) de la articulación

---

2 Kreuzgelenkkupplung (f), Universalgelenk (n), Cardansches Gelenk (n)
universal joint, Hooke's joint
accouplement (m) articulé, joint (m) universel, joint (m) Cardan

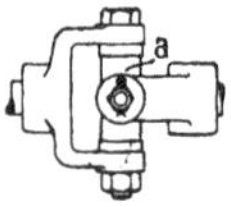

шарнирная муфта (f), универсальный шарниръ (m), шарниръ (m) Кардана
innesto (m) universale, giunto (m) universale, giunto (m) di Cardano
acoplamiento (m) de doble articulación, acoplamiento (m) de Cardano, acoplamiento (m) de articulación cruciforme

---

3 Kreuzstutzen (m)
cross-piece
croisilon (m)

a

двухшарнирный крейцкопфъ (m)
appoggio (m) a croce
articulación (f) en cruz

---

4 Kugelgelenk (n)
ball and socket joint
joint (m) à boulet, joint (m) sphérique

шаровое шарнирное соединенiе (n)
articolazione (f) sferica
articulación (f) esférica, articulación (f) de rodilla

---

5 kuppeln, ankuppeln, zusammenkuppeln
to couple up
accoupler

сцѣпить, сцѣплять, соединить, соединять
innestare
acoplar, embragar

---

6 gekuppelt
coupled
accouplé

сцѣпленъ (a, o), соединенъ (a, o), сопряженъ (a, o)
innestato
acoplado, embragado

---

7 direkt gekuppelt mit . . .
coupled direct with . . .
accouplé directement avec . . .

сцѣпленъ (a, o) [соединенъ (a, o), сопряженъ (a, o)] непосредственно съ . . .
innestato direttamente con . . .
acoplado directamente á . . .

loskuppeln, entkuppeln, die Kupplung lösen
to uncouple, to disengage, to throw out of gear
débrayer

разобщить, разобщать, разъединить, разъединять
disinnestare
desacoplar 1

IX.

Verzahnung (f)
gearing
engrenage (m)

зацѣпленіе (n)
ingranaggio (m)
engranaje (m) 2

Zahnrad (n)
toothed wheel
roue (f) d'engrenage, roue (f) dentée

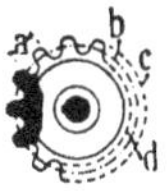

зубчатое колесо (n)
ruota (f) d'ingranaggio, ruota (f) dentata
rueda (f) dentada, rueda (f) de engranaje 3

Zahnteilung (f)
circular pitch
pas (m) circulaire

a

шагъ (m) зацѣпленія
passo (m) della dentatura
paso (m) del engranaje 4

Teilkreis (m)
pitch-circle, pitch-line
cercle (m) primitif

b

начальная (дѣлительная) окружность (f)
circolo (m) primitivo
círculo (m) primitivo 5

Kopfkreis (m), Kronenkreis (m)
addendum-circle, addendum-line
cercle (m) de couronne, cercle (m) de tête, cercle (m) extérieur

c

головочная окружность (f) кругъ (m) выступовъ
circolo (m) di testa
círculo (m) de cabeza, periferia 6

Fußkreis (m), Wurzelkreis (m)
root-circle, root-line, dedendum line
cercle (m) de racine, cercle (m) de pied, cercle (m) intérieur

d

корневая окружность (f) кругъ (m) впадинъ
circolo (m) di base
círculo (m) de pie, círculo (m) interno 7

---

eingreifen
to engage
engrener

находиться въ зацѣпленіи
ingranare
engranar 8

Eingriff (m)
contact
engrènement (m)

сцѣпленіе (n), зацѣпленіе (n)
ingranaggio (m)
engrane (m) 9

1	Eingriffslinie (f) line of contact ligne (f) d'engrènement		линія (f) зацѣпленія linea (f) dell'ingranaggio linea (f) de engrane
2	Eingriffsstrecke (f) path of contact étendu (m) de l'engrènement	$\widehat{aob}$	сцѣпляющійся отрѣзокъ (m), (длина (f) зацѣпленія) linea (f) d'imbocco, curva (f) d'imbocco extensión (f) de engrane, curva (f) de engrane
3	Eingriffsbogen (m) arc of action arc (m) d'engrènement	$i_1 o k_1$ $i_2 o k_2$	дуга (f) зацѣпленія arco (m) d'ingranamento arco (m) de engrane
4	Eingriffsdauer (f) period of contact durée (f) d'engrènement		продолжительность (f) зацѣпленія durata (f) del contatto duración (f) del engrane
5	in Eingriff bringen to throw into gear, to engage faire engrener, mettre en prise		сцѣпить, сцѣплять fare ingranare engranar
6	außer Eingriff bringen to throw out of gear, to disengage désengrener		разобщить, разобщать disingranare desengranar
7	Kopfbahn (f) travel of the tooth during contact trajet (m) de la tête de la dent		траекторія (f) [путь (f)] головки зубца (зуба) traiettoria (f) della testa del dente camino (m) recorrido por la cabeza del diente
8	Zahn (m) tooth dent (f)	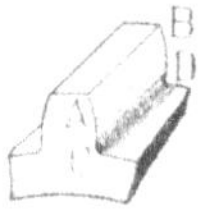	зубъ (m) зубецъ (m) dente (m) diente (m)
9	Zahnform (f), Zahnprofil (n) tooth-outline, tooth-profile profil (m) de la dent	A C	профиль (f) зубца (зуба) profilo (m) del dente perfil (m) del diente
10	Zahnflanke (f) flank of a tooth, face of tooth (A) flanc (m) de la dent	A B D C	очертаніе (n) зубца (зуба) fianco (m) del dente flanco (m) del diente

Zahnkopf (m), Zahnkrone (f) face of a tooth, addendum of tooth (A) tête (f) de la dent, saillie (f) de la dent	 A B C D	головка (f) зубца (зуба) testa (f) del dente cabeza (f) del diente	*1*
Kopfhöhe (f) length outside pitch-line, addendum (A) hauteur (f) de la tête, longueur (f) de la tête	a	высота (f) головки зубца (зуба) altezza (f) della testa del dente altura (f) de la cabeza [del diente]	*2*
Zahnfuß (m), Zahnwurzel (f) root of the tooth pied (m) de la dent, base (f) de la dent	D C F E	корень (m) зубца, ножка (f) зуба base (f) del dente pie (m) del diente	*3*
Fußhöhe (f) length inside pitch-line, root (A), dedendum (A) hauteur (f) du pied, longueur (f) du pied	b	высота (f) корня зубца, высота (f) ножки зуба altezza (f) della base altura (f) del pie [del diente]	*4*
Zahnlänge (f) total length, length of tooth, depth of tooth (A) hauteur (f) de la dent, longueur (f) de la dent	c	высота (f) зубца (зуба) altezza (f) del dente longitud (f) del diente	*5*
Zahnstärke (f) thickness at root of tooth épaisseur (f) de la dent	d	толщина (f) зубца (зуба) spessore (m) del dente espesor (m) del diente	*6*
Zahnlücke (f) space of tooth vide (m), creux (m)	e	ширина (f) впадины vano (m) [fra due denti] hueco (m) del diente	*7*
Zahnbreite (f) breadth of tooth, width of tooth largeur (f) de la dent	f	ширина (f) зубца, длина (f) зуба larghezza (f) del dente ancho (m) del diente	*8*
roh gegossener Zahn (m) rough tooth, cast tooth (A) dent (f) brute de fonte		литой зубецъ (m) [зубъ (m)] dente (m) greggio diente (m) fundido en bruto	*9*

1 gehobelter Zahn (m), geschnittener Zahn (m)
cut tooth, planed tooth
dent (f) rabottée

строганный } зубъ
нарѣзанный } (m)
dente (m) lavorato, dente (m) piallato
diente (m) tallado, diente (m) cepillado

---

2 gefräster Zahn (m)
cut tooth, milled tooth
dent (f) taillée à la fraise

фрезированный зубъ (m)
dente (m) fresato
diente (m) fresado

---

3 Zahndruck (m)
pressure at pitch-line
pression (f) sur la dent

давленіе (n) на зубъ (m)
pressione (f) sul dente
presión (f) sobre el diente

---

4 spezifischer Zahndruck (m)
specific pressure at pitch-line
pression (f) unitaire sur la dent

удѣльное давленіе (n) на зубъ
pressione (f) specifica sul dente
presión (f) por unidad de superficie del diente

---

5 Zahnreibung (f)
tooth-friction
frottement (m) des dents

тренiе (n) зубьевъ
attrito (m) fra i denti
fricción (f) del diente

---

6 Zahnreibungsarbeit (f)
work done by tooth friction
travail (m) de frottement des dents

работа (f) тренія зубьевъ
lavoro (m) d'attrito fra i denti
trabajo (m) de fricción del diente

---

7 Cykloidenverzahnung (f)
cycloidal gear system
denture (f) cycloïdale

циклоидальное зацѣпленіе (n)
dentatura (f) cicloidale
engranaje (m) cicloidal

---

8 Epicykloide (f)
epicycloid
épicycloïde (f)

эпициклоида (f)
epicicloide (f)
epicicloide (f)

---

9 gemeine Cykloide (f)
cycloid
cycloïde (f)

циклоида (f)
cicloide (f)
cicloide (f)

---

10 Hypocykloide (f)
hypocycloid
hypocycloïde (f)

гипоциклоида (f)
ipocicloide (f)
hipocicloide (f)

Pericykloide (f)
pericycloid
péricycloïde (f)

перициклоида (f)
pericicloide (f) 1
pericicloide (f)

Grundkreis (m)
pitch-circle, base circle
cercle (m) primitif

a_1

основной кругъ (m)
начальная окружность (f) 2
circolo (m) primitivo
círculo (m) primitivo

Rollkreis (m)
rolling circle, generating circle
cercle (m) de roulement, cercle (m) roulant

a_2

катящійся кругъ (m)
образуюшая окржность (f) 3
epiciclo (m)
círculo (m) de rotadura

Triebstockverzahnung (f)
pin wheel, mangle gear
denture (f) à fuseaux

цѣвочное зацѣпленіе (n)
ingranaggio (m) a lanterna 4
engranaje (m) de linterna de husillos

Doppelpunktverzahnung (f)
double pin gearing
denture (f) à double point

очертаніе (n) зубцовъ по двумъ точкамъ 5
ingranaggio (m) a doppio punto
engranaje (m) de doble punto

Geradflankenverzahnung (f)
rectilineal face toothing
denture (f) à flancs droits

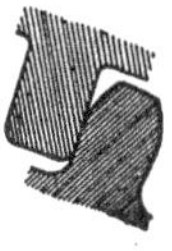

прямобочное зацѣпленіе (n)
ingranaggio (m) a profilo rettilineo 6
engranaje (m) de flancos rectilíneos

Innenverzahnung (f)
internal gear
denture (f) intérieure

внутреннее зацѣпленіе (n) 7
dentatura (m) interna
engranaje (m) interior

Evolventenverzahnung (f)
involute system, single curve gear
denture (f) à [en] développante [de cercle]

разверточное зацѣпленіе (n)
ingranaggio (m) a sviluppante 8
engranaje (m) de evolventes

Evolvente (f)
involute
développante (f)

развертка (f)
sviluppante (f) 9
evolvente (f)

1 Zahnradgetriebe (n)
toothed gearing
engrenage (m)

зубчатая передача (f)
trasmissione (f) per ingranaggi
sistema (m) de engranaje, transmisión (f) por engranaje

---

2 Zahnradvorgelege (n)
shaft with wheel gearing
renvoi (m) à engrenage

зубчатый переборъ (m)
rinvio (m) ad ingranaggi
contramarcha (f) de engranaje

---

3 Satzräder (n. pl.)
interchangeable gear wheels, change gears
roues (f. pl.) de série

смѣнныя (гармоническія) колеса (pl.n.)
ruote (f. pl.) d'assortimento
ruedas(f.pl.) harmónicas, surtido (m) de ruedas

---

4 Krafträder (n. pl.)
heavy duty gears
roues (f. pl.) de force

тяжёлыя колеса(n.pl.); колеса (pl. n.) съ тихимъ ходомъ
ruote (f. pl.) di forza
ruedas (f.pl.) de potencia

---

5 Arbeitsräder (n. pl.)
transmitting gears
roues (f. pl.) de travail, roues (f. pl.) de transmission

легкія колеса (n. pl.); колеса (pl. n.) съ быстрымъ ходомъ
ruote (f. pl.) di trasmissione
ruedas (f. pl.) de trabajo

---

6 Stirnradgetriebe (n)
spur gear system
engrenage (m) cylindrique

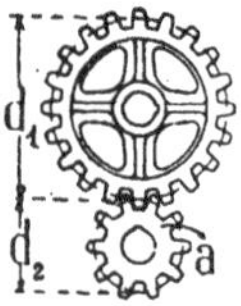

цилиндрическая зубчатая передача (f)
ingranaggio (m) cilindrico
engranaje (m) cilíndrico

---

7 Trieb (m), Treibrad (n), Antriebsrad (n), Ritzel (n)
pinion, driver
pignon (m)

a

приводное (ведущее) колесо (n)
pignone (m), rocchetto (m)
piñón (m), rueda (f) motriz

---

8 Übersetzung (f), Übersetzungsverhältnis (n)
ratio of gearing
rapport (m) de transmission

$\frac{d_1}{d_2}$

передача (f), передаточное число (n)
rapporto (m) di trasmissione
relación (f) de ruedas

Stirnrad (n) spur gear wheel, spur gear (A) roue (f) cylindrique, roue (f) droite		цилиндрическое колесо (n) ruota (f) cilindrica rueda (f) cilindrica, rueda (f) recta	*1*
Zahnkranz (m) rim of gear wheel couronne (f) dentée	a	зубчатый вѣнецъ (m) [ободъ (m)] corona (f) dentata corona (f) dentada de la rueda	*2*
Kranzwulst (f) rim collar, rib of the rim nervure (f) de la couronne	b	выступъ (m) обода nervatura (f) della corona engrosamiento (m) de la llanta, aumento(m) de grueso de la llanta, pestaña (f) de refuerzo de la corona	*3*
Radnabe (f) nave, boss, hub (A) moyeu (m) de la roue	c	втулка (f) колеса mozzo (m) della ruota cubo (m) de la rueda	*4*
Nabenwulst (f) nave collar, rib of the hub collet (m) du moyeu	d	приливъ (m) втулки nervatura (f) del mozzo aumento (m) de grueso del cubo de la rueda, pestaña (f) del cubo de la rueda	*5*
Bohrung (f) bore alésage (m)	e	отверстіе (n) втулки foro (m) mandrilado (m)	*6*
Radarm (m), Speiche (f) arm of a wheel, spoke bras (m) de la roue	f	спица (f) razza (f) brazo (m) de la rueda, radio (m) de la rueda	*7*
aufgesetzter Kranz (m built up rim couronne (f) rapportée		насаженный ободъ (m) corona (f) riportata corona (f) postiza	*8*
geteiltes Rad (n) built up wheel roue (f) partagée		разъемное колесо (n) ruota (f) in più pezzi rueda (f) partida, rueda (f) en dos mitades	*9*
gesprengtes Rad (n) split wheel roue (f) en plusieurs pièces		съ разрѣзнымъ ободомъ колесо (n) ruota (f) spaccata rueda (f) quebrada	*10*

1	Getriebe (n) mit Innenverzahnung internal gear, annular gear and pinion (A) engrenage (m) à denture intérieure	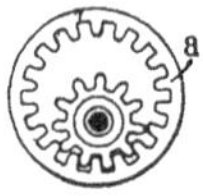	зубчатыя колеса (n. pl.) со внутреннимъ зацѣпленіемъ ingranaggio (m) a dentatura interna engranaje (m) interior
2	Rad (n) mit Innenverzahnung internal tooth wheel roue (f) à denture intérieure	a	колесо (n) со внутреннимъ зацѣпленіемъ ruota (f) a dentatura interna rueda (f) de engranaje interior
3	Rad (n) mit Winkelzähnen, Pfeilrad (n) double helical spur wheel, herringbone gear (A) roue (f) à denture à chevrons	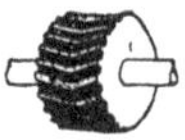	колесо (n) съ угловыми зубцами (зубьями) ruota (f) a dentatura a cuspide rueda (f) de ángulo
4	Winkelzahn (m) double helical tooth, herringbone tooth dent (f) à chevron, chevron (m)	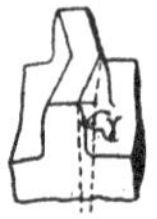	угловой зубъ (m) dente (m) a cuspide diente (m) angular
5	Sprung (m) angle of advance saut (m), fente (f)	γ	скосъ (m) зуба salto (m) salto (m)
6	Zahnstangengetriebe (n) rack and pinion engrenage (m) à crémaillère	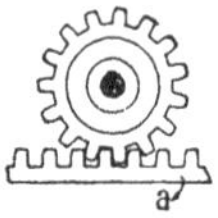	передача (f) зубчатой рейкой ingranaggio (m) a dentiera engranaje (m) de cremallera
7	Zahnstange (f) (gear) rack crémaillère (f)	a	зубчатая рейка (f) dentiera (f) cremallera (f)
8	Kegelradgetriebe (n) bevil gear system engrenage (m) conique	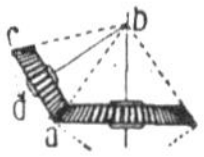	коническая зубчатая передача (f), коническое зубчатое сцѣпленіе (n) ingranaggio (m) a ruote coniche engranaje (m) cónico
9	Grundkegel (m) pitch-cone cône (m) de base	a b c	основной (начальный, дѣлительный) конусъ (m) cono (m) primitivo cono (m) primitivo

Ergänzungskegel (m) generating-cone cône (m) complémentaire	a d c	дополнительный конусъ (m) cono (m) complementare cono (m) complementario	1
Kegelrad (n) bevil gear wheel roue (f) conique		коническое колесо (n) ruota (f) conica rueda (f) cónica	2
Winkelgetriebe (n) mitre wheel gearing, right angle bevil gear system, mitre gear (A) engrenage (m) d'angle	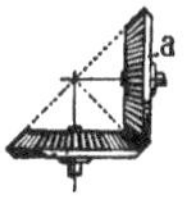	коническая зубчатая передача (f) ingranaggio (m) conico ad angolo retto engranaje (m) cónico de ángulo recto	3
Winkelrad (n) mitre wheel, bevil gear wheel roue (f) d'angle	a	коническое колесо (n) ruota (f) conica ad angolo retto rueda (f) cónica para ángulo recto	4
Schneckengetriebe (n), Wurmgetriebe (n) worm gear, worm and wheel engrenage (m) à vis sans fin		червячная передача (f) ingranaggio (m) a vite perpetua, ingranaggio (m) a vite senza fine engranaje (m) de tornillo sin fin	5
Schneckenrad (n) worm wheel roue (f) hélicoïdale	a	червячное колесо (n) ruota (f) elicoidale rueda (f) helizoidal	6
Schnecke (f), Wurm (m), Schraube (f) ohne Ende worm, endless screw vis (f) sans fin	b	безконечный винтъ (m) червякъ (m) vite (f) perpetua, vite (f) senza fine tornillo (m) sin fin	7
Schraubenrad (n) worm-wheel, screw-wheel, spiral gear (A) roue (f) cylindrique hélicoïdale		червячное колесо (n), винтовое колесо (n) ruota (f) elicoidale rueda (f) helizoidal	8
Hyperboloidrad (n) hyperbolical wheel, skew gear (A) roue (f) hyperbolique		гиперболоидальное (гиперболическое) колесо (n) ruota (f) iperboloidica rueda (f) hiperbólica	9

1	Kammrad (n) mortice wheel, cog-wheel, cogged wheel roue (f) à dents de bois	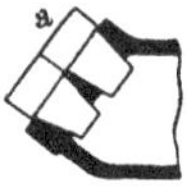	колесо (n) съ деревянными зубьями ruota (f) a denti di legno rueda (f) con dientes de madera
2	eingesetzter Zahn (m), Kamm (m) cog, mortice wheel tooth dent (f) rapportée	a	вставленный зубъ (m), dente (m) mobile diente (m) empotrado
3	Holzzahn (m) wood tooth, cog dent (f) de bois	a	кулакъ (m), деревянный зубъ (m) dente (m) di legno diente (m) de madera
4	Eisen-Eisen-Verzahnung (f) iron-gearing engrenage (m) en fer sur fer		зацѣпленіе (n) желѣзныхъ зубьевъ съ желѣзными ingranaggio (m) ferro con ferro engranaje (m) de hierro con hierro
5	Holz-Eisen-Verzahnung (f) wood on iron-gearing engrenage (m) en bois sur fer		зацѣпленіе (n) деревянныхъ зубьевъ съ желѣзными ingranaggio (m) legno con ferro engranaje (m) de hierro con madera
6	kämmen to engage, to cog (A) engrener		зацѣпить, зацѣплять, сцѣпить, сцѣплять ingranare engranar los dientes de madera
7	aufkämmen to mortise cogs into a gear wheel mortaiser des dents dans une roue		вставить (вставлять) зубья въ колесо mettere denti di legno ad una ruota dentar una rueda [con dientes de madera]
8	die Räder (n. pl.) tönen the wheels squeak les roues cognent		колеса (n. pl.) гремятъ le ruote (f. pl.) stridono las ruedas (f. pl.) rechinan

Räderformmaschine (f)
wheel moulding machine, gear moulding machine
machine (f) à mouler les engrenages

машина (f) для формовки зубчатыхъ колесъ
macchina (f) per formare [modellare] ruote
máquina (f) para formar [modelar] ruedas *1*

Räderschneidmaschine (f), Räderfräsmaschine (f)
wheel cutting machine, gear cutting machine
machine (f) à tailler les engrenages

станокъ (m) для нарѣзки зубчатыхъ колесъ, зуборѣзная машина (f)
macchina (f) per tagliare ingranaggi, dentatrice (f)
máquina (f) de tallar dientes, máquina (f) de fresar dientes *2*

X.

Reibungsgetriebe (n)
friction drive, friction gearing
transmission (f) à friction

фрикціонная передача (f)
trasmissione (f) a ruote di frizione
transmisión (f) por fricción *3*

Reibungsrad (n), Reibrad (n)
friction wheel, friction pulley
roue (f) à friction, poulie (f) à friction

a

фрикціонное колесо (n), колесо (n) тренія
ruota (f) di frizione
rueda (f) de fricción *4*

Anpressungsdruck (m)
force acting on bearing-surface
pression (f) de friction

нажатіе (n)
pressione (f) producente la frizione
presión (f) de fricción *5*

---

cylindrisches Reibungsrad (n)
circumferential friction wheel
roue (f) à friction cylindrique

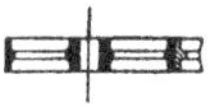

цилиндрическое фрикціонное колесо (n), цилиндрическое колесо (n) тренія
ruota (f) di frizione cilindrica
rueda cilíndrica (f) de fricción *6*

1	Reibungskegelrad (n) friction bevil gear roue (f) à friction conique	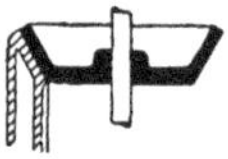	коническое фрикціонное колесо (n), коническое колесо (n) тренія ruota (f) di frizione conica rueda (f) cónica de fricción
2	Planscheibengetriebe (n), Diskusgetriebe (n) right angle friction wheels, disc friction wheels (A) transmission (f) par plateaux à friction		передача (f) помощью фрикціонныхъ дисковъ trasmissione (f) per dischi di frizione transmisión (f) por disco de fricción
3	Reibungsscheibe (f) friction wheel, disc plateau (m) à friction	a	фрикціонный дискъ (m) disco (m) di frizione, puleggia (f) di frizione disco (m) de fricción
4	Reibungswalze (f) friction roll rouleau (m) galet à friction, cylindre (m) de friction		фрикціонный цилиндръ (m) cilindro (m) a frizione cilindro (m) de fricción
5	Reibungskegel (m) conical roll tambour (m) conique à friction	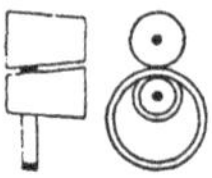	фрикціонный конусъ (m) конусъ (m) тренія cono (m) a frizione cono (m) de fricción
6	Keilrädergetriebe (n) wedge-friction-gear, multiple V-gear, frictional grooved gearing engrenage (m) à friction, transmission (f) à friction par poulies à gorge	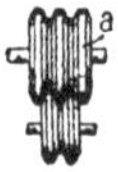	передача (f) помощью клиновыхъ (клинчатыхъ, желобчатыхъ) колесъ trasmissione (f) a frizione con ruote a gola transmisión (f) por ruedas de canal
7	Keilrad (n), Rillenrad (n) wedge friction wheel, grooved friction wheel roue [poulie] (f) à gorge, roue [poulie] (f) à coin	a	клиновое (клинчатое, желобчатое) колесо (n) ruota (f) a gola rueda (f) de canal

Keilnute (f), Keilrille (f)
groove
gorge (f)

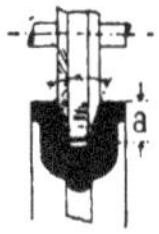

клиновидный (клинообразный) желобъ (m)
gola (f)
canal (m), garganta (f) 1

Keilnutenwinkel (m)
angle of the groove
angle (m) de la gorge

α

уклонъ (m) желоба (m)
angolo (m) della gola
ángulo (m) de canal 2

Eingriffstiefe (f)
depth of engagement
profondeur (f) d'engrènement

a

глубина (f) захвата
profondità (f) della gola
profundidad (f) del canal 3

Reibungsvorgelege (n)
transmitting friction gearing, frictional gearing
renvoi (m) à friction

фрикціонная передача (f)
rinvio (m) a frizione
contra-marcha (f) á fricción 4

XI.

Riementrieb (m)
belt driving, flexible gearing (A)
transmission (f) par courroie

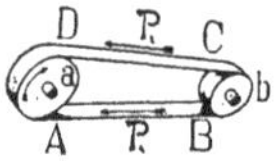

ременная передача (f)
trasmissione (f) per cinghia
transmisión (f) por correas 5

Antriebsscheibe (f), treibende Scheibe (f), Treibrolle (f)
driving-pulley, driver (A)
poulie de commande, poulie (f) motrice ou menante

a

ведущій шкивъ (m)
puleggia (f) motrice
polea (f) motriz 6

---

getriebene Scheibe (f)
driven pulley, follower (A)
poulie (f) commandée ou menée

b

ведомый шкивъ (m)
puleggia (f) mossa
polea (f) impulsada, polea (f) dirigida 7

Riemenspannung (f)
belt tension
tension (f) de courroie

P_1, P_2.

натяженіе (n) ремня
tensione (f) della cinghia
tensión (f) de la correa 8

übertragene Kraft (f)
effective pull
force (f) transmise

$P_1 - P_2$

передаваемое усиліе (n)
forza (f) trasmessa
fuerza (f) transmitida 9

---

ziehendes Trum (n)
driving side of belt, tight side of belt
brin (m) conducteur

A B

ведущая часть (f) ремня
tratto (m) conduttore
cable (m) tirante 10

1 gezogenes Trum (n)
driven side of belt, slack side of belt, loose side of belt
brin (m) conduit

C D

ведомая часть (f) ремня
tratto (m) condotto
cable (m) atirantado, cable (m) flojo

---

2 Pfeilhöhe (f), Durchhängung (f)
deflection, sag (A)
flèche (f)

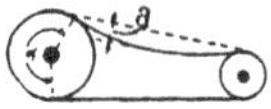

a

провѣсъ (m)
saetta (f) d'incurvamento [della fune]
altura (f) de flecha [de la curva del cable]

---

3 Umschlingungswinkel (m)
angle of contact, arc of contact
arc (m) embrassé

α

уголъ (m) обхвата
angolo (m) abbracciato
ángulo (m) de contacto, arco (m) abrasado

---

4 eine Welle durch Riemen antreiben
to drive a shaft by belting
commander un arbre par courroie

привести (приводить) валъ въ движеніе посредствомъ ремня
muovere un' albero con cinghia
mover un eje por correa

---

5 Riemen (m)
belt
courroie (f)

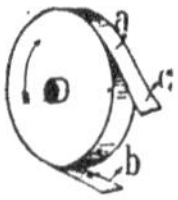

a

ремень (m)
cinghia (f)
correa (f)

---

6 auflaufendes Riemenende (n)
side engaging with pulley
brin (m) montant

b

набѣгающій конецъ (m) ремня
tratto (m) che viene, tratto (m) ascendente
extremo (m) conductor

---

7 ablaufendes Riemenende (n)
side of delivery
brin (m) descendant

c

сбѣгающій конецъ (m) ремня
tratto (m) che va, tratto (m) discendente
extremo (m) conducido

---

8 Riemenbreite (f)
width of belt
largeur (f) de la courroie

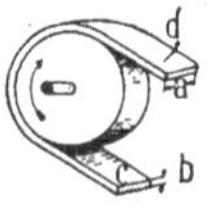

a

ширина (f) ремня
larghezza (f) della cinghia
ancho (m) de la correa

---

9 Riemendicke (f), Riemenstärke (f)
thickness of belt
épaisseur (f) de la courroie

b

толщина (f) ремня
spessore (m) della cinghia
grueso (m) de la correa

Fleischseite (f) des Riemens flesh-side côté (m) chair de la cqurroie	c	задняя (рабочая сторона (f)) ремня parte (f) naturale della cinghia lado (m) brillante de la correa	1
Haarseite (f) des Riemens hair-side côté (m) poil de la courroie	d	лицевая сторона (f) ремня, гладкая сторона (f) ремня parte (f) conciata della cinghia lado (m) rugoso de la correa	2
Riemenvorgelege (n) intermediate belt gearing renvoi (m) à courroie		ременная передача (f) rinvio (m) a cinghia transmisión (f) intermedia por correa	3
Riemenantrieb (m) belt drive commande (f) par courroie		ременной приводъ (m) trasmissione (f) a cinghia impulsión (f) por correa	4
offener Riemen (m) open belt courroie (f) ouverte	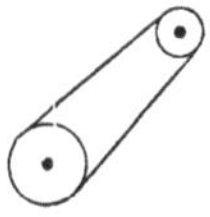	открытый (неперекрёстный) ремень (m) cinghia (f) aperta correa (f) abierta	5
gekreuzter Riemen (m), geschränkter Riemen (m) crossed belt courroie (f) croisée	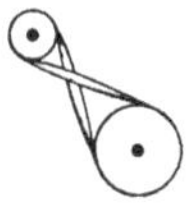	закрытый перекрёстный, перекрещенный ремень (m) cinghia (f) incrọciata correa (f) cruzada	6
halbgeschränkter Riemen (m), Halbkreuzriemen (m) half-cross belt, quarter turn belt (A) courroie (f) demi-croisée		полуперекрестный (полуперекрещенный) ремень (m) cinghia (f) semi-incrociata correa (f) semi-cruzada	7
Winkeltrieb (m) angle drive transmission (f) à angle	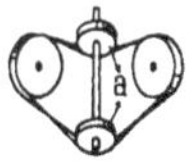	передача (f) подъ угломъ trasmissione (f) ad angolo transmisión (f) angular	8
Leitrolle (f), Führungsrolle (f) guide, idler (A) galet (m) [de guide]	a	направляющій роликъ (m) puleggia (m) di guida rodillo (m) guía	9

1	Betrieb (m) mit Belastungsspannung drive with weighted belt-tightener transmission (f) par tension provoquée		передача (f) съ натягивающимъ грузомъ trasmissione (f) con tensione a peso impulsión (f) con tensión por peso
2	Spannrolle (f) tension pulley, idler (A), tightener (A) galet (m) tendeur	a	натяжной роликъ (m) rullo (m) tenditore polea (f) de tensión, rodillo (m) tensor
3	Kegelscheibentrieb (m) cone pulley drive, continuous speed cone (A) transmission (f) par tambours cônes, commande (f) par poulies cônes		передача (f) при помощи коническихъ барабановъ trasmissione (f) a puleggie coniche transmisión (f) por poleas cónicas
4	horizontaler Riemen (m) horizontal belt courroie (f) horizontale		горизонтальный ремень (m) cinghia (f) orizzontale correa (f) horizontal
5	senkrechter Riemen (m) vertical belt courroie (f) verticale		вертикальный ремень (m) cinghia (f) verticale correa (f) vertical
6	schiefer Riemen (m) von links unten nach rechts oben oblique belt, driver below, driven pulley above courroie montante de gauche à droite		наклонный вправо кверху ремень (m) cinghia (f) inclinata da sinistra a destra correa (f) inclinada de izquierda á derecha
7	schiefer Riemen von rechts unten nach links oben oblique belt, driver right, driven left courroie montante de droite à gauche		наклонный влѣво книзу ремень (m) cinghia (f) inclinata da destra a sinistra correa (f) inclinada de derecha á izquierda
8	der Riemen (m) schlägt the belt flaps la courroie flotte		ремень (m) бьетъ la cinghia (f) sbatte la correa (f) salta

der Riemen (m) gleitet,
der Riemen (m)
rutscht
the belt slips
la courroie glisse

ремень (m) скользитъ
(буксуетъ)
la cinghia (f) scorre, 1
la cinghia (f) slitta
la correa (f) resbala

---

der Riemen (m) klettert
the belt creeps, climbs
la courroie monte

ремень (m) набѣ-
гаетъ 2
la cinghia (f) sormonta
la correa (f) trepa

---

den Riemen (m) nach-
spannen
to tighten the belt
tendre la courroie

подтянуть (подтяги-
вать) ремень 3
tendere la cinghia
tensar la correa

---

den Riemen (m) kürzen
to take up the belt, to
shorten the belt
raccourcir la courroie

укоротить (укорачи-
вать) ремень
accorciare la cinghia 4
acortar la correa,
recortar la correa

---

der Riemen (m) springt
von der Scheibe ab
the belt runs off the
pulley
la courroie tombe de
la poulie

ремень (m) соскаки-
ваетъ со шкива
la cinghia salta dalla 5
puleggia
la correa (f) salta de la
polea

Riemenaufleger (m)
belt-shifter
monte-courroie (m)

надѣватель (m)
ремня, ремненадѣ- 6
ватель (m)
monta-cinghia (m)
monta (m) correas

---

einen Riemen (m) auf
die Scheibe auflegen
to put a belt on a pulley
mettre une courroie sur
la poulie

надѣть (надѣвать)
ремень на шкивъ
montare una cinghia
sulla puleggia 7
montar una correa,
colocar una correa
sobre la polea

---

einen Riemen (m) von
der Scheibe ab-
werfen
to throw a belt off the
pulley, to throw off
a belt
enlever une courroie de
la poulie

сбросить (сбрасы-
вать) ремень со
шкива
smontare una cinghia 8
dalla puleggia, to-
gliere una cinghia
quitar la correa de la
polea

1	der Riemen (m) ruht auf der Welle auf the belt is lying on the shaft la courroie pose sur l'arbre		ремень (m) покоится на валѣ la cinghia posa sull' albero la correa está colocada sobre el eje de transmisión
2	Doppelriemen (m) double-belt courroie (f) double		двойной ремень (m) cinghia (f) doppia correa (f) doble
3	mehrfacher Riemen (m) belt composed of several layers of material, multiple belt courroie (f) multiple		сложный ремень (m) cinghia (f) multipla correa (f) múltiple
4	Riemenleder (n) belt leather cuir (m) de courroie		кожа (f) для ремней cuoio (m) da cinghia cuero (m) de correa
5	Treibriemen (m) driving belt courroie (f) de commande		приводный ремень (m) cinghia (f) motrice correa (f) motriz
6	Gliederriemen (m), Kettenriemen link belt courroie (f) articulée, courroie (f) à chaînons		суставный ремень (m) cinghia (f) articolata correa (f) articulada
7	Riemenverbindung (f) belt joint, belt fastening attache (f) de courroie		соединенie (n) ремней giuntura (f) della cinghia unión (f) de correas
8	Riemenspanner (m) belt stretcher tendeur (m) de courroie	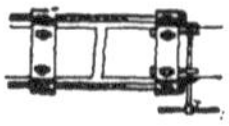	натяжной для ремней приборъ (m) apparecchio (m) tenditore della cinghia atesador (m) de correa, tensor (m) de correa
9	geleimter Riemen (m) cemented belt joint, glued belt joint courroie (f) collée		клеенный ремень (m) cinghia (f) incollata correa (f) encolada
10	den Riemen (m) leimen to make a belt joint with cement, to glue the belt coller la courroie		склеить (склеивать) ремень incollare la cinghia encolar la correa
11	Lederleim (m) leather cement, leather glue colle (f) de cuir		клей (m) для ремней mastice (m), colla (f) per cuoio cola (f) para cuero

genähter Riemen (m) laced belt courroie (f) cousue		сшитый ремень (m) cinghia (f) cucita correa (f) cosida	1
den Riemen (m) nähen to lace the belt coudre la courroie	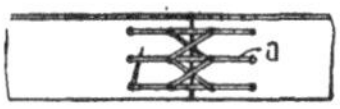	сшить (сшивать) ремень cucire la cinghia coser la correa	2
Nähriemen (m), Binderiemen (m) belt-lace lanière (f) pour attache	a	дратва (f), сшивающій ремешокъ (m) striscia (f) di cuoio per cucire correa (f) de costura	3
Riemenschloß (n) belt fastening agrafe (f) de courroie		замокъ (m) для ремней agraffa (f) per cinghia labros (m. pl.) de la correa	4
Riemenschraube (f) screw belt fastener vis agrafe (f) de courroie,		винтъ (m) ременной застежки vite (f) per congiungere cinghie tornillo (m) para correa	5
Riemenkralle (f) claw, belt fastener (A) agrafe (f) griffe pour courroie		соединитель (m) для ремней grappa (f) per cinghie corchete (m) para correa	6
Riemscheibe (f) belt pulley poulie (f)	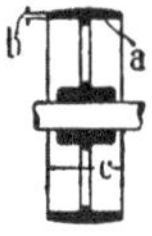	шкивъ (m) puleggia (f) polea (f)	7
Scheibenkranz (m) pulley rim, rim of pulley jante (f) de poulie,	a	ободъ (m) шкива corona (f) della puleggia anillo (m) de la polea, llanta (f) de la polea	8
Randstärke (f) thickness of rim épaisseur (f) de la jante	b	толщина (f) края обода spessore (m) della corona grueso (m) de la llanta	9
Breite (f) der Riemscheibe breadth of rim, breadth of pulley face (A) largeur (f) de la poulie	c	ширина (f) обода шкива larghezza (f) della puleggia ancho (m) de la polea	10

1	gerade gedrehte Riemscheibe (f) flat face pulley, pulley with flat face poulie (f) cylindrique	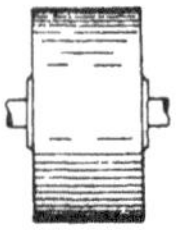	цилиндрическій шкивъ (m) puleggia (f) cilindrica polea (f) de llanta plana
2	ballig gedrehte Riemscheibe (f), ballig gewölbte Riemscheibe (f) crowned pulley poulie (f) bombée	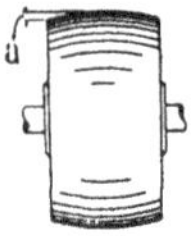	выпуклый шкивъ (m) puleggia (f) a corona curvata polea (f) de llanta curvada
3	Wölbung (f) crowning, swell bombage (m), flèche (f) de la poulie	a	выпуклость (f) curvatura (f) curvatura (f) de la llanta
4	Riemscheibe (f) mit geraden Armen straight-armed pulley poulie (f) à rayons droits, poulie (f) à bras rectilignes		шкивъ (m) съ прямыми спицами (ручками) puleggia (f) a razze dritte polea (f) con brazos rectos
5	Riemscheibe (f) mit geschweiften Armen curved armed pulley poulie (f) a rayons courbés	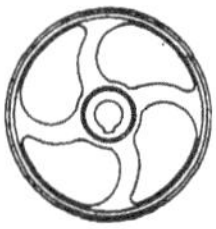	шкивъ (m) съ изогнутыми спицами (ручками) puleggia (f) con razze curve polea (f) con brazos curvos
6	Scheibe (f) mit Doppelarmkreuz pulley with two sets of arms poulie (f) à double bras	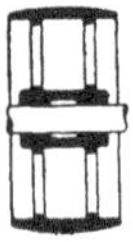	шкивъ (m) съ двойнымъ рядомъ прямыхъ спицъ puleggia (f) con doppia corona di razze polea (f) con doble fila de brazos
7	gußeiserne Riemscheibe (f) cast-iron belt pulley poulie (f) en fonte	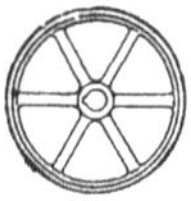	чугунный шкивъ (m) puleggia (f) di ghisa polea (f) de fundición
8	schmiedeeiserne Riemscheibe (f) wrought-iron belt pulley poulie (f) en fer	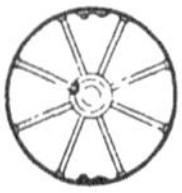	желѣзный шкивъ (m) puleggia (f) di ferro polea (f) de hierro forjado

hölzerne Riemscheibe (f) wood belt pulley poulie (f) en bois	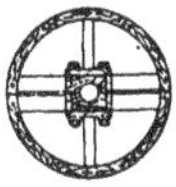	деревянный шкивъ (m) puleggia (f) di legno polea (f) de madera	1
ganze Riemscheibe (f), ungeteilte Riemscheibe (f), einteilige Riemscheibe (f) solid belt pulley poulie (f) en une pièce	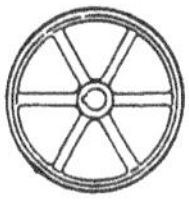	цѣльный шкивъ (m) puleggia (f) intera polea (f) entera	2
geteilte Riemscheibe (f) split belt pulley poulie (f) à deux [plusieurs] pièces	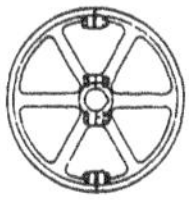	свертный шкивъ (m) puleggia (f) divisa polea (f) partida, polea (f) en dos mitades (m)	3
Riemkegel, Kegelscheibe (f) cone pulley cône (m)		коническій шкивъ (m) puleggia (f) a cono polea (f) cónica	4
Stufenscheibe (f), Stufenrad (n) step cones, step pulley cône (m) à gradins	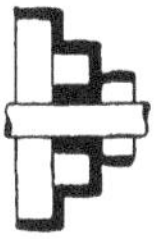	раздвижной (ступенчатый) шкивъ (m) puleggia (f) multipla polea (f) múltiple	5
Fest- und Losscheibe (f) fast and loose pulley poulie (f) fixe et poulie (f) folle		рабочій и холостой шкивъ (m) puleggia (f) fissa e folle polea (f) fija y loca	6
feste Riemscheibe (f), Festscheibe (f) fast pulley, tight pulley poulie (f) fixe	a	рабочій шкивъ (m) puleggia (f) fissa polea (f) fija	7
lose Riemscheibe (f), Losscheibe (f) loose pulley poulie (f) folle	b	холостой шкивъ (m) puleggia (f) folle polea (f) loca	8
Nabenbüchse (f), Leerlaufbüchse (f) bushing manchon (m) de la poulie folle	c	втулка (f) ступицы foro (m) del mozzo della puleggia folle caja (f) de la polea loca, estómago (m) de la polea loca	9

1 einen Riemen (m) von der Losscheibe auf die Festscheibe schieben
to shift the belt from loose to fast pulley
passer la courroie de la poulie folle à la poulie fixe
передвинуть (передвигать) ремень съ холостаго на рабочій шкивъ
fare passare la cinghia dalla puleggia folle sulla fissa
pasar la correa de la polea loca á la fija

---

2 einrücken und ausrücken
to throw in and out of gear, to throw in and to throw off
embrayer et débrayer
включить и выключить, (включать и выключать)
mettere e togliere la cinghia
embragar y desembragar

---

3 Riemenausrücker (m)
the belt-shifter
appareil (m) de débrayage

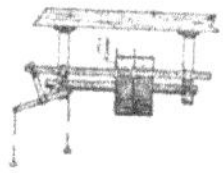

разобщительный приводъ (m), разъединительный рычагъ (m)
sposta-cinghia (m), svia-cinghia (m)
desviador (m) de la correa, cambia-correa (f), disparador (m) de la correa

---

4 Riemengabel (f)
belt guider, belt fork
fourchette (f) de débrayage

a

направляющая вилка (f)
forchetta di guida
horquilla (f) de la guía, horquilla (f) del disparador

---

5 Seiltrieb (m)
rope drive
transmission (f) par câble, commande (f) par câble

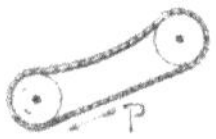

канатная передача (f)
trasmissione (f) a corda
transmisión (f) por cuerdas

---

6 Seilspannung (f)
rope tension
tension (f) du câble

P

натяженіе (n) каната
tensione (f) della corda
tensión (f) de la cuerda

---

7 Seilführungsrolle (f), Leitrolle (f)
guide pulley of rope, idler (A)
galet (m) guide câble
шкивъ (m) направляющій канатъ
puleggia (f) di guida della corda
polea (f) guía de la cuerda

---

8 Kreisseiltrieb (m)
continuous rope drive system
transmission (f) cyclique par câble, transmission (f) à brins multiples

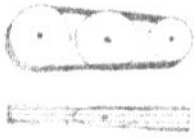

круговая канатная передача (f)
trasmissione (f) circolare a corda
transmisión (f) circular por cuerda

Seil (n) rope câble (m), corde (f)		канатъ (m) corda (f) cuerda (f), cable (m)	1
Litze (f), Strähne (f) strand tresse (f) de corde, toron (m)	a	жила (f), пастма (f), прядь (f) trefolo (m) filástica (f)	2
Seele (f) core âme (f)	b	сердцевина (f) anima (f) alma (f)	3
das Seil (n) schlagen, das Seil (n) zusammenschlagen to spin the rope, to twist the rope battre la corde		скрутить канатъ, скручивать канатъ intrecciare la corda torcer la cuerda	4
Seilschlagmaschine (f) rope spinning machine machine (f) à battre les cordes		машина (f) для скручиванія каната macchina (f) per intrecciare la corda máquina (f) para torcer la cuerda	5
Spiralseil (n) twisted rope, spiral rope câble (m) à spirale		спиральный канатъ (m) corda (f) a spirale cuerda (f) á espiral	6
vollschlächtiges Seil (n), verschlossenesSeil(n) locked cable, locked rope câble (m) fermé	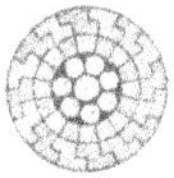	сомкнутый канатъ (m) corda (f) chiusa cuerda (f) de cable revestido	7
Seilverbindung (f) rope splice joint (m) du câble, épissure (f) du câble		канатное соединеніе (n) unione (f) di corde unión (f) de cuerda, empalme (m) de la cuerda	8
das Seil (n) verspleißen to splice a rope épisser le câble		сращивать канатъ (m) piombare la corda unir los extremos de las cuerdas, empalmar	9
Spleißstelle (f) joint, splice épissure (f)		мѣсто (n) срощенія punto (m) di piombatura d'una corda empalme (m), punto (m) de unión	10

1	Seilschloß (n) joint attache (f) de câbles		замокъ (m) для канатовъ apparecchio (m) d'attacco delle corde cierre (m) de la cuerda, corchete (m) de cable
2	Seilreibung (f) rope friction frottement (m) du câble		треніе (n) каната attrito (m) della corda fricción (f) de la cuerda
3	Seilsteifigkeit (f) strength of rope rigidité (m) du câble		жесткость (f) каната rigidezza (f) della corda rigidez (f) de la cuerda
4	Seilschmiere (f) rope lubricant graisse (f) de câble		смазка (f) для канатовъ lubrificante (m) della corda engrase (m) de la cuerda
5	laufendes Seil (n) rope in motion, working rope corde (f) mobile		подвижный канатъ (m) corda (f) in moto cuerda (f) en movimiento
6	stehendes Seil (n) rope at rest corde (f) fixe		неподвижный канатъ (m) corda (f) ferma cuerda (f) fija
7	Drahtseil (n) wire-rope, cable câble (m) métallique		проволочный канатъ (m) fune (f) metallica cable (m) metálico
8	Stahldrahtseil (n) steel-wire-rope câble (m) en acier		канатъ (m) изъ стальной проволоки, тросъ (m) fune (f) d'acciaio cable (m) de hilos de acero
9	Hanfseil (n) hemp rope, manila rope câble (m) de chanvre, corde (f) de chanvre		пеньковый канатъ (m) corda (f) di canape, cavo (m) di canape cuerda (f) de cáñamo
10	Baumwollseil (n) cotton rope câble (m) de coton, corde (f) de coton		хлопчатобумажный канатъ (m) corda (f) di cotone cuerda (f) de algodón

Seilrolle (f), Seilscheibe (f)
rope pulley, rope sheave
poulie (f) à câble, poulie (f) à corde

бороздчатый шкивъ (m) для канатовъ
puleggia (f) a fune, puleggia (f) a corda 1
polea (f) para cables, polea (f) para cuerdas

Seilrille (f), Seilnute (f)
groove
gorge (f) de la poulie

a

желобокъ (m) шкива, бороздка (f) шкива 2
gola (f) della puleggia
garganta (f)

Drahtseilscheibe (f)
wire rope pulley
poulie (f) à câble métallique

шкивъ (m) для проволочнаго каната
puleggia (f) a fune metallica 3
polea (f) para cables metálicos

Hanfseilscheibe (f)
rope pulley
poulie (f) à câble de chanvre, poulie (f) à corde

шкивъ (m) для пеньковаго каната
puleggia (f) a fune di canape 4
polea (f) para cuerda de cáñamo

Triebwerksseil (n), Treibseil (n)
transmission rope
câble (m) de transmission

приводный канатъ (m)
corda (f) motrice 5
cuerda (f) motriz, cable (m) motor, cable (m) de transmisión

Antriebsseil (n)
driving rope
câble (m) de commande, corde (f) de commande

передаточный канатъ (m)
corda (f) di trasmissione 6
cuerda (f) de impulsión, cuerda (f) directora

Förderseil (n)
winding rope, hoisting cable (A)
câble (m) de levage

канатъ (m) рудничнаго элеватора 7
fune (f) di sollevamento
cable (m) de suspensión

Aufzugsseil (n)
elevator cable, elevator rope
câble (m) de monte-charges

подъемный канатъ (m) 8
cavo (m) da ascensore
cable (m) para ascensor

Kranseil (n)
crane rope
câble (m) de grues

канатъ (m) подъемнаго крана 9
fune (f) da gru
cable (m) para grúa

1	**Kabelseil** (n) cable câble (m)		кабельный канатъ (m) cavo (m) cable-cuerda (m), cable (m)
2	Haspelseil (n) winch rope câble (m) pour cabestans		гаспельный канатъ (m) fune (f) da argano cable (m) de cabrestante
3	das Seil (n) aufwickeln to wind up a rope enrouler un câble		намотать (наматывать) канатъ avvolgere una corda arrollar una cuerda
4	das Seil (n) abwickeln to unwind a rope dérouler un câble		размотать (разматывать) канатъ svolgere una corda desarrollar una cuerda

XII.

5	Kettentrieb (m) chain drive, chain gearing transmission (f) par chaînes	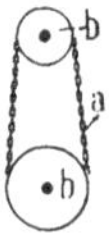	цѣпная передача (f) trasmissione (f) a catena transmisión (f) de cadena
6	Kette (f) chain chaîne (f)	a	цѣпь (f) catena (f) cadena (f)
7	Kettenrad (n) chain wheel roue (f) à chaîne	b	цѣпной блокъ (m) ruota (f) a catena polea (f) de cadena
8	Gliederkette (f), Schakenkette (f) open link chain chaîne (f) ordinaire		грузовая (обыкновенная) цѣпь (f) catena (f) a maglie cadena (f) de eslabones
9	Schake (f), Kettenglied (n) link of a chain anneau de la chaîne, maillon (m)		звено (n) цѣпи maglia (f) della catena eslabón (m)
10	Teilung (f), Baulänge (f), lichte Gliederlänge (f) inside length pas (m) du maillon	a	длина (f) отверстія звена lunghezza (f) interna della maglia longitud (f) interior del eslabón

lichte Gliederbreite (f)
inside breadth
largeur (f) intérieure du maillon

b

ширина (f) отверстія звена
larghezza (f) interna della maglia
ancho (m) interior del eslabón 1

Ketteneisen (n)
chain iron (A), link of a chain
maillon (m)

c

кольцо (n)
ferro (m) per le maglie, maglia (f) 2
eslabón (m)

Kettenreibung (f)
chain friction
frottement (m) de chaînes

треніе (n) цѣпи
attrito (m) della catena 3
fricción (f) de la cadena

Kettenschloß (n)
chain joint
joint (m) de chaîne, manille (f)

соединитель (m), замокъ (m) для цѣпи, соединительное звено 4
giunto (m) della catena
cierre (m) de la cadena

---

geschweißte Kette (f)
welded chain
chaîne (f) soudée

сваренная цѣпь (f)
catena (f) a maglie saldate 5
cadena (f) de eslabones soldados

Kopfschweiße (f)
end lap weld
soudure (f) en tête

сварка (f) въ стыкъ
maglia (f) saldata in testa 6
eslabón (m) soldado por el extremo

Seitenschweiße (f)
side lap weld
soudure (f) latérale, soudure (f) sur côté

сварка (f) въ напускъ
maglia (f) saldata in fianco 7
eslabón (m) soldado por el lado

---

kurzgliedrige Kette (f)
short-link chain
chaîne (f) à maillons courts

цѣпь (f) съ короткими звеньями
catena (f) a maglia corta 8
cadena (f) de eslabón corto

---

langgliedrige Kette (f)
long-link chain
chaîne (f) à maillons longs

цѣпь (f) съ длинными звеньями 9
catena (f) a maglia lunga
cadena (f) de eslabón largo

1	Stegkette (f) stud link chain chaîne (f) étançonnée, chaîne (f) à étançons, chaîne (f) entretoisée		цѣпь (f) съ распорками catena (f) a maglia rinforzata, catena (f) a puntelli cadena (f) de eslabón con traversaño
2	Steg (m) stud étançon (m), entretoise (f)	a	распорка (f) rinforzo (m), puntello (m), traverso (m) refuerzo (m) de eslabón contrete (m)
3	kalibrirte Kette (f) calibrated chain, tested chain chaîne (f) calibre		калиброванная (точная) цѣпь catena (f) calibrata cadena (f) calibrada
4	Hakenkette (f) hook link chain chaîne (f) à crochets		крючковая цѣпь (f) catena (f) a ganci cadena (f) abierta
5	Kettennuß (f), Kettenwirbel (m) chain wheel pignon (m) à chaîne		шестерня (f) rocchetto (m) rueda (f) de engrane de cadenas, piñón (m) de cadena
6	Haspelrad (n) chain wheel, chain sheave roue (f) à chaîne	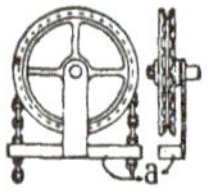	колесо (n) ручнаго ворота ruota (f) d'argano rueda (f) de cabrestante
7	Kettenführungsbügel (m) chain guard chape (f) guide chaîne	a	направляющій бюгель (m) (хомутъ (m)) цѣпной передачи guida (f) della catena guardacadena (f)
8	Kettenrolle (f) chain wheel poulie (f) de [à] chaînes		блокъ (m) для цѣпей puleggia (f) per catena polea (f) para cadena
9	Gelenkkette (f), Laschenkette (f) flat link chain, sprocket chain chaîne (f) d'articulations, chaîne (f) de maillons	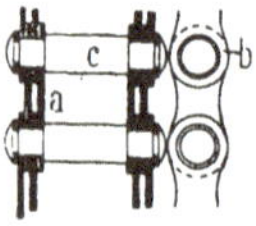	шарнирная цѣпь (f) catena (f) articolata cadena (f) articulada, cadena (f) de gallo
10	Kettenlasche (f) link-plate maille (f) de chaîne	a	накладка (f) цѣпи piastrella (f) malla (f), eclise (f) de cadena

Laschenkopf (m) enlarged end of plate œil (m) de maille, tête (f) de maille	b	головка (f) накладки testa (f) della piastrella cabeza (f) de la malla	1
Kettenbolzen (m) link pin tourillon (m)	c	болтъ (m) цѣпи perno (m) della catena articolata tornillo (m) de la cadena articulada	2
Gallsche Kette (f) Gall's chain chaîne (f) Galle,		цѣпь (f) Галля catena (f) Galle cadena (f) Galle	3
verzahntes Kettenrad (n), Daumenrad (n), Daumenrolle (f) sprocket roue (f) à chaîne dentée		звѣздочка (f), зубчатый цѣпной блокъ (m) puleggia (f) dentata da catena rueda (f) de cabillas	4
Kettenachse (f) chain axle arbre (m) à chaîne		цѣпной валикъ (роликъ (m)) albero (m) da catena eje (m) para cadena	5
Treibkette (f) driving chain chaîne (f) motrice		приводная цѣпь (f) catena (f) motrice cadena (f) de transmisión	6
Lastkette (f) load chain chaîne (f) de charge		подъемная цѣпь (f) catena (f) da pesi cadena (f) para pesos	7
Krankette (f) crane-chain chaîne (f) de grue		цѣпь (f) для крановъ catena (f) da gru cadena (f) de grúa, cadena (f) de cabrestante	8
Ankerkette (f) anchor chain chaîne (f) d'ancre		якорная цѣпь (f) catena (f) da ancora, catena (f) d'ormeggio cadena (f) de áncora, cadena (f) de aparejo	9
Kettenlauf (m) path of a chain course (f) de chaîne		цѣпная передача (f) corsa (f) della catena carrera (f) de la cadena	10
Kette (f) ohne Ende, endlose Kette (f) endless chain chaîne (f) sans fin		безконечная цѣпь (f) catena (f) senza fine, catena (f) continua cadena (f) sin fin, cadena (f) cerrada	11

1	Haken (m) hook crochet (m)		крюкъ (m) gancio (m) gancho (m)
2	Hakenmaul (n) mouth of hook, jaw (A) ouverture (f) du crochet, bec (m) du crochet	a	отверстiе (n) крюка apertura (f) del gancio, bocca (f) del gancia, becco (m) del gancio boca (f) del gancho
3	Hakenschaft (m) neck (of hook) tige (f) du crochet	b	цапфа (f) крюка gambo (m) del gancio cuello (m) del gancho
4	Hakenkehle (f) throat (of hook) coude (m) du crochet	c	стержень (m) крюка collo (m) del gancio cuerpo (m) del gancho
5	Schekel (n) shackle a anneau (m)	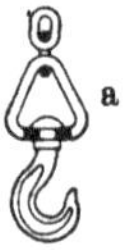	душка (f) крюка traversa (f) eslabón (m) giratorio
6	Doppelhaken (m), Widderkopf (m) double hook crochet (m) double		двойной крюкъ (m) gancio (m) doppio gancho (m) doble
7	Seilhaken (m) rope hook crochet (m) à [de] câble		крюкъ (m) для канатовъ gancio (m) per corda gancho (m) para cuerda
8	Kettenhaken (m) chain hook crochet (m) à [de] chaîne		крюкъ (m) для цѣпей gancio (m) per catena gancho (m) para cadena
9	Hakengeschirr (n) hook utensils accessoires (m. pl.) de crochet		принадлежности (f.pl.) къ крюку accessori (m. pl.) del gancio herramientas (f. pl.) de gancho, accesorios (m. pl.) del gancho
10	Öse (f) eye œillet (m)		ушко (n), петля (f) occhiello (m) grillete (m), ojal (m)

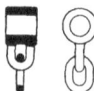

Schlaufe (f) loop, triangular lifting eye crochet (m) fermé	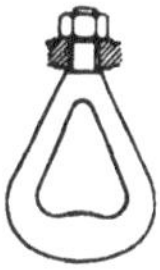	замкнутый крюкъ (m) gancio (m) chiuso assa (f), ojuelo (m)	*1*

XIII.

Rolle (f) pulley, sheave poulie (f)		блокъ (m) carrucola (f), puleggia (f) polea (f)	*2*
feste Rolle (f) fixed pulley poulie (f) fixe	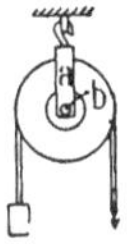	неподвижный (глухой) блокъ (m) carrucola (f) fissa polea (f) fija	*3*
lose Rolle (f) moveable pulley, loose pulley poulie (f) folle, poulie (f) mobile	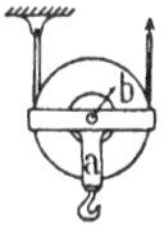	холостой (передвижной) блокъ (m) carrucola (f) folle, carrucola (f) mobile polea (f) móvil	*4*
Rollenbügel (m) pulley fork, yoke chape (f) de la poulie	a	обойма (f) блока staffa (f) amarre (f), abrazadera (f), armadura (f) de la polea	*5*
Rollenachse (f) pulley axle axe (m) de la poulie	b	ось (f) блока asse (f) della carrucola, perno (m) della carrucola eje (m) de la polea	*6*
Flaschenzug (m), Rollenzug (m), Talje (f) pulley blocks moufle (f)	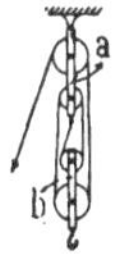	полиспастъ (m), сложный (бутылочный) блокъ (m) paranco (m) aparejo (m), polipasto (m)	*7*
Rollenkloben (m), Flasche (f) block moufle (f)	a, b	коробка (f) (обойма (f)) блока taglia (f) cepo (m) de polea	*8*
este Flasche (f) fixed block moufle (f) fixe	a	неподвижная коробка (f) (обойма (f)) taglia (f) fissa juego (m) de poleas fijas	*9*

1	lose Flasche (f) moveable block moufle (f) mobile	b	холостая коробка (f) (обойма (f)) taglia (f) mobile juego (m) de poleas móviles
2	Oberflasche (f) upper block moufle (f) du haut	a	верхній блокъ (m), верхняя коробка (f) (обойма (f)) taglia (f) superiore aparejo (m) fijo, polea (f) fija
3	Unterflasche (f) lower block moufle (f) du bas	b	нижній блокъ (m), нижняя коробка (f) обойма (f) taglia (f) inferiore aparejo (m) móvil, polea (f) móvil
4	Differentialflaschenzug (m), Treibflaschenzug (m) differential pulley block moufle (f) différentielle	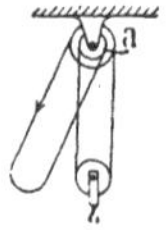	дифференціальный полиспастъ (m) paranco(m) differenziale aparejo (m) diferencial
5	Differentialscheibe (f), Differentialrolle (f) differential pulley, differential sheave poulie (f) différentielle	a	дифференціальный блокъ (m) puleggia (f) differenziale polea (f) diferencial
6	Seilflaschenzug (m), Seilzug (m) rope tackle block moufle (f) à corde		канатный полиспастъ (m) paranco (m) a corda aparejo (m) de cuerda
7	Kettenflaschenzug (m), Kettenzug (m) chain tackle block palan (m), moufle (f) à chaîne		цѣпной полиспастъ (m) paranco (m) a catena aparejo (m) de cadena
8	Trommel (f) drum tambour (m)	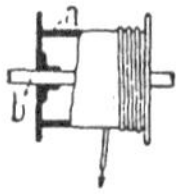	барабанъ (m) tamburo (m) tambor (m), plegador (m)
9	Trommelmantel (m) drum-jacket or shell enveloppe (f) du tambour	a	цилиндръ (m) барабана involucro (m) del tamburo envolvente (m) del tambor

Trommelwelle (f) drum axle arbre (m) du tambour, axe (m) du tambour	b	валъ (m) барабана albero (m) del tamburo, asse (f) del tamburo, perno (m) del tamburo eje (m) del tambor	*1*
Seiltrommel (f) rope drum tambour (m) à corde		барабанъ (m) для канатовъ tamburo (m) per corda, tamburo (m) per fune tambor (m) para cable, tambor (m) para cuerda	*2*
Kettentrommel (f) chain drum tambour (m) à chaîne		барабанъ (m) для цѣпей tamburo (m) a catena tambor (m) para cadena	*3*

XIV.

Gesperre (n) lock mechanism, locking mechanism encliquetage (m)		защелкивающій механизмъ (m) arresto (m) trinquete (m), gatillo (m) de parada	*4*
Zahngesperre (n) ratchet rochet (m), encliquetage (m) à dents		зубчатые остановы (m. pl.) arresto (m) a denti juego (m) de trinquete	*5*
Sperrad (n), Schaltrad (n) ratchet wheel roue (f) à cliquet, roue (f) à rochet	a	храповое колесо (n), храповикъ (m), тормазное колесо (n) ruota (f) d'arresto rueda (f) de trinquete	*6*
Sperrhaken (m), Schaltklinke (f) pawl cliquet (m)	b	кулачекъ (m), собачка (f) nottolino (m) gatillo (m) de trinquete	*7*
Klemmgesperre (n) friction-ratchet gear encliquetage (m) à coin	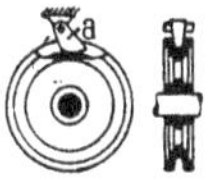	зажимающіе остановы (m. pl.) arresto (m) di frizione mecanismo (m) de paro por mordiente	*8*
Klemmkegel (m) friction-ratchet cliquet (m) à friction	a	зажимающій конусъ (m) nottolino (m) eccentrico cono (m) mordiente, trinquete (m) de fricción	*9*

1
Bremse (f), Brems-vorrichtung (f)
brake, brake device
frein (m)

тормазъ (m), тормазной аппаратъ (m)
freno (m)
freno(m), mecanismo(m) de freno

2
Backenbremse (f), Klotzbremse (f)
shoe-brake
frein (m) à sabot

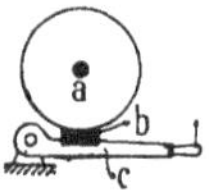

тормазъ (m) съ колодками (нащечинами)
freno (m) a ceppo
freno (m) de zapato

3
Bremsscheibe (f)
brake pulley
poulie (f) de frein

a

тормозной шкивъ (m), тормозное колесо (n)
puleggia (f) del freno
polea (f) del freno

4
Bremsklotz (m), Bremsbacke (f)
brake shoe
sabot (m) de frein

b

тормозная колодка(f), тормозной башмакъ (m)
ceppo (m) del freno
cepo (m) de freno, placa (f) de freno, almohadilla, zapata (f) del freno

---

5
Bremshebel (m)
brake lever
levier (m) de frein

c

тормозной рычагъ (m)
leva (f) del freno
palanca (f) del freno

6
Bremskraft (f)
brake pressure
force (f) du frein

тормозящая сила (f)
forza (f) frenatrice
fuerza (f) de frenado, frenatriz (f)

7
Keilradbremse (f)
V-shaped brake
frein (m) à gorge

клиновой тормазъ(m)
freno (m) ad incastro
freno (m) de ranura

8
Kegelbremse (f)
friction clutch
frein (m) à cône

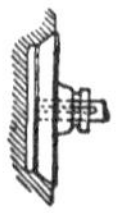

коническій тормазъ (m), тормазъ (m) съ коническимъ колесомъ
freno (m) conico
freno (m) cónico

9
Bandbremse (f)
band brake, strap brake
frein (m) à bande

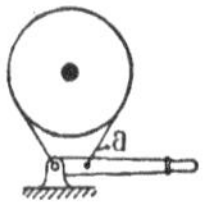

ленточный тормазъ (m)
freno (m) a nastro
freno (m) de cinta

Bremsband (n)
band, strap of the brake
bande (m) de frein

a

тормозная лента (f)
(полоса (f))
nastro (m) del freno 1
cinta (f) del freno

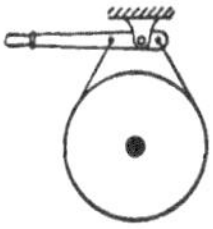

Differentialbremse (f)
differential brake
frein (m) différentiel

дифференціальный
тормазъ (m) 2
freno (m) differenziale
freno (m) diferencial

Schleuderbremse (f)
centrifugal brake
frein (m) centrifuge

центробѣжный тор-
мазъ (m) 3
freno (m) centrifugo
freno (m) centrífugo

XV.

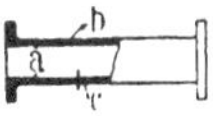

Rohr (n)
pipe, tube
tuyau (m), tube (m)

труба (f)
tubo (m) 4
tubo (m)

---

röhrenförmig
tubular
tubulaire

трубообразн-ый,
-ая, -ое (adj.);
трубообраз-енъ,
-на, -но (adv.) 5
tubolare
tubular

---

lichte Weite (f) des
Rohres, Rohrweite (f)
inside diameter of pipe,
bore of pipe
diamètre (m) intérieur
du tuyau

a

внутренній діа-
метръ (m) трубы
diametro (m) interno del
tubo 6
diámetro (m) interior
del tubo, luz (f) del
tubo

---

das Rohr (n) hat x mm
lichte Weite, das
Rohr (n) mißt x mm
im Lichten
the pipe has a bore of
x mm
le tuyau a x mm de dia-
mètre intérieur, c'est
un tuyau de x mm

внутренній діа-
метръ (m) трубы
равенъ x мм
il tubo ha x mm di dia-
metro interno, un tu- 7
bo di x mm
el tubo (m) tiene x mm
de diámetro interior,
el tubo (m) tiene
x mm de luz

Rohrwand (f)
wall of a pipe, shell of
a pipe
paroi (f) du tuyau

b

стѣнка (f) трубы
parete (f) del tubo 8
pared (f) del tubo,
casco (m) del tubo

No.			
1	**Wandstärke** (f) thickness of pipe épaisseur (f) de paroi du tuyau	c	толщина (f) стѣнки spessore (m) della parete grueso (m) del casco, espesor (m) de la pared
2	Nutzlänge (f) length over the flanges longueur (f) utile		полезная длина (f) lunghezza (f) utile longitud (f) útil
3	Rohranstrich (m) pipe-paint peinture (f) du tuyau		окраска (f) трубъ vernice (f) del tubo pintura (f) del tubo
4	Rohrbekleidung (f) pipe covering revêtement (m) du tuyau, enveloppe (f) du tuyau		обмотка (f) трубы rivestimento (m) d'un tubo rivestimiento (m) del tubo
5	Rohrverbindung (f) pipe joint joint (m) de tuyaux, assemblage (m) de tuyaux		трубчатое (трубное) соединенiе (n) giunzione (f) dei tubi, unione (f) dei tubi junta (f) de tubos, unión (f) de tubos
6	Rohrverschraubung (f) screwed-pipe-coupling joint (m) à vis de tuyaux, assemblage (m) à vis de tuyaux		винтовое соединенiе (n) трубъ giunzione (f) a vite dei tubi, avvitamento (m) dei tubi roscado (m) de tubos, unión (f) por casquillos roscados
7	Flanschenverbindung (f) flange-coupling joint (m) à brides	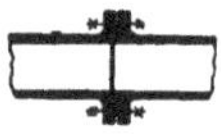	соединенiе (n) помощью флянцовъ unione (f) a flangia, giunto (m) a flangia unión (f) por bridas
8	Flanschenverschraubung (f) screw-flange-coupling, bolted flanges joint (m) à brides et à boulons		соединенiе (n) помощью флянцовъ и болтовъ giunto (f) a flangie e bulloni unión (f) á tornillo de las bridas
9	Flanschenrohr (n) flanged pipe, flanged tube tuyau (m) à brides	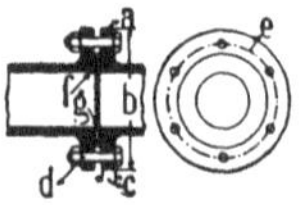	труба (f) съ флянцемъ tubo (m) a flangie tubo (m) con bridas
10	Flansch (m), Rohrflansch (m) flange bride (f)	a	флянецъ (m), флянцъ (m), фланецъ (m) flangia (f) brida (f)

Flanschendurchmesser (m) diameter of flange diamètre (m) de la bride	b	діаметръ (m) фланца diametro (m) della flangia diámetro (m) de la brida	*1*
Flanschendicke (f) thickness of flange épaisseur (f) de la bride	c	толщина (f) фланца spessore (m) della flangia grueso (m) de la brida	*2*
Flanschenschraube (f) bolt of flange boulon (m) de brides	d	болтъ (m) фланца vite (f) delle flangie, bullone (f) delle flangie tornillo (m) de las bridas	*3*
Lochkreis (m) bolt circle cercle (m) des trous de boulons	e	окружность (f) центровъ отверстій diametro (m) dei fori dei bulloni círculo (m) de tornillos	*4*
Dichtungsleiste (f) joint face portée (f) de la bride	f	напускъ (m) фланца orlo (m), superficie (f) di contatto per la tenuta reborde (m) de hermeticidad, cara (f) de la brida	*5*
Flanschendichtung (f), Flanschenpackung (f) joint-packing, gasket garniture (f) des brides	g	прокладка (f) между фланцами guarnizione (f) delle flangie empaque (m) de bridas	*6*
Dichtungsring (m), Dichtungsschnur (f) packing ring, gasket-ring anneau (m) [obturateur] de joint		прокладочное (уплотняющее) кольцо (n) anello (m) di guarnizione disco (m) de empaque, corona (f) de empaque, anillo (m) de empaquetado	*7*
Flansch (m) mit Vor- und Rücksprung recessed flanged joint bride (f) à emboîtement		фланцъ (m) съ выступомъ и уступомъ flangia (f) con orlo sporgente e rientrante brida (f) de enchufe	*8*

1 Flansch (m) mit Feder und Nut
flange with circular tongue and groove
bride (f) à emboîtement

фляnецъ съ перомъ (n) и гребнемъ (m)
flangia (f) ad incastro
brida (f) de pestaña

---

2 Gegenflansch (m)
flanged branch
contre-bride (f)

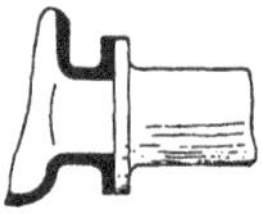

контръ-фляnецъ (m)
contro-flangia (f)
contrabrida (f)

---

3 Winkelflansch (m)
angle flange, collar flange
bride (f) à cornière

угловой фляnецъ (m)
flangia (f) riportata
brida (f) de ángulo

---

4 fester Flansch (m)
fixed flange, cast flange
bride (f) fixe

глухой фляnецъ (m),
flangia (f) fissa
brida (f) fija

---

5 loser Flansch (m), Flanschenring (m)
loose flange
bride (f) rapportée

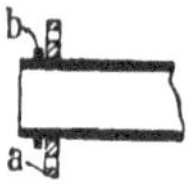

a

свободный фляnецъ (m)
flangia (f) mobile, flangia (f) ad anello
brida (f) móvil

---

6 Lötring (m)
flange brazed on
bague (f) soudée

b

припаянное кольцо (n)
anello (m) saldato
anillo (m) soldado

---

7 aufgenieteter Flansch (m)
riveted flange
bride (f) rivée

приклепанный фляnецъ (m),
flangia (f) chiodata
brida (f) remachada

---

8 aufgelöteter Flansch (m)
brazed flange
bride (f) soudée

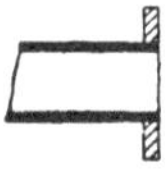

напаянный фляnецъ (m)
flangia (f) saldata
brida (f) soldada

---

9 aufgeschraubter Flansch (m)
screwed flange
bride (f) vissée

привинченный фляnецъ (m)
flangia (f) avvitata
brida (f) roscada

Flanschenschlüssel (m) flange-wrench, screw-key clef (f) pour brides		ключъ (m) для флянцевъ chiave (f) per flangie llave (f) de brida	*1*
Muffenverbindung (f) spigot and socket joint joint (m) à . manchon, assemblage (m) à manchon	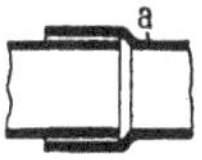	соединенiе (n) трубъ муфтами giunto (m) a manicotto, giunto (m) a bicchiere junta (f) de enchufe	*2*
Muffenrohr (n) socket pipe tuyau (m) à manchon, tuyau (m) à emboitement	a	труба (f) съ муфтой tubo (m) a manicotto tubo (m) de enchufe	*3*
Rohrmuffe (f) socket manchon (m) de tuyau	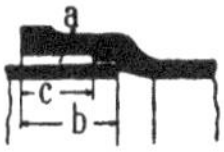	муфта (f) трубы manicotto (m) del tubo enchufe (m)	*4*
Rohrdichtung (f), Rohrpackung (f) pipe packing, packing space garniture (f) de tuyau	a	набивка (f) guarnizione (f) del tubo empaquetadura (f) del tubo	*5*
Muffentiefe (f) depth of socket profondeur (f) du manchon	b	глубина (f) муфты profondità (f) del manicotto profundidad (f) del enchufe	*6*
Dichtungstiefe (f) depth of packing profondeur (f) de la garniture, longueur (f) de la garniture	c	длина (f) набивки profondità (f) della guarnizione profundidad (f) de la empaquetadura	*7*
das Rohr (n) mit Blei ausgießen to pour lead in the joint faire un joint de plomb		залить трубу свинцомъ guarnire con piombo guarnecer con plomo	*8*
gußeisernes Rohr (n) cast iron pipe tuyau (m) en fonte		чугунная труба (f) tubo (m) di ghisa tubo (m) de hierro fundido	*9*
stehend gegossenes Rohr (n) tube cast vertically tuyau (m) coulé [fondu] debout		вертикально отлитая труба (f) tubo (m) fuso verticalmente tubo (m) fundido verticalmente	*10*

1 liegend gegossenes Rohr (n)
tube cast horizontally
tuyau (m) coulé [fondu], couché

горизонтально отлитая труба (f)
tubo (m) fuso orizzontalmente
tubo (m) fundido horizontalmente

---

2 schmiedeeisernes Rohr (n)
wrought iron pipe
tuyau (m) en tôle

труба (f) изъ полосового желѣза
tubo (m) di ferro dolce
tubo (m) de hierro dulce

---

3 genietetes Rohr (n)
riveted pipe, riveted tube
tuyau (m) rivé

склепанная (клепанная) труба (f)
tubo (m) chiodato
tubo (m) remachado, tubo (m) cosido

---

4 geschweißtes Rohr (n)
welded pipe, welded tube
tuyau (m) soudé

сваренная труба (f)
tubo (m) saldato
tubo (m) soldado

---

5 stumpfgeschweißtes Rohr (n)
butt welded pipe
tuyau (m) soudé à rapprochement

сваренная въ стыкъ труба (f)
tubo (m) con pareti saldate a smusso
tubo (m) soldado á tope

---

6 überlappt geschweißtes Rohr (n)
lap welded pipe
tuyau (m) soudé à recouvrement

сваренная въ напускъ труба (f)
tubo (m) con pareti saldate a sovvraposizione
tubo (m) soldado á solapa

---

7 spiral geschweißtes Rohr (n)
spiral welded pipe
tuyau (m) soudé en spirale

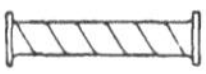

спирально сваренная труба (f)
tubo (m) saldato a spirale
tubo (m) soldado en espiral

---

8 gelötetes Rohr (n)
soldered pipe
tube (m) brasé, tube (m) soudé

спаянная труба (f)
tubo (m) saldato
tubo (m) soldado

---

9 nahtloses Rohr (n)
seamless pipe, seamless tube
tube (m) sans soudure

труба (f) безъ шва
tubo (m) senza saldatura
tubo (m) sin soldadura

gewalztes Rohr (n)
rolled tube
tuyau (m) laminé

прокатанная труба (f)
tubo (m) fatto al laminatoio, tubo (m) laminato, tubo (m) cilindrato 1
tubo (m) cilindrado

Rohrwalzapparat (m)
tube-rolling mill
train (m) de laminoirs à tuyaux

трубопрокатный станокъ (m)
apparato (m) laminatore per tubi 2
aparato (m) para laminar tubos

Röhrenwalzwerk (n)
tube-rolling works
laminoir (m) à tuyaux

трубопрокатный заводъ (m) 3
laminatoio (m) da tubi
laminador (m) de tubos

---

gezogenes Rohr (n)
drawn tube, solid drawn tube
tuyau (m) étiré

тянутая труба (f)
tubo (m) stirato 4
tubo (m) estirado

Röhren (n. pl) ziehen
to draw tubes
étirer des tuyaux

тянуть трубы
stirare tubi 5
estirar tubos

Kupferrohr (n)
copper-tube, copper-pipe
tuyau (m) en cuivre

мѣдная труба (f)
tubo (m) di rame 6
tubo (m) de cobre

Messingrohr (n)
brass-tube, brass-pipe
tuyau (m) en laiton

латунная труба (f)
tubo (m) d'ottone 7
tubo (m) de latón

---

umgebördeltes Rohr (n) mit losem Flansch
flanged pipe with loose back flange
tuyau embouti avec bride rapportée

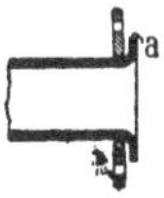

отогнутая труба (f) со свободнымъ флянцемъ 8
tubo (m) con bordo a flangia mobile
tubo (m) de reborde con brida móvil

Umbördelung (f)
flanging
bord (m) rabattu, emboutissage (m)

a

отгибаніе (n) края трубы
bordo (m), collare (m) 9
reborde (m)

---

das Rohr (n) umbördeln
to flange the tube
emboutir le tuyau, rabattre le collet du tuyau

отогнуть край трубы
fare il bordo ad un tubo
doblar el borde de un tubo, rebordear 10

1 Ausgleichungsrohr (n), Dehnungsrohr (n)
expansion pipe, compensating pipe
tuyau (m) compensateur, tuyau (m) extensible

компенсаторъ (m)
tubo (m) di dilatazione, tubo (m) compensatore
tubo (m) de dilatación

---

2 Federrohr (n)
expansion pipe
tuyau (m) élastique

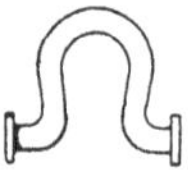

пружинящая труба (f)
tubo (m) elastico (per compensare la dilatazione)
tubo (m) elástico

---

3 Wellrohr (n)
corrugated pipe, corrugated tube
tuyau (m) ondulé

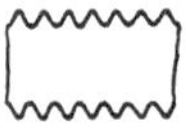

волнообразная (волнистая) труба (f)
tubo (m) ondulato
tubo (m) ondulado

---

4 Stopfbüchsenrohr (n)
gland expansion joint, stuffing box joint
tuyau (m) à presse-étoupe

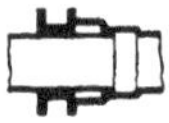

нажимная втулка (f) сальника
tubo (m) con scattola a stoppa
tubo (m) con prensa-estopas

---

5 Rippenrohr (n)
ribbed pipe
tuyau (m) à ailettes

ребристая труба (f)
tubo (m) a nervature
tubo (m) acostillado, tubo (m) de aletas

---

6 Schlangenrohr (n)
worm-pipe, coil-pipe
serpentin (m)

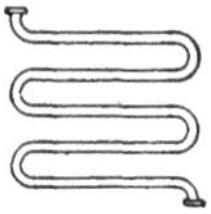

змѣевикъ (m)
serpentino (m)
tubo (m) de serpentín

---

7 Kühlschlange (f)
cooling coil, condensing coil
serpentin (m) refroidisseur

змѣевикъ (m) холодильника
tubo (m) refrigerante
serpentín (m) refrigerante

---

8 Heizschlange (f)
heating coil
serpentin (m) réchauffeur

нагрѣвательный змѣевикъ (m)
tubo (m) a serpentino bollitore
serpentín (m) de calefacción

---

9 Rohrverschluß (m)
pipe-closier, blank flange
obturateur (m) de tuyau

затворъ трубы
otturatura (f) del tubo, chiusura (f) del tubo
cierre (m) del tubo

Verschlußpfropfen (m), Verschlußschraube (f), Stopfen (m)
screwed plug
bouchon (m) à vis

пробка (f)
tappo (m) a vite 1
tapón (m) roscado

Verschlußkappe (f)
screwed cap
chapeau (m) de fermeture

колпакъ (m)
otturatore (m) esterno a vite, cappello (m) a vite di chiusura 2
obturador (m) extremo roscado, casquete (m) roscado

Blindflansch (m), Deckelflansch (m)
blank-flange, blind-flange
bride (f) d'obturation

затворный фланецъ (m)
flangia (f) cieca 3
brida (f) ciega, brida (f) tapada

Formstück (n), Paßrohr (n)
pipe-fitting
raccord (m), tubulure (f)

фасонная труба (f)
pezzo (m) d'adattamento
tubo (m) de comunicación, casquillo (m) de unión 4

Überschiebmuffe (f)
double-socket
manchon (m) double

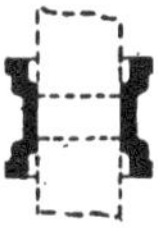

двойная надвижная муфта
manicotto (m) doppio 5
manguito (m) doble

Krümmer (m)
elbow
coude (m)

колѣно (n), колѣнчатая труба (f)
tubo (m) curvo 6
codo (m) curvado, tubo (m) acodado recto

Bogenrohr (n)
angle pipe
raccord (m) courbé

дуговая (колѣнчатая) труба (f), колѣно (n)
tubo (m) ad arco 7
tubo (m) curvo, tubo (m) arqueado, tubo (m) acodado abierto

Doppelbogen (m)
U-pipe
raccord (m) en U

U-образная труба (f)
tubo (m) ad arco doppio, tubo (m) a U, tubo (m) biforcato 8
doble (m) codo, tubo (m) forma U

Übergangsrohr (n)
reducing pipe
raccord (m) avec réduction de diamètre

труба (f) передаточная
tubo (m) di riduzione 9
tubo (m) de paso, tubo (m) cónico, casquillo (m) de reducción

1	Rohrverzweigung (f) pipe-branch branchement (m)		развѣтвленіе (n) трубъ diramazione (f) embranque (m) de tubo, ingerto (m) de tubo
2	rechtwinklige Abzweigung (f) right angled branch branchement (m) à angle droit, branchement (m) à T		прямоугольный отводъ (m) diramazione (f) ad angolo retto embranque (m) en ángulo recto, ingerto (m) recto
3	spitzwinklige Abzweigung (f) Y-pipe branchement (m) à angle aigu	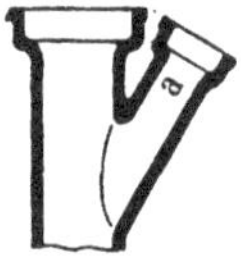	остроугольный отводъ (m) diramazione (f) ad angolo acuto embranque (m) en ángulo agudo, ingerto (m) oblicuo
4	Abzweigrohr (n), Zweigrohr (n), Abzweig (m) branch-pipe tuyau (m) de branchement	a	вѣтвь (f) трубы tubo (m) di diramazione tubo (m) de embranque, tubo (m) de ingerto
5	Kreuzstück (n) cross-pipe tuyau (m) en croix, croix (f)		крестовина (f) tubo (m) a croce cruzamiento (m) de tubos, unión (f) de doble T para tubos
6	T-Stück (n) T-pipe, tee joint (m) à T	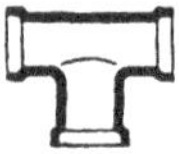	Т-образная труба (f) tubo (m) a T tubo (m) de T
7	Dreiwegestück (n) three-way-pipe tuyau (m) à trois voies		тройникъ (m), трехходовая труба (f) tubo (m) a tre vie codo (m) de tres pasos
8	Vierwegestück (n) four-way-pipe tuyau (m) à quatre voies	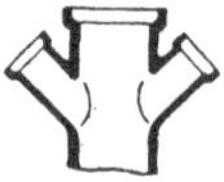	четырехходовая труба (f) tubo (m) a quattro vie codo (m) de cuatro pasos
9	Gewindemuffe (f) screwed socket manchon (m) à vis		муфта (f) съ нарѣзкой, винтовая муфта manicotto (m) a vite, manicotto (m) filettato manguito (m) roscado

verjüngte Muffe (f), Absatzmuffe (f)
reducing socket, reducer
manchon (m) de réduction

переходная муфта (f)
manicotto (m) di riduzione 1
manguito (m) de dos luces

Nippel (m)
nipple, close nipple
raccord (m) à vis

ниппель (m)
manicotto (m) interno, raccordo (m) a vite 2
boquilla (f) roscada del tubo

Doppelnippel (m)
double nipple
double raccord (m) à vis, manchon (m) droit

двойной ниппель (m)
manicotto (m) doppio interno, raccordo (m) doppio a vite 3
tubo (m) con dos bocas roscadas

Knierohr (n), Kniestück (n)
elbow
genou (m)

колѣнчатая труба (f), угольникъ (m), колѣно (n), 4
gomito (m)
tubo (m) acodado

---

scharfes Knierohr (n)
square elbow
genou (m) vif

прямой угольникъ (m) 5
gomito (m) ad angolo retto
codo (m) de ángulo recto

---

scharfes verjüngtes Knierohr (n)
reducing elbow, angle reducer
genou (m) de réduction

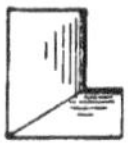

прямой переходный угольникъ (m) 6
gomito (m) di riduzione
codo (m) de dos luces

---

abgerundetes Knierohr (n)
round elbow
genou (m) arrondi

круглый угольникъ (m) 7
gomito (m) arrotondato
tubo (m) redondeado

Gasrohr (n)
gas-pipe
tuyau (m) à gaz

газовая труба (f)
tubo (m) da gas 8
tubo (m) de gas

Wasserrohr (n)
water-pipe
tuyau (m) à eau

водопроводная труба (f) 9
tubo (m) per acqua
tubo (m) de agua

Kesselrohr (n)
boiler-tube
tube (m) de chaudière

котельная труба (f)
tubo (m) bollitore da caldaia 10
tubo (m) de caldera

1	Flammrohr (n) fire-tube, flue-tube tube (m) à feu		жаровая труба (f) tubo (m) da focolare tubo (m) de llama
2	Feuerrohr (n) furnace-tube tube (m) de retour de flamme		огневая труба (f) tubo (m) da fumo tubo (m) de humo
3	Siederohr (n) water-tube bouilleur (m)		кипятильная труба(f) tubo (m) riscaldatore tubo (m) hervidor
4	Heizrohr (n) heating pipe tuyau (m) de chauffage		дымогарная труба (f) tubo (m) bollitore tubo (m) de calefacción
5	Saugrohr (n) suction-pipe tuyau (m) d'aspiration		всасывающая труба (f) tubo (m) aspirante tubo (m) aspirante
6	Saugkorb (m) rose-pipe, strainer crépine (f)	b	всасывающая сѣтка (f) staccio (m) aspirante colador (m) aspirante, alcachofa (f)
7	Saugleitung (f) suction-pipe conduite (f) d'aspiration	a	всасывающія трубы (f. pl.) conduttura (f) d'aspirazione conducción (f) de aspiración
8	Druckrohr (n) delivery-pipe tuyau(m) de refoulement	c	нагнетательная труба (f) tubo (m) di pressione tubo (m) de descarga
9	Druckleitung (f) delivery-pipe conduite (f) de refoulement		трубопроводъ (m) высокаго давленія, система (f) трубъ для провода воды подъ напоромъ conduttura (f) di pressione conducción (f) de descarga
10	Rohransatz (m), Rohrstutzen (m) flanged socket tubulure (f)		натрубокъ (m), рожокъ (m), штуцеръ (m) bocchetta (f) tubuladura (f), muñón (m) tubular

Rohrleitung (f)
pipe-line, line piping
conduite (f) de tuyaux
трубопроводъ (m)
tubazione (f), condut-
tura (f) 1
conducción (f)

Zuleitungsrohr (n),
Zufiußrohr (n)
inlet-pipe
tuyau (m) d'admission,
tuyau (m) d'arrivée
впускная труба (f)
tubo (m) d'ammissione
tubo (m) de alimenta- 2
ción, tubo (m) de admisión

Abflußrohr (n)
waste-pipe, drain pipe
tuyau (m) d'échappement
спускная труба (f)
tubo (m) di scarica 3
tubo (m) de descarga

Rohrnetz (n)
pipe-installation
tuyauterie (f)
трубопроводная
сѣть (f)
rete (f) di tubi
red (f) tubular, instala- 4
ción (f) de tubos,
tubería (f)

Rohrplan (m)
plan of pipe-installation,
piping plan (A)
plan (m) de tuyauterie
планъ (m) расположенія трубъ
piano (m) della tuba- 5
zione
plano (m) de la instalación de tubos

---

das Rohr (n) verlegen
to lay a pipe
poser un tuyau
проложить (прокладывать) трубу 6
mettere in opera un tubo
colocar un tubo

Rohrschelle (f)
clip, pipe hanger (A)
étrier (m)

хомутикъ (m)
sopporto (m) per tubi,
sostegno (m) per tubi, 7
graffa (f)
brida (f) para tubo

Rohrhaken (m)
wall hook
agrafe (f) pour tubes

поддерживающій
крюкъ (m) для
трубопровода
gancio (m) per tubi 8
clavo-gancho (m) para
tubería, alcayata (f)
para tubería

Dampfleitung (f)
steam-piping
conduite (f) de vapeur
паропроводъ (m)
conduttura (f) di vapore
conducción (f) para va- 9
por, tubería (f) para
vapor

Wasserleitung (f)
water-piping
conduite (f) d'eau
водопроводъ (m)
conduttura (f) d'acqua 10
conducción (f) para agua,
tubería (f) para agua

1	Gasleitung (f) gas-pipe line conduite (f) de gaz, conduite (f) à gaz		газопроводъ (m) tubazione (f) del gas, conduttura (f) di gas conduccion (f) para gas, tubería (f) para gas
2	Wassersack (m) water-trap sac (m) d'eau, sac (m) à eau		резервуаръ (m) для воды serbatoio (m) d'acqua sifón (m)
3	Wasserschlag (m) water hammering coup (m) de bélier		ударъ (m) воды colpo (m) d'ariete golpe (m) de ariete, choque (m) de agua
4	Rohrbruch (m) pipe burst, pipe explosion rupture (f) de tuyau		разрывъ (m) (поломка (f)) трубы rottura (f) del tubo rotura (f) del tubo
5	Rohrbruchventil (n) isolating valve, self closing valve valve (f) de sûreté		предохранительный на случай разрыва трубы клапанъ (m) valvola (f) di sicurezza válvula (f) de seguridad para tubos
6	Rohrschlüssel (m) pipe-wrench, alligator wrench clef (f) à tubes		ключъ (m) для трубъ chiave (f) per tubi llave (f) para tubos
7	Rohrzange (f) pipe-tongs pince (f) à tubes		клещи (m. pl.) для трубъ tanaglia (f) per tubi tenazas (f. pl.) para tubos
8	Rohrabschneider (m) pipe-cutter coupe-tubes (m)		труборѣзъ (m) taglia-tubi (m) corta-tubos (m)
9	Rohrwischer (m) tube-brush hérisson (m)		спиральный скребокъ (m) (спиральная щетка) для трубъ spazza-tubi (m) escobilla (f) para limpiar tubos, sacatrapos (m)

Rohrauskratzer (m) tube-scraper grattoir (m) à tubes		скребокъ (m) } для банница (f) } чистки щетка (f) } трубъ raschiatoio (m) per tubi rascador (m) de tubos	1
Wasserstandszeiger (m) water-gauge indicateur (m) de niveau d'eau	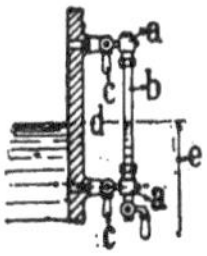	указатель (m) уровня воды, водоуказательный приборъ (m) indicatore (m) di livello indicador (m) de nivel de agua	2
Wasserstandsgehäuse (m) water-gauge-casting boîte (f) du niveau d'eau	a	футляръ (m) для водоуказателя scatola (f) dell' indicatore di livello caja (f) del indicador del nivel de agua	3
Wasserstandsglas (n) water-gauge-glass tube (m) de verre du niveau d'eau	b	водомѣрное стекло (n) vetro (m) dell' indicatore di livello cristal (m) del indicador de nivel	4
Wasserstandshahn (m) gauge-cock, water-gauge-cock robinet (m) du niveau d'eau	c	водомѣрный кранъ (m) robinetto (m) dell' indicatore di livello grifo (m) del indicador de nivel	5
Wasserstandslinie (f), Wasserstandsmarke (f) water-line, water-mark niveau (m) supérieur, niveau (m) maximum	d	линія (f) уровня воды linea (f) del livello d'acqua línea (f) de nivel del agua	6
Wassersäule (f) water-column colonne (f) d'eau	e	водяной столбъ (m) colonna (f) d'acqua columna (f) de agua	7

XVI.

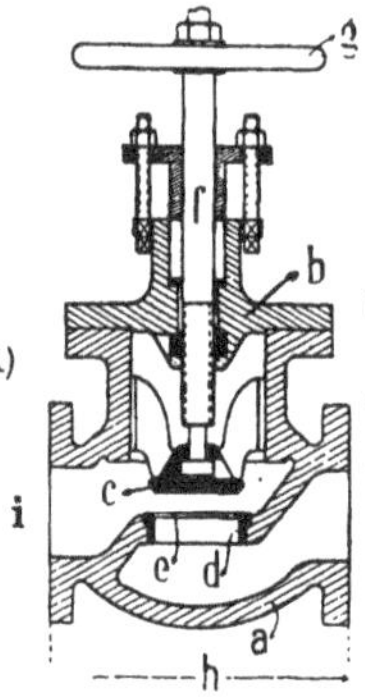

1	Ventil (n) valve, globe valve (A) valve (f), soupape (f)		клапанъ (m), вин-тиль (m) valvola (f) válvula (f)
2	Ventilgehäuse (n), Ventilkammer (f) valve-box, valve chamber chapelle (f) de soupape, corps (m) de soupape, lanterne (f) de soupape	a	клапанная коробка (f) camera (f) della valvola cámara (f) de la válvula, caja (f) de la válvula
3	Ventildeckel (m), Ventilgehäusedeckel (m) valve cover, bonnet (A) couvercle (m) de soupape	b	крышка (f) клапанной коробки coperchio (m) della valvola, cappello (m) della valvola tapa (f) de la válvula
4	Ventildeckelschraube (f) bonnet-bolt (A), bolt for the valve cover boulon (m) du couvercle de soupape		болтъ (m) съ крышки клапана bullone (m) del coperchio, vite (f) del coperchio tornillo (m) de la tapa de la válvula
5	lichte Weite (f) internal diameter of inlet orifice (m) d'entrée, diamètre (m) intérieur	i	внутреннiй дiаметръ (m) клапана luce (f) interna, diametro (m) interno diámetro (m) interior de la válvula
6	Durchgang (m) internal diameter of valve seat, passage passage (m)		проходъ (m) passaggio (m) paso (m) de la válvula

Durchgangsöffnung (f) width of passage largeur (f) du passage, ouverture (m) de passage		проходное (пропускное) отверстіе (n) apertura (f) di passaggio, sezione di passaggio luz (f) del paso, diámetro (m) del paso	1
Durchgangsquerschnitt (m) sectional area of the passage section (f) de passage		поперечное сѣченіе (n) пропускнаго (проходнаго) отверстія area (f) di passaggio sección del paso	2
Ventilkörper (m) valve disk corps (m) de soupape	c	тѣло (n) клапана corpo (m) della valvola cuerpo (m) de la válvula	3
Ventilsitz (m) valve seat, seat of the valve siège (m) de la soupape	d	сѣдло (n) клапана sede (f) della valvola asiento (m) de la válvula	4
Sitzfläche (f) contact surface of the seat, valve seating surface (f) de contact, surface (f) d'obturation	e	площадь (f) соприкосновенія superficie (f) di contatto superficie (f) de contacto, zona (f) de contacto	5
das Ventil (n) auf den Ventilsitz aufschleifen to grind in the seat, to emery the valve into its seat roder la soupape sur son siège		пришлифовать (пришлифовывать) клапанъ къ своему сѣдлу smerigliare la sede della valvola afinar la válvula	6
Ventilspindel (f) valve-spindle, valve stem tige (f) de soupape	f	шпиндель (m) клапана stelo (m) della valvola vástago (m) de la válvula	7
Handrad (n) hand-wheel manette (f)	g	маховичёкъ (m) volantino (m) rueda (f) manubrio	8
Baulänge (f) length over all longueur (f) totale	h	длина (f) коробки клапана lunghezza (f) totale longitud (f) de la válvula	9

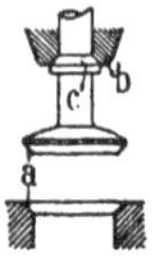

1 Ventilhub (m)
lift of a valve, valve lift
course (f) de soupape

a

ходъ (m) клапана
alzata (f) della valvola
salto (m) de la válvula

---

2 Hubbegrenzung (f)
shoulder on valve stem to limit lift
butée (f), butoir (m)

b

упоръ (m)
limite (m) d'alzata della valvola
límite (m) del salto de la válvula

---

3 Hubbegrenzungskegel (m)
shoulder on valve stem to limit lift
taquet (m) limitant la course

c

конусообразный упоръ (m)
cono (m) limite dell' alzata
cono (m) alto de la válvula

---

4 Ventilüberdruck (m)
pressure on valve face
surpression (f) de la soupape

избытокъ (m) давленія
soprapressione (f) della valvola
sobrecarga (f) de la válvula

---

5 Ventilmasse (f)
inertia of the valve
inertie (f) de la soupape

масса (f) клапана
massa (f) della valvola
masa (f) de la válvula

---

6 Ventilbeschleunigung (f)
valve acceleration
accélération (f) de la soupape

ускореніе (n) клапана
accelerazione (f) della valvola
aceleración (f) de la válvula

---

7 das Ventil (n) klemmt sich
the valve binds, the valve is too tight
la soupape coince

клапанъ (m) заѣдается (защемляется)
la valvola (f) si ingrana
la válvula (f) se agarra

---

8 das Ventil (n) bleibt hängen
the valve seizes
la soupape se bloque

клапанъ (m) застряваетъ
la valvola (f) resta sospesa
la válvula (f) queda suspensa

---

9 das Ventil (n) flattert
the valve knocks
la soupape oscille

клапанъ (m) прыгаетъ (скачетъ)
la valvola (f) oscilla, la valvola (f) vacilla
la válvula (f) oscila

das Ventil (n) klappert
the valve chatters
la soupape cogne

клапанъ (m) стучитъ
la valvola (f) butte
la válvula canta, la vál- 1
vula traquetea

---

das Ventil (n) öffnen
to open the valve
ouvrir la soupape

открыть (открывать)
клапанъ (m) 2
aprire la valvola
abrir la válvula

---

das Ventil (n) schließen
to close the valve
fermer la soupape

закрыть (закрывать)
клапанъ (m) 3
chiudere la valvola
cerrar la válvula

---

das Spiel (n) des Ventils
the play of the valve
jeu (m) de la soupape

игра (f) клапана
gioco (m) della valvola 4
juego (m) de la válvula

Ventilschluß (m)
closing of the valve
fermeture (f) de la soupape

закрытіе (n) клапана
chiusura (f) della valvola 5
cierre (m) de la válvula

Ventileröffnung (f)
opening of the valve
ouverture (f) de la soupape

открытіе (n) клапана 6
apertura (f) della valvola
abertura (f) de la válvula

Ventilerhebung (f)
lifting of the valve
levée (f) de la soupape

поднятіе (n) клапана
alzata (f) della valvola 7
carrera (f) de la válvula

Ventilerhebungsdiagramm
valve-lift-diagram
diagramme (m) de la levée de la soupape

діаграмма (f) поднятія клапана
diagramma (f) dell' alzata della valvola 8
diagrama (m) de la carrera de la válvula

---

das Ventil (n) entlasten
to balance the valve
équilibrer la soupape

разгрузить (разгружать) клапанъ
sgravare la valvola, scaricare la valvola 9
descargar la válvula

Ventilentlastung (f)
balancing of the valve
équilibrage (m) de la soupape

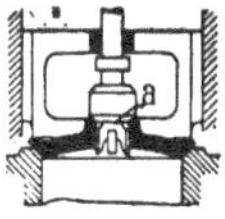

разгрузка (f) клапана 10
scarica (f) della valvola
descarga (f) de la válvula

1 Entlastungsventil (n), Hilfsventil (n)
bye-pass valve, auxiliary valve (to facilitate opening main valve)
soupape (f) auxiliaire pour faciliter l'ouverture de la soupape principale

a

разгрузной (вспомогательный) клапанъ (m)
valvola (f) ausiliaria, valvola (f) sussidiaria
válvula (f) auxiliar

---

2 Hubventil (n)
lift-valve
soupape (f) à course rectiligne

подъемный клапанъ (m)
valvola (f) ad alzata
válvula (f) de alza

---

3 Tellerventil (n)
disc-valve
soupape (f) à siège plan, soupape (f) à plateau

тарельчатый (тарелочный, плоскій) клапанъ (m)
valvola (f) a sede piana
válvula (f) de disco

---

4 Ventilteller (m)
valve-disc
plateau (m) de la soupape

a

тарелка (f) клапана
piatto (m) della valvola
plato (m) de la válvula

---

5 Kegelventil (n)
conical valve
soupape (f) à siège conique, soupape (f) à cône

коническій (конусообразный) клапанъ (m)
valvola (f) a sede conica, valvola (f) a cono
válvula (f) cónica

---

6 Ventilkegel (m)
cone of valve
cône (m) de la soupape

a

конусъ (m) клапана
cono (m) della valvola
cono (m) de la válvula

---

7 Kugelventil (n)
ball valve
soupape (f) à boulet, soupape (f) sphérique

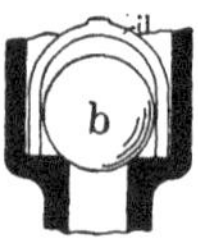

шаровой (m) клапанъ
valvola (f) a palla, valvola (f) sferica
válvula (f) esférica, válvula (f) de contrapeso

---

8 Ventilkugel (f)
ball of valve
boulet (m) de la soupape

b

шаръ (m) клапана
palla (f) della valvola
esfera (f) de la válvula

---

9 Fangbügel (m)
guard
chape (f) d'arrêt

a

упорный хомутъ (m)
staffa (f) d' arresto
brida-tope (f)

---

10 Ventilführung (f)
valve guide
guide (f) de soupape, guidage (m) de soupape

направляющія (m.pl.) клапана
guida (f) della valvola
guía (f) de la válvula

Rippenführung (f), Flügelführung (f)
valve guide wings
guide (f) à ailettes, guide (f) à croisillon

направляющія ребра (m. pl.)
guida (f) ad alette, guida (f) a costole 1
guía (f) de aletas

Ventil (n) mit oberer Rippenführung (f)
valve wings on top, valve guided above
soupape (f) avec guide à ailettes en haut

клапанъ (m) съ верхними направляющими ребрами 2
valvola (f) con costole superiori
válvula (f) de guía superior

Ventil (n) mit unterer Rippenführung
valve wings on bottom, valve guided below
soupape (f) avec guide à ailettes en bas

клапанъ (m) съ нижними направляющими ребрами 3
valvola (f) con costole inferiori
válvula (f) de guía inferior

Führungsrippe (f)
guide
ailette (f)

a

направляющее ребро (n)
aletta (f), costola (f) 4
aleta-guía (f)

Stiftführung (f)
stem wing, stem guide
guide (f) à cheville

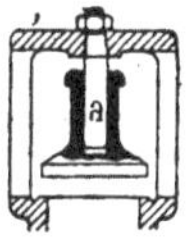

направляющая стержня клапана 5
guida (f) a caviglia
guía (f) de la espiga

Führungsstift (m)
guide stem, guide pin
cheville (f) de guidage

a

направляющій стержень (m) 6
caviglia (f) di guida
espiga (f)

Ventilstangenführung (f)
valve-spindle-guide
guidage (m) de la soupape par sa tige

направляющая (f) штангу клапана
guida (f) dello stelo della valvola 7
guía (f) del vastago de la válvula

Durchgangsventil (n)
through-way valve, globe valve
soupape (f) droite, soupape (f) ordinaire

промежуточная пропускная захлопка (f) 8
valvola (f) ordinaria
válvula (f) de paso recto

Eckventil (n)
angle valve
soupape (f) d'équerre

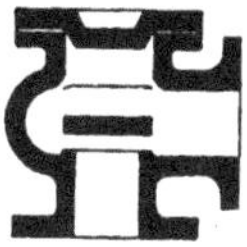

угловой клапанъ (m)
valvola (f) ad angolo
válvula (f) de paso de 9
ángulo, válvula (f) de paso angular

1 Wechselventil (n), Dreiwegventil (n)
change valve, cross valve, three-way-valve
soupape (f) à trois voies

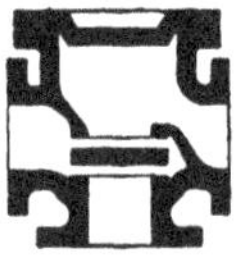

трехходовой клапанъ (m), клапанъ (m) о трехъ ходахъ
valvola (f) di scambio, valvola (f) a tre vie
válvula (f) de efecto alternativo, válvula (f) de triple paso

---

2 Ringventil (n)
ring valve
soupape (f) à siège annulaire

кольцевой клапанъ (m)
valvola (f) a sede annulare
válvula (f) anular

---

3 einfaches Ringventil (n)
single ring valve
soupape (f) à un siège annulaire

простой (обыкновенный) кольцевой клапанъ (m)
valvola (f) ad una sede annulare, valvola (f) semplice ad anello
válvula (f) anular sencilla

---

4 doppeltes Ringventil (n)
double ring valve
soupape (f) à siège annulaire double

двойной кольцевой клапанъ (m)
valvola (f) a due sedi annulari
válvula (f) anular doble

---

5 mehrfaches Ringventil (n)
multiple ring valve
soupape (f) à sièges annulaires multiples

составной кольцевой клапанъ (m)
valvola (f) a più sedi annulari
válvula (f) anular múltiple

---

6 Stufenventil (n)
step-valve
soupape (f) à gradins, soupape (f) à échelons

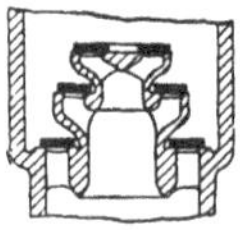

ступенчатый клапанъ (m)
valvola (f) a gradinata
válvula (f) escalonada

---

7 Doppelsitzventil (n)
double-seat valve, double-beat valve
soupape (f) à double siège

клапанъ (m) съ двойнымъ сѣдломъ
valvola (f) a doppia sede
válvula (f) doble golpe

---

8 Rohrventil (n)
pocketed valve, poppet valve (A)
vanne (f)

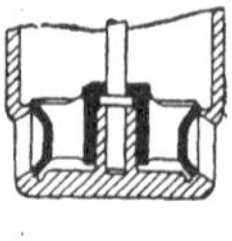

трубный (трубчатый, сквозной) клапанъ (m)
valvola (f) a tubo
válvula (f) á tubo

Glockenventil (n), Kronenventil (n)
cup valve, bell-shaped valve
soupape (f) à cloche, clapet (m) à couronne

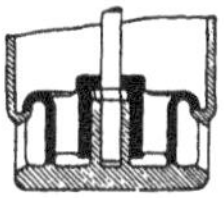

чашечный (колокольный, корончатый) клапанъ (m)
valvola (f) a campana, valvola (f) a doppia sede 1
válvula (f) de copa, válvula (f) hemisférica

Gewichtsventil (n)
dead-weight valve, weighted valve
soupape (f) à charge directe

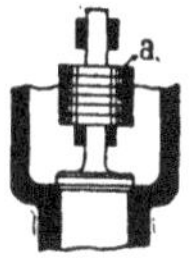

грузовой клапанъ (m) 2
valvola (f) a pesi
válvula (f) de contrapeso

Ventilbelastung (f)
load on the valve
charge (f) de soupape

a

нагрузка (f) клапана
carico (m) della valvola 3
carga (f) de la válvula

Federventil (n)
spring loaded valve, spring valve
soupape (f) à ressort

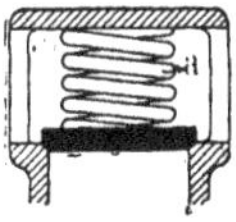

пружинный клапанъ (m) 4
valvola (f) a molla
válvula (f) de resorte

Ventilfeder (f)
valve spring
ressort (m) de soupape

a

пружина (f) клапана
molla (f) della valvola 5
resorte (m) de la válvula

Sicherheitsventil (n)
safety valve
soupape (f) de sûreté

предохранительный клапанъ (m) 6
valvola (f) di sicurezza
válvula (f) de seguridad

Sicherheitsventil (n) mit Gewichtsbelastung
lever-weighted safety valve
soupape (f) de sûreté à contre-poids

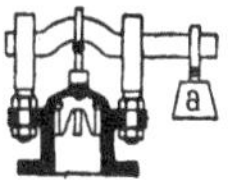

предохранительный клапанъ (m) съ нагрузкой
valvola (f) di sicurezza con carico a peso 7
válvula (f) de seguridad con contrapeso

Belastungsgewicht (n) des Ventils
weight on the valve
contre-poids (m) de la soupape

a

нагрузка (f) предохранительнаго клапана
peso (m) di carico della valvola 8
contrapeso (m) de la válvula

Ventilhebel (m)
valve lever
levier (m) de la soupape

рычагъ (m) клапана 9
leva (f) della valvola
palanca (f) de la válvula

1 Sicherheitsventil (n) mit Federbelastung
spring-loaded safety-valve
soupape (f) de sûreté à ressort

предохранительный клапанъ (m) съ пружинной нагрузкой
valvola (f) di sicurezza a molla
válvula (f) de seguridad con resorte

---

2 Belastungsfeder (f) des Ventils, Ventilfeder
spring load of the safety-valve
ressort (m) [de charge] de la soupape

нагрузочная пружина (f) клапана
molla (f) della valvola
resorte (m) de la válvula

---

3 das Ventil (n) belasten
to load the valve
charger la soupape

нагрузить (нагружать) клапанъ
caricare la valvola
cargar la válvula

---

4 die Belastung (f) des Ventils richtig bemessen
to regulate the load on the valve
régler la charge de la soupape

урегулировать (регулировать) нагрузку клапана
regolare il carico della valvola
regular la carga de la válvula

---

5 das Ventil (n) überlasten
to overload the valve
surcharger la soupape

перегрузить (перегружать) клапанъ
sopracaricare la valvola
sobrecargar la válvula

---

6 Fußventil (n), Bodenventil (n)
foot valve
clapet (m) de fond

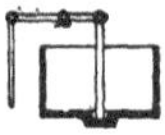

подовый клапанъ (m)
valvola (f) di fondo
válvula (f) de pie

---

7 selbsttätiges Ventil (n), ungesteuertes Ventil (n)
self-acting valve
soupape (f) automatique

автоматическій клапанъ (m)
valvola (f) automatica
válvula (f) automática

---

8 gesteuertes Ventil (n), Steuerventil (n)
valve actuated by valve gear
soupape (f) commandée

парораспредѣлительный клапанъ (m)
valvola (f) comandata
válvula (f) de distribución

---

9 Ventilsteuerung (f)
distributing valve motion, valve gear
mécanisme (m) de distribution (f) par valves, distribution (f) à soupapes

клапанное парораспредѣленіе (n)
mecanismo (m) di comando della valvola
distribución (f) por válvula

Absperrventil (n)
shut-off valve, stop-valve, stopping-valve (A)
soupape (f) d'arrêt

стопорный (запорный, ручной) клапанъ (m)
valvola (f) d'arresto 1
válvula (f) de cierre, válvula (f) de cerradura, válvula (f) de obstrucción

---

Dampfabsperrventil (n)
steam-stop-valve, check-valve
soupape (f) d'arrêt de vapeur

паровой запорный клапанъ (m)
valvola (f) d'arresto per vapore 2
válvula (f) de cerradura de vapor

Rückschlagventil (n)
non return valve, back pressure valve
soupape (f) de retenue

возвратный (пріемный, подъемный) клапанъ (m) 3
valvola (f) di ritegno
válvula (f) de retención

Rohrbruchventil (n)
steam pipe isolating valve
soupape (f) de rupture

самодѣйствующій клапанъ (m) при поломкѣ трубъ
valvola (f) di sicurezza per tubi 4
válvula (f) de seguridad contra la rotura de tubos

Reduktionsventil (n), Reduzierventil (n)
transforming valve, reduction valve
soupape (f) de réduction

редукціонный клапанъ (m) 5
valvola (f) di riduzione
válvula (f) de reducción

Saugventil (n)
suction valve
soupape (f) d'aspiration

всасывающій клапанъ (m) 6
valvola (f) di pressione
válvula (f) de descarga

Druckventil (n)
forcing valve, delivery valve
soupape (f) de refoulement

нагнетательный клапанъ (m) 7
valvola (f) premente
válvula (f) de impulsión

Luftventil (n), atmosphärisches Ventil (n)
atmospheric valve
soupape (f) atmosphérique, soupape (f) de rentrée d'air

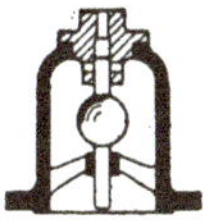

воздушный клапанъ (m) 8
valvola (f) atmosferica
válvula (f) atmosférica

1	Schnüffelventil (n), Schnarchventil (n) snifting valve, over-pressure-valve soupape (f) reniflante, renifflard (m)	фыркающій клапанъ (m), выдувной клапанъ (m) valvola (f) di scappamento válvula (f) de escape
2	Einlaßventil (n) admission valve soupape (f) d'admission	паровпускной клапанъ (m) valvola (f) di ammissione válvula (f) de admisión
3	Auslaßventil (n) exhaust valve soupape d'échappement	паровыпускной клапанъ (m) valvola (f) di emissione válvula (f) de emisión
4	Abblaseventil (n), Ausblaseventil (n) blow off valve, eduction valve soupape (f) de vidange, soupape d'évacuation	выдувательный клапанъ (m) valvola (f) di scarica, valvola (f) d'evacuazione válvula (f) de evacuación, válvula (f) de toma, válvula (f) de educción
5	Durchblaseventil (n) blow-through-valve soupape (f) d'émission	продувательный клапанъ (m) valvola (f) di passaggio válvula (f) de limpieza
6	Ablaßventil (n), Abflußventil (n) draining valve soupape (f) de vidange	спускной (выпускной) клапанъ (m) valvola (f) di scarica válvula (f) de descarga
7	Speiseventil (n) feed valve soupape (f) d'alimentation	питательный (подающій) клапанъ (m) valvola (f) d'alimentazione válvula (f) de alimentación
8	Probierventil (n) testing valve soupape (f) à épreuve, soupape (f) de jauge	пробный (испытательный) клапанъ (m) valvola (f) di prova válvula (f) de prueba
9	Schlammventil (n), Schmutzventil (n) mud-valve soupape (f) de purge	сточный клапанъ (m) valvola (f) di spurgo válvula (f) de purga

Klappenventil (n)
clack valve, flap valve
soupape (f) à clapet

створный, створчатый, откидной, заслонный клапанъ (m)
valvola (f) a cerniera
válvula (f) de disco, válvula (f) de visagra 1

Ventilklappe (i)
valve clack, valve flap
clapet (m)

a

заслонка (f)
disco (m) della valvola
disco (m) de la válvula 2

Lederklappenventil (n)
flap valve faced with leather
soupape (f) à clapet en cuir

кожанный створный (створчатый, откидной, заслонный) клапанъ (m) 3
valvola (f) a cerniera di cuoio
válvula (f) de disco de cuero

Gummiklappenventil (n)
india-rubber valve
soupape (f) à clapet en caoutchouc

резиновый (створный (створчатый, откидной, заслонный) клапанъ (m) 4
valvola (f) a cerniera di gomma
válvula (f) de disco de goma

Ventilfänger (m)
catcher, guard
garde (f) du clapet

a

ограничитель (m) для тарелки клапана 5
rosetta (f)
guarda-gomas (m)

Sicherheitsklappe (f)
safety flap
clapet (m) de sûreté

предохранительная заслонка (f), заслонка (f) предохранительнаго клапана 6
valvola (f) di sicurezza
válvula (f) de visagra de seguridad

Rückschlagklappe (f)
reaction-trap, non-return flap
clapet (m) de retenue, chapelle (f) d'alimentation

возвратная заслонка (f), заслонка (f) возвратнаго клапана 7
valvola (f) di ritegno
válvula (f) de visagra de retención

1 Absperrklappe (f)
shutting clack or flap
clapet (m) d'arrêt

выпускная заслонка (f), заслонка (f) выпускнаго клапана
valvola (f) d'arresto
válvula (f) de visagra de paro

---

2 Saugklappe (f)
suction clack or flap
clapet (m) d'aspiration

a

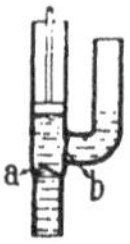

всасывающій клапанъ (m)
valvola (f) d'aspirazione
válvula (f) de visagra aspirante

---

3 Druckklappe (f)
pressure clack, delivery clack or flap
clapet (m) de refoulement

b

напорный клапанъ (m), нагнетательный клапанъ (m)
valvola (f) premente
válvula (f) de visagra impelente

---

4 Einlaßklappe (f)
inlet clack or flap
clapet (m) d'admission

впускной клапанъ (m)
valvola (f) d'ammissione
válvula (f) de visagra de admisión

---

5 Auslaßklappe (f)
exhaust clack or flap
clapet (m) d'échappement

выпускной клапанъ (m)
valvola (f) di scarico
válvula (f) de visagra de descarga

---

6 Drosselklappe (f)
throttle valve, butterfly valve
papillon (m), soupape (f) à gorge

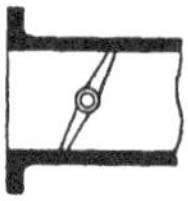

дроссель (m)
valvola (f) a farfalla
válvula (f) de mariposa

---

7 drosseln
to throttle
étrangler le passage

съузить, съуживать
strozzare, ridurre la sezione di passaggio
ocluir, estrangular

---

8 Drosselung (f)
the throtteling gear
étranglement (m) du passage

съуживаніе (n)
strozzamento (m) della valvola, riduzione (f) della sezione di passaggio
oclusión (f), estrangulación (f)

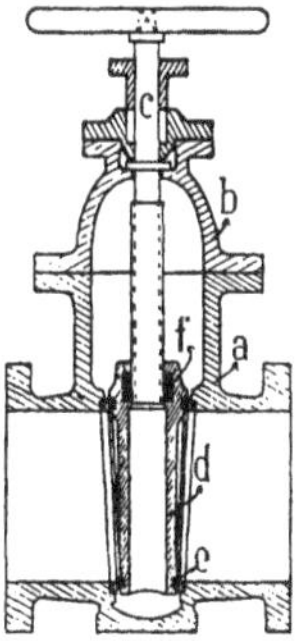

Schieber (m) double-faced sluice gate valve, slide valve, sliding sluice valve, gate valve (A) vanne (f)		задвижка (f) saracinesca (f) válvula (f) de compuerta, válvula (f) de corredera	*1*
Schiebergehäuse (n) slide valve case or chamber chambre (f) de la vanne, cage (m) de la vanne	a	ящикъ (m) (коробка (f)) задвижки camera (f) della saracinesca cámara (f) de la válvula	*2*
Schieberdeckel (m) valve-cap, cover, bonnet couvercle (m) de la vanne	b	крышка (f) задвижки coperchio (m) della saracinesca tapa (f) de la válvula	*3*
Schieberspindel (f) stem tige (f) de vanne	c	стержень (f) задвижки stelo (m) della saracinesca varilla (f) de la válvula	*4*
Schieberkörper (m) body of the sluice valve (gate A) corps (m) de la vanne	d	тѣло (n) задвижки corpo (m) della saracinesca cuerpo (m) de la válvula	*5*
Schieberspiegel (m) valve-face siège (m) de la vanne, faces (f. pl.) de la vanne	e	запирающая поверхность (f), зеркало (n), лицо (n) specchio (m) della saracinesca cara (f) de la válvula	*6*
Dichtungsring (m) packing-ring anneau (m) d'obturation		прокладочное кольцо (n) anello (m) di guarnizione anillo (m) de la válvula	*7*
Schieberführung (f) sliding guide guide-tiroir (m)		направляющая (f) золотника guida (f) della saracinesca guía (f) de la válvula	*8*

1 Führungsleiste (f)
guide-bar
guide-tiroir, liteau (m) de guidage, barre (f)

направляющая планка (f)
listello (m) di guida
varilla (f) de corredera

---

2 Führungsmutter (f)
guiding nut
écrou (m) guide-tiroir

f

направляющая гайка (f)
madrevite (f) di guida
tope (m) de la varilla

---

3 Absperrschieber (m)
slide valve, gate valve (A)
vanne (f) d'arrêt

запирающая задвижка (f)
saracinesca (f) d'arresto
válvula (f) corredera de retención

---

4 Wasserschieber (m)
water sluice gate, water gate valve (A)
vanne (f) à eau

водопроводная задвижка (f)
saracinesca (f) per acqua
válvula (f) corredera para agua

---

5 Gasschieber (m)
gas-valve, gas gate valve (A)
vanne (f) à gaz

газопроводная задвижка (f)
saracinesca (f) per gas
válvula (f) corredera para gas

---

6 Dampfabsperrschieber (m)
steam-cut-off-valve, steam gate valve (A)
vanne (f) de vapeur

паропроводная задвижка (f)
saracinesca (f) d'arrest(o) per vapore
válvula (f) del cortavapo(r)

---

7 Rundschieber (m)
corliss valve, oscillating cylindrical valve
tiroir (m) Corliss, tiroir (m) oscillant

цилиндрическая задвижка (f)
valvola (f) cilindrica
válvula (f) cilíndrica, válvula (f) circular

---

8 Drehschieber (m), Kreisschieber (m)
turning slide valve, rotary disk valve
tiroir (m) rotatif

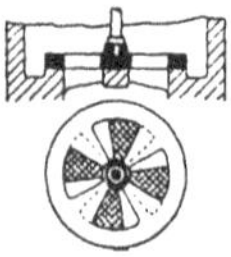

вращающаяся задвижка (f)
valvola (f) di distribuzione rotativa
válvula (f) de distribución circular

---

9 Verteilungsschieber (m)
distributing slide valve
tiroir (m) de distribution

золотникъ (m)
cassetto (m) di distribuzione
caja (f) de distribució(n)

Flachschieber (m) common slide valve tiroir (m) plat	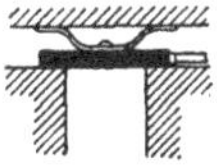	плоскій скользяшій золотникъ (m) cassetto (m) piano válvula (f) corredera plana	1
Muschelschieber (m) three-port slide valve, D-slide valve tiroir (m) à coquille		коробчатый золотникъ (m) cassetto (m) a conchiglia valvula (f) corredera de concha	2
Schieberstange (f) valve rod or stem tige (f) de tiroir	a	штокъ (m), золотниковая тяга (f) stelo (m) del cassetto vástago (m) del distribuidor	3
Kolbenschieber (m) piston valve tiroir-piston (m), tiroir (m) rond	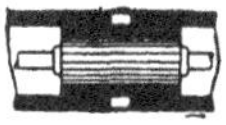	поршневой золотникъ (m) distributore (m) cilindrico, distributore (m) a stantuffo distribuidor (m) cilíndrico	4
entlasteter Schieber (m) equilibrium slide valve tiroir (m) équilibré		разгруженный золотникъ (m) cassetto (m) equilibrato corredera (f) descargada	5
Schiebersteuerung (f) slide valve gear distribution (f) par tiroir		золотниковое парораспредѣленіе (n) distribuzione (f) a cassetto distribución (f) de caja	6
Hahn (m) plug cock, cock robinet (m)	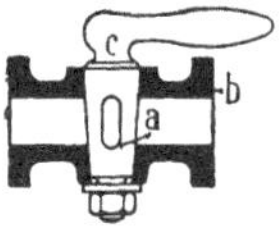	кранъ (m) rubinetto (m), robinetto (m) grifo (m), llave (f) de macho	7
Hahnkegel (m), Hahnkücken (n), Hahnwirbel (m) plug of cock clef (f) de robinet	a	конусъ (m) крана maschio (m), chiave (f) del rubinetto macho (m)	8
Hahnkopf (m) head of cock tête (f) de robinet	c	головка (f) крана testa (f) del rubinetto cabeza (f) del grifo	9
Hahngehäuse (n) body of cock boisseau (m)	b	коробка (f) крана bossolo (m) del rubinetto armazón (f) del grifo	10

1	den Hahn (m) aufdrehen to open the cock ouvrir le robinet		открыть (открывать) кранъ aprire il rubinetto abrir el grifo
2	den Hahn (m) zudrehen to shut the cock fermer le robinet		закрыть (закрывать) кранъ chiudere il rubinetto cerrar el grifo
3	Konushahn (m) conical plug robinet (m) conique		конусообразный кранъ (m) rubinetto (m) conico grifo (m) cónico
4	Ventilhahn (m) valve cock robinet-valve (m)	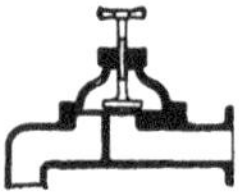	клапанный кранъ (m) rubinetto (m) a valvola grifo (m) de válvula
5	Niederschraubhahn (m) bibb cock, globe valve with bibb robinet (m) à vis	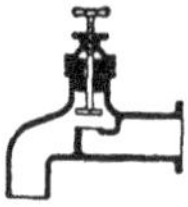	кранъ (m) съ винтовымъ затворомъ rubinetto (m) con movimento a vite grifo (m) de válvula á tornillo
6	Packhahn (m), Stopfbüchsenhahn (m) stuffing box cock, plug cock with packed gland robinet (m) avec presse-étoupe	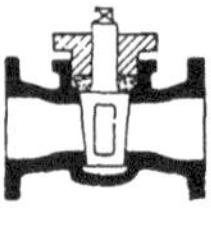	кранъ (m) съ сальникомъ rubinetto (m) con guarnizione, rubinetto (m) con premistoppa grifo (m) con empaquetadura, grifo (m) con prensa estopa
7	Durchgangshahn (m) globe cock, straight-way cock robinet (m) droit, robinet (m) ordinaire	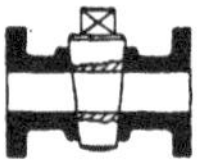	проходной кранъ (m) rubinetto (m) semplice grifo (m) de paso
8	Winkelhahn (m) angle cock robinet (m) d'angle		угольный кранъ (m) rubinetto (m) ad angolo grifo (m) de paso angular
9	Dreiwegehahn (m) three-way cock robinet (m) à trois voies	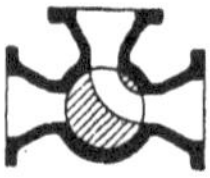	трехходный (трехходовой) кранъ (m) rubinetto (m) a tre vie grifo (m) de paso triple, grifo (m) de tres vias

Vierwegehahn (m)
four-way cock
robinet (m) à quatre voies

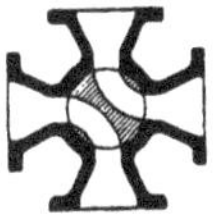

четырехходный (четырехходовой) кранъ (m)
rubinetto (m) a quattro vie 1
grifo (m) de paso cuádruple, grifo (m) de cuatro vias

Auslaufhahn (m)
bibb cock, draining cock
robinet (m) de vidange

спускной кранъ (m) 2
rubinetto (m) di scarica
llave (f) de descarga

Mischhahn (m)
mixing cock
robinet (m) de mélange

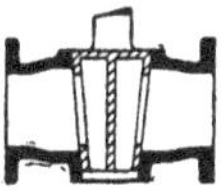

смѣсительный кранъ (m)
rubinetto (m) per miscuglio 3
grifo (m) mezclador

Absperrhahn (m)
cock, shut-off cock
robinet (m) d'arrêt

затворный кранъ (m)
rubinetto (m) d'arresto
grifo (m) de cierre, 4
grifo (m) de aislamiento

Wasserhahn (m)
water cock, water faucet (A)
robinet (m) d'eau

водоспускной кранъ (m) 5
rubinetto (m) d'acqua
grifo (m) de agua

Gashahn (m)
gas-cock
robinet (m) à gaz

газовый кранъ (m)
rubinetto (m) da gas 6
grifo (m) para gas

Abblasehahn (m), Ausblasehahn (m)
blow-off cock
robinet(m) d'évacuation

продувательный кранъ (m)
rubinetto (m) d'evacuazione 7
grifo (m) de descarga, grifo (m) de purga

Ablaßhahn (m), Auslaßhahn (m)
discharge-cock
robinet (m) de vidange

выпускной кранъ (m)
rubinetto (m) di scarica
grifo (m) de emisión, 8
grifo (m) de evacuación

Speisehahn (m)
feed-cock
robinet (m) d'alimentation

питательный кранъ (m)
rubinetto (m) d'alimentazione 9
grifo (m) de alimentación

Probierhahn (m)
testing cock
robinet (m) de jauge

пробный кранъ (m)
rubinetto (m) di prova 10
grifo (m) de prueba

XVII.

1	Cylinder (m) cylinder cylindre (m)	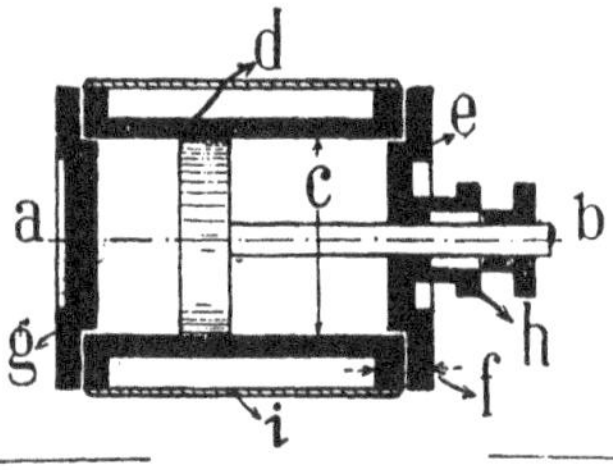	цилиндръ (m) cilindro (m) cilindro (m)

2	Cylinderachse (f) cylinder axis, center line of cylinder axe (m) du cylindre	a—b	ось (f) цилиндра asse (f) del cilindro eje (m) del cilindro
3	Cylinderbohrung (f), Cylinderdurchmesser (m) cylinder inside diameter, cylinder bore diameter diamètre (m) du cylindre	c	діаметръ (m) цилиндра diametro (m) del cilindro diámetro (m) del cilindro
4	Cylindermantel (m), Cylinderwandung (f) cylinder casing, cylinder jacket paroi (f) du cylindre, chemise (f) du cylindre	d	стѣнка (f) цилиндра camicia (f) del cilindro, parete (f) del cilindro camisa (f) del cilindro, paredes (f. pl.) del cilindro
5	Cylinderdeckel (m) cylinder head couvercle (m) du cylindre	e	крышка (f) цилиндра coperchio (m) del cilindro tapa (f) del cilindro
6	Deckelschraube (f) cylinder-bolt, cylinder-head bolt (A) boulon (m) du couvercle	f	болтъ (m) крышки цилиндра vite (f) del coperchio, bullone (m) del coperchio tornillo (m) de la tapa
7	Deckelverschraubung (f) head-bolting boulons (m. pl.) du couvercle		закрѣпленіе (n) болтами крышки цилиндра avvitatura (f) del coperchio roscado (m) de la tapa
8	Cylinderboden (m) cylinder bottom, cylinder head, back end fond (m) du cylindre	g	дно (n) цилиндра fondo (m) del cilindro fondo (m) del cilindro

Cylinderstopfbüchse (f) cylinder stuffing box presse-étoupe (m) du cylindre	h	сальникъ (m) цилиндра premistoppa (m) del cilindro prensaestopas (m) del cilindro	1
Cylinderverkleidung (f) cylinder clothing, cylinder lagging enveloppe (f) du cylindre	i	обшивка (f) цилиндра rivestimento (m) del cilindro, involucro (m) del cilindro revestimiento (m) del cilindro, envolvente (f) del cilindro	2
einen Cylinder (m) ausdrehen to turn out a cylinder creuser un cylindre		выточить цилиндръ tornire un cilindro tornear un cilindro	3
einen Cylinder (m) nachdrehen to re bore a cylinder réaléser un cylindre		подтачивать цилиндръ ripassare al tornio un cilindro, ritornire un cilindro retornear un cilindro	4
einen Cylinder (m) ausbohren to bore out a cylinder aléser un cylindre		высверлить цилиндръ alesare un cilindro, trapanare un cilindro mandrilar un cilindro	5
Cylinderbohrmaschine (f) cylinder boring machine machine (f) à aléser les cylindres		машина (f) для растачиванія цилиндровъ alesatrice (f) per cilindri máquina (f) de mandrilar cilindros	6
Cylinderschmierung (f) cylinder oiling, cylinder lubrication graissage (m) des cylindres		смазка (f) цилиндровъ lubrificazione (f) del cilindro lubrificación (f) del cilindro	7
einfachwirkender Cylinder (m) single acting cylinder cylindre (m) à simple effet		цилиндръ (m) простого или одиночнаго дѣйствія cilindro (m) a semplice effetto cilindro (m) de simple efecto	8

1 doppeltwirkender Cylinder (m)
double acting cylinder
cylindre (m) à double effet

цилиндръ (m) двойного дѣйствія
cilindro (m) a doppio effetto
cilindro (m) de doble efecto

---

2 Dampfcylinder (m)
steam-cylinder
cylindre (m) à vapeur

паровой цилиндръ (m)
cilindro (m) a vapore
cilindro (m) de vapor

---

3 Pumpencylinder (m)
pump-cylinder
cylindre (m) de pompe

цилиндръ (m) насоса
cilindro (m) della pompa, corpo (m) della pompa
cilindro (m) de bomba

---

4 Preßcylinder (m)
pressure-cylinder
cylindre (m) à pression, cylindre (m) de presse

цилиндръ (m) пресса, прессовый цилиндръ
cilindro (m) da torchio
cilindro (m) de presión

XVIII.

5 Stopfbüchse (f)
stuffing box, gland stuffing box
presse-étoupe (m), boîte (f) à étoupes

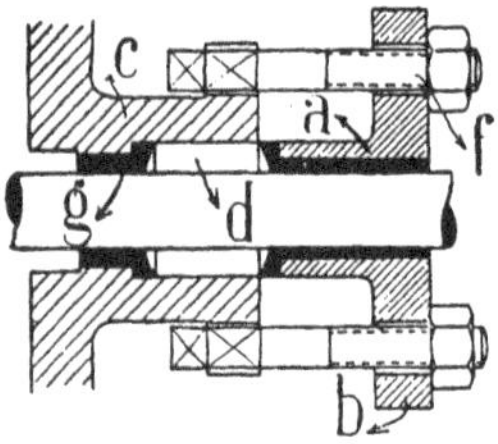

сальникъ (m)
scatola (f) a stoppa
caja (f) de estopas de relleno

---

6 Brille (f), Deckel (m)
gland, follower
chapeau (m), bague (f)

a

втулка (f)
premistoppa (m)
casquillo (m) del prensa-estopas

---

7 Brillenflansch (m)
flange of gland, flange-follower
bride (f) de chapeau

b

флянецъ (m) втулки
flangia (f) del premistoppa
brida (f) del prensa-estopas

---

8 Büchse (f)
box
boîte (f)

c

букса (f)
scatola (f), bossolo (m)
caja (f)

---

9 Packung (f), Dichtung (f) Liderung (f)
packing, jointing
garniture (f)

набивка (f)
guarnizione (f)
empaquetadura (f)

Packungsraum (m) stuffing-box, packing space logement (m) de garniture, stuffing-box	d	камера (f) для набивки spazio (m) della guarnizione cámara (f) de la estopada	1
Packungsdicke (f) size of jointing épaisseur (f) de la garniture		толщина (f) набивки spessore (m) della guarnizione espesor (m) de la estopada	2
Stopfbüchsenschraube (f) stuffing-box bolt, gland bolt boulon (m) de presse-étoupe	f	болтъ (m) сальника bullone (m) del premistoppa tornillo (m) del prensaestopas	3
Grundbüchse (f) bottom, bush bague (f) de fond	g	грундъ-букса (m) bossolo (m) di fondo caja (f) estopa de fondo	4
Grundring (m) wedge ring, taper ring, neck ring bague (f) de fond conique	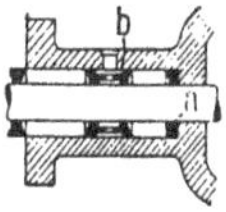 a	основное кольцо (n) anello (m) di fondo anillo (m) de la base	5
Ölring (m) oil ring bague (f) de graissage	b	маслодержатель (m) anello (m) lubrificatore anillo (m) de lubrificación	6
Dampfstopfbüchse (f) steam stuffing-box presse-étoupe (m) à vapeur		сальникъ (m) парового цилиндра scatola (f) a stoppa per vapore caja (f) de estopas á presión de vapor	7
Lederstopfbüchse (f) stuffing-box with leather lining presse-étoupe (m) à garniture en cuir	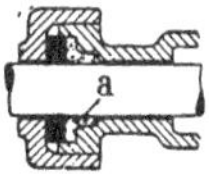	сальникъ (m) съ кожаной набивкой scatola (f) a stoppa a guarnizione di cuoio caja (f) de estopas de cuero, caja (f) de guarnición de cuero, caja (f) de empaquetadura de cuero	8

1 Ledermanschette (f), Lederstulp (m)
leather packing ring, leather packing collar
garniture (f) en cuir, anneau (m) en cuir embouti

a

кожаная манжета (f)
guarnizione (f) di cuoio
manga (f) de cuero, cuello (m) de cuero

---

2 Metallstopfbüchse(f)
metallic stuffing-box, V-ring metallic gland packing
presse-étoupe (m) à garniture métallique

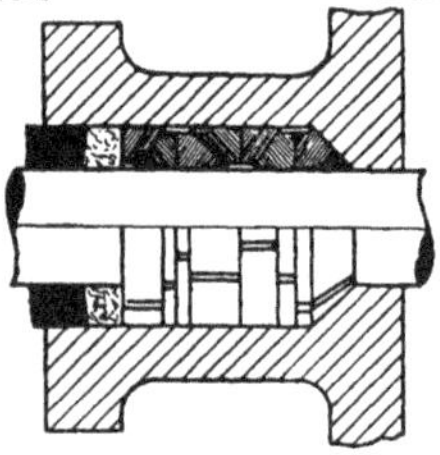

сальникъ съ металлической набивкой
scatola (f) di tenuta a guarnizione metallica
caja(f) de guarnición metálica, caja (f) de empaquetadura metálica

---

3 Stopfbüchsenreibung (f)
stuffing-box friction
frottement(m) de presse-étoupe

треніе (n) въ сальникахъ
attrito (m) della scatola a stoppa
fricción (f) de la estopada, fricción (f) de la empaquetadura

---

4 die Stopfbüchse (f) anziehen
to readjust the stuffing-box
serrer le presse-étoupe

затянуть (затягивать) сальникъ
serrare il premistoppa
atornillar el prensaestopas, cerrar la estopada

---

5 die Stopfbüchse (f) klemmt sich, die Stopfbüchse (f) eckt
the stuffing-box binds
le presse-étoupe coince
le presse-étoupe serre de travers

сальникъ (m) защемляется
la scatola (f) a stoppa s'ingrana
la estopada (f) se enclava, se agarrota

---

6 die Stopfbüchse (f) ist undicht
the stuffing-box leaks
le presse-étoupe perd

сальникъ (m) неплотенъ
la scatola (f) a stoppa non tiene, la scatola (f) a stoppa non fa tenuta
la caja (f) de estopas no cierra

---

7 die Stopfbüchse (f) dichtet; die Stopfbüchse (f) ist dicht
the stuffing-box is made tight
le presse-étoupe est étanche

сальникъ (m) плотенъ (m)
la scatola a stoppa tiene, la scatola (f) a stoppa fa tenuta
la caja (f) de estopas cierra hermeticamente

der Cylinder (m) ist durch eine Stopfbüchse abgedichtet the cylinder is kept tight by means of a stuffing-box le cylindre est rendu étanche par un presse-étoupe	цилиндръ (m) уплотненъ сальникомъ il cilindro è chiuso a tenuta con una scatola a stoppa el cilindro (m) está cerrado hermeticamente con un prensa-estopas	1
packen, verpacken, lidern to joint, to pack garnir un presse-étoupe	набить (набивать) сальникъ (m) guarnire la scatola a stoppa estopar, empaquetar	2
Hanfpackung (f), Hanfdichtung (f), Hanfliderung (f) hemp-jointing, hemp-packing garniture (f) de chanvre	пеньковая набивка (f) guarnizione (f) di canape estopada (f) de cáñamo	3
Hanfzopf (m) hemp-cord, hemp-rope, hemp-twist tresse (f) de chanvre	пеньковый плетень (m) treccia (f) di canape trenza (f) de cáñamo	4
Asbestpackung (f) asbestos-jointing or packing garniture (f) d'amiante	асбестовая набивка (f) guarnizione (f) d'amianto estopada (f) amianto	5
Asbestschnur (f) asbestos-cord tresse (f) d'amiante	асбестовая тесьма (f) corda (f) d'amianto cuerda (f) de amianto, trenza (f) de amianto	6
Gummipackung (f) rubber-jointing or packing garniture (f) en caoutchouc	каучуковая набивка (f) guarnizione (f) di gomma estopada (f) goma	7
Metallpackung (f), metallische Packung (f) metal-jointing, metallic-jointing or packing garniture (f) métallique	металличеекая набивка (f) guarnizione (f) metallica empaquetadura (f) metálica	8

XIX.

	German / English / French		Russian / Italian / Spanish
1	Kolben (m) piston piston (m)	a 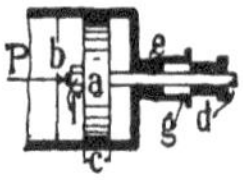	поршень (m) stantuffo (m) émbolo (m)
2	Kolbendurchmesser (m) diameter of the piston diamètre (m) du piston	b	діаметръ (m) поршня diametro (m) dello stantuffo diámetro (m) del émbolo
3	Kolbenhöhe (f) depth of the piston épaisseur (f) du piston	c	высота (f) поршня spessore (m) dello stantuffo altura (f) del émbolo
4	Kolbenspielraum (m) clearance of the piston jeu (m) du piston		зазоръ (m), прозоръ (m), вредное пространство (n) gioco (m) dello stantuffo juego (m) del émbolo
5	Kolbenkraft (f) power of piston, piston-power, load on piston (A) force (f) du piston	P	сила (f) поршня forza (f) dello stantuffo fuerza (f) del émbolo
6	Kolbenstange (f) piston rod tige (f) du piston	d	штокъ (m) (стержень (m)) поршня, штанга (f) stelo (m) dello stantuffo vástago (m) del émbolo
7	Kolbenstangenende (n) piston rod end, tail-piece of the piston rod queue (f) de la tige du piston		конецъ (m) поршневого стержня estremità (f) dello stelo dello stantuffo extremo (m) del vástago
8	Kolbenstangenführung (f) piston rod guide guide (m) de la tige du piston	e	направляющія (f. pl.) поршневого штока guida (f) dello stelo dello stantuffo guía (f) del vástago
9	Kolbenschraube (f) piston nut vis (f) du piston	f	болтъ (m) поршня vite (f) dello stantuffo rosca (f) del vástago

Kolbenschlüssel (m)
piston wrench
clef (f) du piston

поршневой ключъ (m)
chiave (f) dello stantuffo
llave (f) del vástago 1

Kolbenstopfbüchse (f)
piston stuffing box
presse-étoupe (m) du piston

g

сальникъ (m) поршня
scatola (f) dello stantuffo
prensaestopas (m) del émbolo 2

Kolbenschmierung (f)
piston lubrication, piston oiling
graissage (m) du piston

смазка (f) поршня
lubrificazione (f) dello stantuffo
engrase (m) del émbolo 3

Kolbengeschwindigkeit (f)
piston speed
vitesse (f) du piston

скорость (f) поршня
velocità (f) dello stantuffo
velocidad (f) del émbolo 4

Kolbenbeschleunigung (f)
piston acceleration
accélération (f) du piston

ускоренiе (n) поршня
accelerazione (f) dello stantuffo
aceleración (f) del émbolo 5

Kolbenreibung (f)
piston friction
frottement (m) du piston

тренiе (n) поршня
attrito (m) dello stantuffo
fricción (f) del émbolo 6

Kolbenhub (m), Kolbenweg (m)
stroke of piston
course (f) du piston

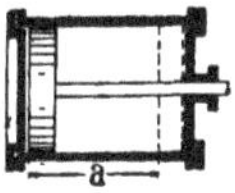

a

ходъ (m) поршня
corsa (f) dello stantuffo
carrera (f) del émbolo, golpe (m) del émbolo 7

Kolbenspiel (n)
travel of piston, double stroke
tour (m) du piston, coup (m) double de piston

игра (f) поршня
corsa (f) dello stantuffo
curso (m) del émbolo 8

Kolbenhingang (m)
forward stroke of the piston
avance (f) du piston, marche (f) en avant du piston

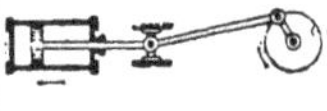

прямой ходъ (m) поршня
corsa (f) di andata dello stantuffo
carrera (f) de avance del émbolo 9

Kolbenrückgang (m)
backward stroke of the piston
retour (m) du piston, marche (f) en arrière du piston

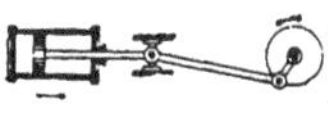

обратный ходъ (m) поршня
corsa (f) di ritorno dello stantuffo
carrera (f) atrás, retroceso (m) del émbolo 10

1 Kolbenaufgang (m)
up-stroke of the piston
montée (f) du piston

подъемъ (m) поршня, ходъ (m) поршня вверхъ
salita (i) dello stantuffo
ascenso (m) del émbolo

---

2 Kolbenniedergang (m)
down-stroke of the piston
descente (f) du piston

ходъ (m) поршня внизъ
discesa (f) dello stantuffo
descenso (m) del émbolo

---

3 Kolbendichtung (f), Kolbenliderung (f), Kolbenpackung (f)
piston-packing
garniture (f) du piston

набивка (f) поршня
guarnizione (f) dello stantuffo
empaquetadura (f) del émbolo, guarnición (f) del émbolo

---

4 Kolben (m) mit Hanfliderung
hemp packed piston
piston (m) à garniture de chanvre

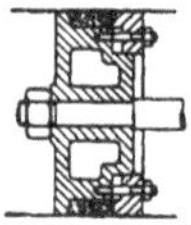

поршень (m) съ пеньковой набивкой
stantuffo (m) con guarnizione di canape
émbolo (m) con empaquetadura de cáñamo

---

5 Kolben (m) mit Lederliderung
piston with leather packing
piston (m) à garniture de cuir

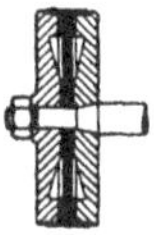

поршень (m) съ кожаной набивкой
stantuffo (m) con guarnizione di cuoio
émbolo (m) con empaquetadura de cuero

---

6 einen Kolben (m) beledern
to pack the piston with leather
garnir un piston de cuir

обшить (обшивать) поршень кожей
guarnire uno stantuffo con cuoio
guarnecer un émbolo con cuero

---

7 Kolben (m) mit Metallliderung
piston with metallic packing
piston (m) à garniture métallique

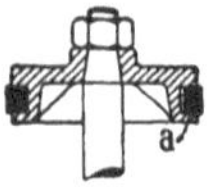

поршень (m) съ металлической набивкой
stantuffo (m) a guarnizione metallica
émbolo (m) con empaquetadura metálica

Kolbenring (m) Liderungsring (m) piston ring, packing ring segment (m) de piston, anneau (m) de garniture	a	поршневое (набивочное) кольцо (n) anello (m) di guarnizione anillo (m) del émbolo	*1*
Kolbenringschloß (n) spring ring joint, piston ring lock (A) joint (m) du segment de piston	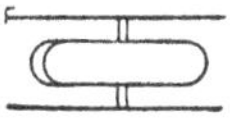	кольцевой замокъ (m) поршня giunto (m) dell' anello dello stantuffo cierre (m) del anillo de guarnición	*2*
selbstspannender Kolbenring (m) spring ring segment (m) de piston élastique		самонажимающее поршневое кольцо (n) anello (m) a tensione automatica anillo (m) de tensión automática	*3*
Kolbenkörper (m) piston-body, body of the piston corps (m) du piston	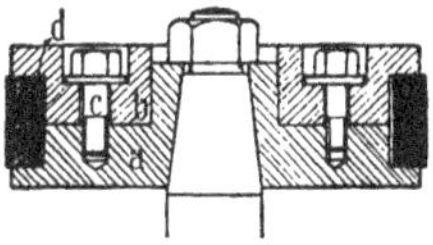 a	тѣло (n) поршня corpo (m) dello stantuffo cuerpo (m) del émbolo	*4*
Kolbendeckel (m), Kolbendecke (f) follower-plate (A), junk ring of the piston plateau (m) du piston, couvercle (m) du piston	b	крышка (f) поршня coperchio (m) dello stantuffo tapa (f) del émbolo	*5*
Kolbendeckelschraube (f) piston-bolt, piston-follower-bolt (A) vis (f) de couvercle du piston	c	болтъ (m) крышки поршня vite (f) del coperchio dello stantuffo tornillo (m) de la tapa del émbolo	*6*
Spannring (m) piston curl, piston spring anneau (m) tendeur	d	обичайка (f) anello (m) tenditore anillo (m) de tensión	*7*
Kolben (m) mit Labyrinthdichtung grooved piston, water grooved piston piston (m) à garniture en cannelures	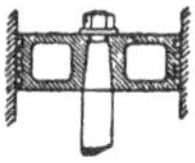	ныряло (n) съ лабиринтомъ stantuffo (m) con scanalature di guarnizione émbolo (m) con ranuras de ajuste	*8*

1 eingeschliffener Kolben (m)
ground and polished piston
piston (m) rodé

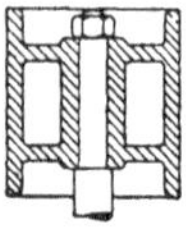

пришлифованный поршень (m)
stantuffo (m) senza guarnizione, stantuffo (m) smerigliato
émbolo (m) esmerilado

---

2 einen Kolben (m) einschleifen
to grind in a piston
roder un piston

пришлифовать поршень (m)
smerigliare uno stantuffo
pulimentar, esmerilar un émbolo

---

3 Scheibenkolben (m)
disk piston, solid piston
piston (m) plein

дисковый поршень (m)
stantuffo (m) a disco
émbolo (m) de disco

---

4 Tauchkolben (m), Plungerkolben (m), Plunger (m)
plunger
piston (m) plongeur

ныряло (n), плунжеръ (m)
stantuffo (m) massiccio, stantuffo (m) tuffante
émbolo (m) buzo, émbolo (m) sólido

---

5 Dampfkolben (m)
steam piston
piston (m) à vapeur

паровой поршень (m)
stantuffo (m) a vapore
émbolo (m) de vapor

---

6 Pumpenkolben (m)
pump-piston
piston (m) de pompe

поршень (m) насоса
stantuffo (m) di pompa
émbolo (m) para bomba

---

7 Ersatzkolben (m)
spare-piston
piston (m) de rechange

запасной (резервный) поршень (m)
stantuffo (m) di riserva, stantuffo (m) di cambio
émbolo (m) de recambio

XX.

8 Kurbeltrieb (m), Kurbelgetriebe (n)
crank-gear
transmission (f) par manivelle

передача (f) кривошипомъ
manovellismo (m), trasmissione (f) per manovella
impulsión (f) á manivela, transmisión (f) de manivela

---

9 Totstellung (f), Totlage (f)
dead centre position
position (f) au point mort

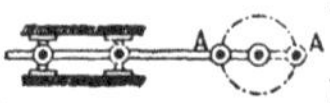

въ положенiи мертвой точки
posizione (f) del punot morto
posición (f) muerta

Totpunkt (m), toter Punkt (m) dead center point (m) mort	A	мертвая точка (f) punto (m) morto punto (m) muerto	*1*
Kurbel (f) crank manivelle (f)	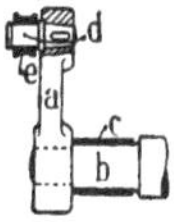	кривошипъ (m) manovella (f) manivela (f)	*2*
Kurbelkörper (m), Kurbelarm (m) body of the crank, crank web, crank arm (A) corps (m) de manivelle	a	тѣло (n) (плечо (n)) кривошипа braccio (m) della manovella brazo (m) de la manivela	*3*
Kurbelwelle (f) crank shaft arbre (m) de [à] manivelle	b	ось (f) кривошипа albero (m) della manovella eje (m) de la manivela	*4*
Kurbellager (n), Kurbelwellenlager (n) crank shaft bearing palier (m) de l'arbre de [à] manivelle, palier (m) principal, palier (m) de l'arbre de couche	c	подшипникъ (m) кривошипнаго вала sopporto (m) dell' albero della manovella soporte (m) del eje de la manivela	*5*
Kurbelzapfen (m) crank pin bouton (m) de manivelle, manneton (m)	d	цапфа (f) (палецъ (m)) кривошипа perno (m) della manovella clavija (f) de la manivela, botón (m) de la manivela	*6*
Kurbelzapfenlager (n) crank pin steps, crank pin brasses palier (m) de manneton	e	подшипникъ (m) для цапфъ вала sopporto (m) del perno della manovella soporte (m) de la clavija de la manivela	*7*
Stirnkurbel (f) crank manivelle (f) frontale, manivelle (f) en bout		концевой кривошипъ (m) manovella (f) frontale, manovella (f) d'estremità manivela (f) extrema	*8*

1 Gegenkurbel (f)
return-crank
contre-manivelle (f)

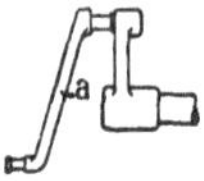

a

контръ-криво-
шипъ (m)
contro-manovella (f)
contra-manivela (f)

---

2 Kurbelscheibe (f)
crank-disc
plateau (m) manivelle

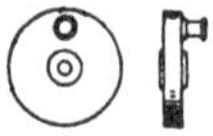

дискъ (m) кривошипа
manovella (f) a disco
manivela (f) de disco

---

3 Handkurbel (f)
windlass, winch and crank handle
manivelle (f) à main, manivelle (f) à bras

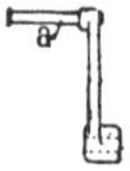

ручной криво-
шипъ (m)
manovella (f) a mano
cigüeñuela (f), manivela (f) á mano, cabria (f)

---

4 Kurbelgriff (m)
handle of windlass
manche (m) de manivelle, poignée (f) de manivelle

a

рукоятка (f) криво-
шипа
impugnatura (f), manubrio (m)
manubrio (m) de cabria, mango (m) de la manivela

---

5 einmännische Kurbel (f)
windlass for a single man
manivelle (f) à un homme

ручной криво-
шипъ (m) на
одного человѣка
manovella (f) ad un uomo
manivela (f) á dos manos

---

6 zweimännischeKurbel(f)
windlass for two men
manivelle (f) à deux hommes

ручной криво-
шипъ (m) на
двухъ человѣкъ
manovella (f) a due uomini
manivela (f) á cuatro manos

---

7 Sicherheitskurbel (f)
safety crank
manivelle (f) de sûreté

безопасный криво-
шипъ (m)
manovella (f) di sicurezza
manivela (f) de seguridad

---

8 Kurbelschlag (m)
knocking in the crank
cogne (m) dans la manivelle

отдача (f) рукоятки
colpo (m) della manovella
golpe (m) de la manivela

---

9 kurbeln
to turn, to work, to wind
tourner la manivelle

вращать рукоятку
manovrare la manovella
dar á la manivela, maniobrar la manivela

Kurbelschleife (f) slot and crank coulisse-manivelle (f)	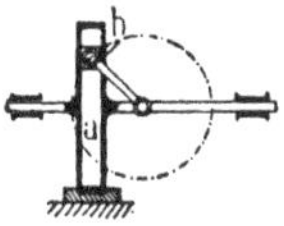	кривошипъ (m) съ кулиссою manovella (f) a glifo manivela (f) de doble codo, guía (f) bastidor	1
Schleife (f), Kulisse (f) slot, link (A) coulisseau (m)	a	кулисса (f) guida (f) guía (f), culisa (f)	2
Gleitklotz (m), Kulissenstein (m) sliding block, link block (A) glisseur (m)	b	скользящій камень (m), камень (m) кулиссы pattino (m) dado (m) de guía	3
Excenter (m) eccentric excentrique (m)		эксцентрикъ (m) eccentrico (m) excéntrica (f)	4
Excentrizität (f) degree of eccentricity excentricité (f)	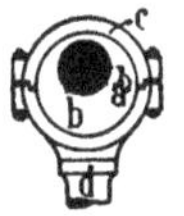 a	эксцентрицитетъ (m) eccentricità (f) excentricidad (f)	5
Excenterscheibe (f) eccentric disk, eccentric sheave plateau(m)-excentrique	b	эксцентриковый дискъ (m), эксцентриковая шайба (f) disco (m) dell' eccentrico disco (m) de la excéntrica	6
einteilige Excenterscheibe (f) solid eccentric sheave plateau(m)-excentrique en une pièce		простой эксцентриковый дискъ (m), простая эксцентриковая шайба (f) disco (m) dell' eccentrico in un pezzo disco (m) de la excéntrica de una pieza	7
zweiteilige Excenterscheibe (f) eccentric sheave in two parts plateau (m) excentrique en deux pièces		эксцентриковый дискъ, состоящій изъ двухъ частей, эксцентриковая шайба, состоящая изъ двухъ частей disco (m) dell'eccentrico in due pezzi disco (m) de la excéntrica de dos piezas	8

1	Excenterring (m), Excenterbügel (m) eccentric strap, eccen- tric clip collier (m) d'excen- trique	c	хомутъ (m) эксцен- трика collare (m) dell' eccen- trico collar (m) de la excén- trica
2	Excenterstange (f) eccentric rod tige (f) d'excentrique barre (f) d'excen- trique	d	эксцентриковая тяга (f) stelo (m) dell' eccen- trico, asta (f) dell' eccentrico varilla (f) de la ex- céntrica
3	Excenterdruck (m) eccentric pressure pression (f) d'excen- trique		давленіе (n) экс- центрика pressione (f) dell' eccen- trico presión (m) de la ex- céntrica
4	Excenterreibung (f) eccentric friction frottement (m) d'ex- centrique		треніе (n) эксцен- трика attrito (m) all' eccen- trico fricción (f) de la ex- céntrica
5	Excenterantrieb (m) eccentric, eccentric mo- tion, eccentric action commande (f) par ex- centrique		эксцентриковая передача (f) movimento (m) ad ec- centrico movimiento (m) por excéntrica
6	excentrisch eccentric excentrique		эксцентрично eccentrico excéntrico
7	Schubstange (f), Pleuel- stange (f) connecting rod bielle (f)	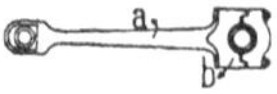	шатунъ (m) biella (f) biela (f)
8	Schaft (m) der Schub- stange body of the connecting rod corps (m) de bielle	a	стержень (m) } шатуна стволъ (m) } stelo (m) della biella, asta (f) della biella, corpo (m) della biella cuerpo (m) de la biela
9	Schubstangenkopf (m), Pleuelkopf cross head end of the connecting rod tête (f) de bielle	b	головка (f) шатуна testa (f) di biella cabeza (f) de la biela

geschlossener Pleuelkopf (m)
solid head
tête (f) de bielle fermée

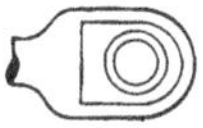

замкнутая головка (f)
testa (f) di biella chiusa 1
cabeza (f) cerrada

---

offener Pleuelkopf (m), Marinekopf (m)
marine end
tête (f) de bielle type marin

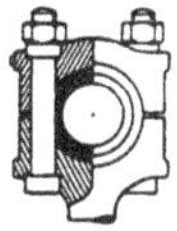

открытая головка (f)
testa (f) di marina 2
cabeza (f) abierta tipo marina

Kappenkopf (m)
connecting rod fork, strap and key end A, stub-end (A)
tête (f) de bielle avec chape

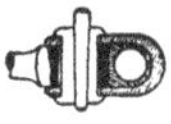

вилкообразная головка (f) 3
testa (f) di biella a staffa
cabeza (f) de brida

Kuppelstange (f)
coupling-rod, coupling-link
bielle (f) d'accouplement

a

соединительная тяга (f), сцѣпной шатунъ (m), дышло (n) 4
biella (f) d'accoppiamento
biela (f) de acoplamiento

Geradführung (f)
slide bars, guide-bars
glissières (f. pl.)

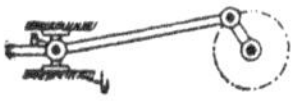

направляющія (f. pl.) прямолинейнаго движенія 5
guida (f) rettilinea
guía (f) recta

Gleitstück (n)
slide-block, slipper
patin (m)

a

скользунъ (m), ползунъ (m) 6
pattino (m)
patin (m)

Gleitbahn (f)
slide
glissière (f)

b

салазки (f pl.)
guida (f) del pattino
guía (f) del patin, deslizadera (f), paralelas (f. pl.) 7

Gleitfläche (f)
slide-face
surface (f) de glissière, surface (f) de glissement

скользящая поверхность (f)
superficie (f) di scorrimento 8
superficie (f) de resbalamiento

Bahndruck (m)
slide-block pressure
pression (f) sur la glissière

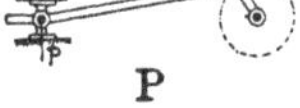

P

давленіе (n) на салазки 9
pressione (f) sulla guida
presión (f) en las guías

Bahnreibung (f)
slide-block friction
frottement (m) de la glissière

треніе (n) салазокъ
attrito (m) alla guida 10
fricción (f) en las guías

1	Stangenführung (f) rod guide tige-guide (m)	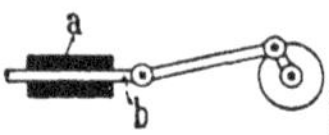	направляющая тяга (f), направляющая штанга(f) guida (f) a stelo guía (f) de la varilla
2	Führungsbüchse (f) guide box, guide bracket boîte de guidage (m)	a	направляющая букса (f) bossolo (m) di guida caja (f) de guía
3	Gleitstange (f) slide rod tige-glissière (f)	b	штокъ (m) asta (f) di guida varilla (f) de la guía
4	Kreuzkopfführung (f) cross-head and slipper guide (m) à crosse, guidage (m) à crosse		параллель (f) guida (f) a croce guía (f) por capacete
5	Kreuzkopf (m), Querhaupt (n) cross-head crosse (f), traverse (f), tête (f) de piston		крейцкопфъ (m), ползунъ (m) крестовина (f), кулакъ (m) testa (f) a croce capacete (m), cruceta (f)
6	Gleitschuh (m), Schlitten (m) shoe patin (m)	a	салазки (f. pl.) pattino (m) patin (m)
7	Kreuzkopfbolzen (m), Kreuzkopfzapfen (m) cross-head center or pin tourillon (m) de crosse	b	болтъ (m) / цапфа (f) } крейцкопфа; крестовины; кулака perno (m) della testa a croce tornillo (m) del capacete
8	Kreuzkopfstange (f) piston-rod tige (f) de crosse	c	штанга (f) / тяга (f) } крейцкопфа крестовины кулака stelo (m) della testa a croce vástago (m) del capacete

Kreuzkopfkeil (m)
cross-head cotter, cross-head key (A)
clavette (f) de la crosse

d

клинъ (m) { крестовины крейцкопфа кулака } 1
chiavella (f) della testa a croce
chaveta (f) del capacete

XXI.

Feder (f)
spring
ressort (m)

рессора (f)
molla (f) 2
muelle (m)

Biegungsfeder (f)
flexion spring
ressort (m) de flexion

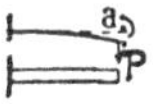

изгибающаяся рессора (f), рессора (f) на изгибъ 3
molla (f) dritta
resorte (m) de flexión, muelle (m) de flexión

Blattfeder (f)
plate-spring, plateform-spring
ressort (m) à lame, ressort (m) à feuille

рессорный листъ (m)
molla (f) a foglia 4
muelle (m) de hojas

Federung (f), Durchbiegung (f)
deflection
flèche (f)

a

прогибъ (m)
saetta (f) d'inflessione 5
flecha (f) del muelle, flecha (f) de la flexión

Blattfederwerk (n), geschichtete Feder (f)
laminated plate waggon spring
ressort (m) à lames superposées

листовая рессора (f)
molla (f) a balestra
muelle (m) de ballesta, 6
muelle (f) de láminas múltiplas

Federbund (m)
spring shackle, hoop of spring
bride (f) de ressort

a

рессорный хомутъ (m) 7
staffa (f) della molla
brida (f) del muelle

Federauge (n)
eye of spring plate
oeil (m) de ressort

b

рессорный валикъ (m) 8
occhiello (m) della molla
oreja (f) del muelle

Federbock (m)
spring-bracket
support (m) de ressort

c

рессорная державка (f)
cavalletto (m) della molla 9
apoyo (m) del muelle

1	Spiralfeder (f) spiral spring ressort (m) en spirale		спиральная (витая) рессора (f) molla (f) a spirale muelle (m) espiral
2	Drehungsfeder (f) torsional spring, ribbon spring ressort (m) de torsion	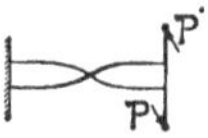	скручивающаяся рессора (f), рессора (f) на скручиваніе molla (f) di torsione muelle (m) de torsión
3	cylindrische Schraubenfeder (f) cylindrical spiral spring ressort (m) à boudin, ressort (m) en hélice	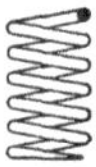	цилиндрическая винтовая рессора (f) molla (f) a spirale cilindrica muelle (m) helizoidal cilíndrico
4	Kegelfeder (f) volute spring (conical spiral spring) ressort (m) conique		коническая рессора (f) molla (f) a spirale conica muelle (m) helizoidal cónico
5	Rechteckfeder (f) square-bar-spiral spring ressort (m) à lame plate, ressort (m) à section rectangulaire	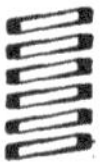	рессора (f) прямоугольнаго сѣченія molla (f) a sezione rettangolare muelle (m) de sección rectangular
6	Rundfeder (f) round-bar-spiral spring ressort (m) à fil rond, ressort (m) à section circulaire		рессора (f) круглаго сѣченія molla (f) a sezione circolare resorte (m) de sección circular, muelle (m) de sección circular
7	Zusammendrückung (f) der Feder compression of the spring compression (f) du ressort		сжатіе (n) рессоры compressione (f) della molla compresión (f) del resorte, compresión (f) del muelle
8	eine Feder (f) zusammendrücken to compress a spring comprimer un ressort		сжать (сжимать) рессору comprimere la molla comprimir un muelle
9	eine Feder (f) auseinanderziehen, eine Feder spannen to put a spring under tension tendre un ressort		растянуть (растягивать) рессору tendere una molla distender un muelle, distender un resorte

Federwindung (f)
turn of the spring, one coil of the spring
spire (f) de ressort
витокъ (m) рессоры
spira (f) della molla 1
espira (f) del muelle

Windungszahl (f) der Feder
number of coils, number of turns
nombre (m) d'enroulements
число (n) витковъ 2
numero (m) delle spire
número (m) de espiras

---

federn
to be elastic, to spring
être élastique, être compressible
пружинить 3
oscillare
oscilar

XXII.

Schwungrad (n)
fly-wheel
volant (m)

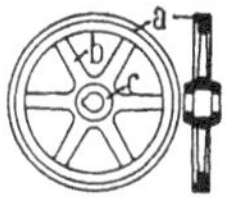

маховикъ (m), маховое колесо (n) 4
volano (m), volante (m)
volante (m)

Schwungring (m), Schwungradkranz (m)
rim of the fly-wheel, ring of the fly-wheel
jante (f) du volant
a
ободъ (m) маховика (f), ободъ (m) махового колеса 5
corona (f) del volano
llanta (f) del volante, corona (f) del volante

Schwungradarm (m)
arm of the fly-wheel
bras (m) du volant
b
спица (f) маховика (f), спица (f) махового колеса (f) 6
razza (f) del volano
brazo (m) del volante

Schwungradnabe (f)
boss of the fly-wheel, hub (A)
moyeu (m) du volant
c
ступица (f) маховика (f) (махового колеса (f)) 7
mozzo (m) del volano
cubo (m) del volante

Ungleichförmigkeitsgrad (m)
coefficient of variation in speed
coëfficient (m) d'irrégularité
коэффиціентъ (m) неравномѣрности движенія 8
grado (m) d'irregolarità
grado (m) de desigualdad

---

geteiltes Schwungrad (n)
fly-wheel in halves
flolant (m) en deux parties

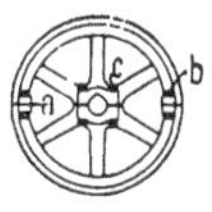

составной маховикъ (m), составное маховое колесо (n) 9
volano (m) diviso
volante (m) de piezas armadas

1	Kranzstoß (m) rim joint joint (m) de la jante	a	стыкъ (m) обода giunzione (f) della corona junta (f) de la corona
2	Kranzschraube (f) rim joint bolt boulon (m) de jante	b	стыковый болтъ (m) обода bullone (m) della corona tornillo (m) de la corona
3	Nabenschraube (f) boss joint bolt, hub bolt (A) boulon (m) de moyeu	c	стыковый болтъ (m) ступицы bullone (m) del mozzo tornillo (m) del cubo
4	gezahntes Schwungrad (n) cogged fly-wheel volant (m) denté		зубчатый маховикъ (m), зубчатое маховое колесо (n) volano (m) dentato volante (m) dentado
5	Schwungradexplosion (f) bursting of the fly-wheel explosion (f) du volant		разрывъ (m) маховика (махового колеса) rottura (f) del volano rotura (f) del volante
6	Kranzbruch (m) breakage of the rim, fracture of the rim rupture (f) de la jante		поломка (f) маховика (махового колеса) rottura (f) della corona rotura (f) de la corona

XXIII.

7	Regler (m), Regulator (m) governor régulateur (m), modérateur (m)	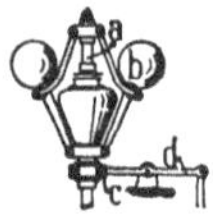	регуляторъ (m) regolatore (m) regulador (m)
8	Regulatorspindel (f), Reglerspindel (f) spindle of the governor arbre (m) du régulateur	a	ось (f) (шпиндель (f)) регулятора albero (m) del regolatore árbol (m) del regulador
9	Schwungmasse (f) Schwungkugel (f) governor balls (pl.) boule (f) du régulateur	b	вращающійся шаръ (m) massa (f) rotante, palla (f) rotante cuerpo (m) girante del regulador, bola (f) girante del regulador, esfera (f) girante del regulador, masa (f) centrífuga del regulador

Regulatormuffe (f), Reglermuffe (f) governor-socket manchon (m) du régulateur	c	муфта (f) регулятора manicotto (m) del regolatore manguito (m) del regulador	1
Muffenhub (m) des Regulators, des Reglers lift of the governor-socket course (f) du manchon du régulateur		подъемъ (m) муфты регулятора corsa (f) del manicotto del regolatore carrera (f) del manguito del regulador	2
Regulatorhebel (m), Reglerhebel (m) standard-lever, regulating lever levier (m) du rcgulateur	d	рычагъ (m) регулятора leva (f) del regolatore palanca (f) del regulador	3
Stellzeug (n) des Regulators, des Reglers adjusting gear of the governor réglage (m) du régulateur		установительный механизмъ (m) регулятора apparato (m) graduatore del regolatore aparato (m) graduador del regulador	4
Fliehkraftregler (m), Centrifugalregulator (m) centrifugal governor régulateur (m) à force centrifuge		центробѣжный регуляторъ (m) regolatore (m) a forza centrifuga regulador (m) centrífugo	5
Pendelregulator (m), Pendelregler (m) pendulum governor régulateur (m) à pendule	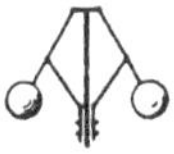	регуляторъ (m) - маятникъ (m) regolatore (m) a pendolo regulador (m) de péndulo	6
Kegelregulator (m), Kegelregler (m) cone governor régulateur (m) à cône		коническій регуляторъ (m) regolatore (m) conico regulador (m) cónico	7
Achsenregulator (m), Flachregler (m), Achsenregler (m) shaft governor, fly-wheel governor régulateur (m) axial		осевой регуляторъ (m) regolatore (m) assiale regulador (m) axial	8
Gewichtsregulator (m), Gewichtsregler (m) weighted governor, center-weight governor régulateur (m) à poids	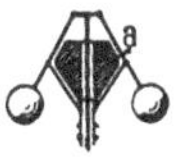 	грузовой регуляторъ (m), регуляторъ (m) съ нагрузкой regolatore (m) a contrappeso regulador (m) pesante	9

1 Regulatorgewicht (n), Reglergewicht (n)
governor weight, governor counterpoise
contrepoids (m) de régulateur

a

грузъ (m) (нагрузка (f)) регулятора
contrappeso (m) del regolatore
contrapeso (m) del regulador

---

2 Federregulator (m), Federregler (m)
spring governor
régulateur (m) à ressort

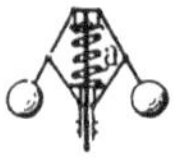

пружинный регуляторъ (m)
regolatore (m) a molla
regulador (m) de resorte

---

3 Regulatorfeder (f), Reglerfeder (f)
governor spring
ressort (m) du régulateur

a

пружина (f) регулятора
molla (f) del regolatore
resorte (f) del regulador

---

4 Geschwindigkeitsregulator (m), Geschwindigkeitsregler (m)
governor of velocity, speed governor
régulateur (m) de vitesse

регуляторъ (m) скорости
regolatore (m) della velocità
regulador (m) de velocidad

---

5 Leistungsregulator (m), Leistungsregler (m)
load governor
régulateur (m) de puissance

регуляторъ (m) работы (производительности) машины
regolatore (m) della potenza
regulador (m) de capacidad

---

6 regeln, reguliren
to govern, to regulate, to control
régler

урегулировать, регулировать
regolare
regular

XXIV.

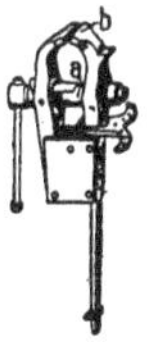

Schraubstock (m) vice, jaw-vice étau (m)		тиски (m. pl.) morsa (f) tornillo (m)	*1*
Bankschraubstock (m) bench-vice, bench-screw, standing-vice étau (m) d'établi		верстачные / стоячіе / стуловые } тиски (m. pl.) morsa (f) da banco tornillo (m) de banco	*2*
ein Werkstück (n) in den Schraubstock einspannen to screw a piece of work into the vice serrer une pièce dans l'étau		зажать (зажимать) обрабатываемый предметъ въ тиски serrare, stringere un pezzo (m) alla morsa fijar una pieza en el tornillo de banco	*3*
Schraubstockspindel (f) spindle vis (f) d'étau	a	шпиндель (m) тисковъ vite (f) per morsa vástago (m) del tornillo, husillo (m) del tornillo	*4*
Schraubstockbacken (f. pl.) jaws of the vice (pl.), bits of the vice (pl.) mâchoires (f. pl.) d'étau	b	тисочныя губы (f. pl.) ganascie (f. pl.) della morsa pezuña (f) del tornillo, boca (f) del tornillo	*5*
Backenfutter (n) vice-jaw mâchoire (f) d'étau		футеровка (f) fodera (f) delle ganascie suplementos (m. pl.) de la mordaza de tornillo de banco	*6*

1	Backeneinsatz (m) jaw-socket, false jaws plaque (f) pour étaux	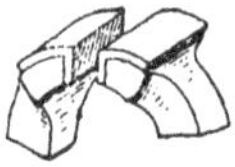	вставочныя тисочныя губы (f.pl.) ganascie (f. pl.) addizionali piezas (f. pl.) adicionales de mordaza, mordientes (m. pl.)
2	Parallel-Schraubstock (m) parallel bench-vice, parallel vice étau (m) parallèle	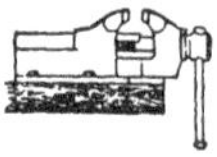	параллельные тиски (m. pl.) morsa (f) parallela tornillo (m) con movimiento paralelo, tornillo (m) paralelo
3	Gasrohrschraubstock (m) tube-vice, pipe-vice (A) étau (m) pour tubes		тиски (m. pl) (прижимъ (m)) для газовыхъ трубъ morsa (f) per tubi tornillo (m) para tubos
4	Schraubzwinge (f) cramp, clamps (pl.), adjustable clamp serre-joints (m), presse (f) à main		струбцинка (f) sergente (m), strettoio (m) a vite brida (f) de sujeción, prensa (f) de tornillo
5	Bankzwinge (f) bench-clamp presse (f) d'établi		верстачная (привертная) струбцинка (f) strettoio (m) da banco brida (f) de presión de cinta
6	Feilkloben (m), Handkloben (m) hand-vice, filing-vice étau (m) à main, étau (m) limeur	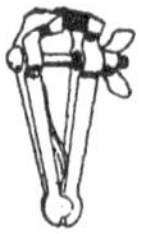	ручные тиски (m. pl.) morsa (f) a mano tornillo (m) de mano, entenallas (f. pl.)
7	Reifkloben (m) vice-clamps (pl.), lockfiler's clamps mordache (f) à chanfrein, tenaille (f) à chanfrein	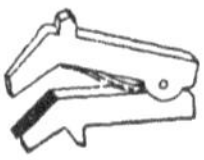	тисочки (m. pl.) morsetto (m) obliquo mordaza (f)
8	Spitzkloben (m) pointed hand-vice étau (m) à main [avec mâchoires étroites]	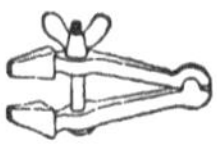	тисочки (m. pl.) съ барашкомъ morsetto (m) appuntito mordaza (f) de pico apuntado

Stiftkloben (m) pin-vice étau (m) à goupilles		тисочки (m. pl.) со штифтомъ morsetto (m) tenditore mordaza (f) de manguito	1
Spannkluppe (f) hand-vice, vice-clamps mordache (f), crampon (m)		клупикъ (m) morsetto (m) di legno garabatillo (m) para tender	2

XXV.

Zange (f) tongs (pl.), pliers (pl.) tenaille (f)	a 	клещи (f. pl.) tanaglia (f) tenazas (f. pl.)	3
Zangenmaul (n) mouth of the tongs bouche (f) de la tenaille	a	пасть (f) клещей bocca (f) della tanaglia boca (f) de tenazas	4
Flachzange (f), Plattzange (f) flat pliers (pl.), plat pliers (pl.) tenaille (f) plate, tenaille (f) droite		(кузнечные) плоскогубцы (m. pl.) tanaglia (f) piatta, pinzetta (f) tenazas (f. pl.) de pico plano	5
Rundzange (f) round pliers (pl.) tenaille (f) ronde		(кузнечные) круглогубцы (m. pl.) tanaglia (f), pinzetta (f) a bocca tonda tenazas (f. pl.) de pico redondo, tenazas (f. pl.) cañonas	6
Kugelzange (f), Kappenzange (f) gas-pliers (pl.), globe pliers (pl.), gas pipe tongs (A) tenaille (f) à bouche ronde		клещи (f. pl.) для газовыхъ трубъ pinzetta (f) a palla tenazas (f. pl.) dentada	7
Schiebzange (f) pin-tongs, sliding tongs tenaille (f) à boucle		клещи (f. pl.) съ хомутикомъ tanaglia (f) a sdrucciolo tenazas (f. pl.) con flador, tenazas (f. pl.) con apresadera	8
Drahtzange (f) plyers, pliers (A) pince (f) américaine	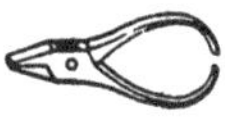	плоскогубцы (f. pl.) tenaglino (m) alicata (f) tenacillas (f. pl) planas	9
Drahtschneider (m) wire-cutter coupe-fils (m)	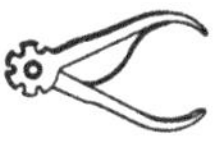	кусачки (f. pl.), кусцы (m. pl.) tagliafili (m) corta-alambres (m)	10

1	Beißzange (f) cutting-nippers (pl.), nippers (A) pince (f) coupante		острогубцы (m. pl.) tronchese (m), tanaglia (f) tenazas (f. pl.) de corte
2	Kneifzange (f) nippers (pl.), pincers (pl.) pince (f), tenaille (f) à couper		щипцы (m. pl.) tanaglia (f) a taglio, pinza (f) tenazas (f.pl.) de sujeción
3	Nagelzieher (m), Nagelzange (f) nail-nippers (pl.), nail-puller arrache-clou (m)		гвоздодеръ (m) cava-chiodi (m), tira-chiodi (m) desclavador (m), tenazas (f. pl.) para clavos
4	Drückzange (f) swage, forming pliers pince (f) à emboutir		давильныя / зажимныя / пломбировочныя } клещи (f. pl.) tanaglia (f) premente tenazas (f. pl.) de presión
5	Ziehzange (f) plyer, nippers, dogs pince (f) à tirer	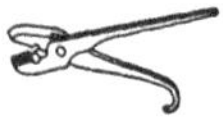	волочильныя клещи (f. pl.) tanaglia (f), pinzetta (f) tenazas (f.pl.) de tracción
6	Lötzange (f) forceps, small forceps, soldering tongs (pl.) (A) pince (f) du chalumeau		паяльныя клещи (f. pl.) tanaglia (f) da saldatore tenazas (f. pl.) de soldador
7	Brennerzange (f) gas-burner pliers pince (f) à gaz		клещи (f. pl.) для газовыхъ горѣлокъ tanaglia (f) per becchi a gas tenazas (f. pl.) de mordaza para tubos
8	Klappzange (f), Kornzange (f), Pinzette (f), Federzange (f) pincers (pl), tweezers (pl) pincette (f)		щипчики (m. pl.), пинцетъ (m) pinzetta (f) pinzas (f. pl.)
9	Schere (f) shears (pl.), scissors (pl.) ciseaux (m.pl.)	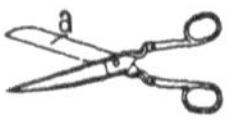 	ножницы (f. pl.) forbice (f) cizallas (f. pl.), tijeras (f. pl.)
10	Scherblatt (n), Scherbacke (f) shear-blade tranchant (m), lame (f)	a	челюсть (f) ножницы lama (f) della forbice hoja (f) de las tijeras

Bogenschere (f)
arc-shears
cisaille (f) à arc

кривоносовыя (фасонныя) ножницы (f. pl.), ножницы (f. pl.) съ дугообразно выгнутыми лезвіями
forbice (f) ad arco
tijeras (f. pl.) de arco 1

Hebelschere (f)
lever-shears (pl.)
cisaille (f) à levier

рычажныя ножницы (f. pl.)
forbice (f) a leva
tijeras (f. pl.) de palanca 2

Stockschere (f), Bockschere (f)
bench-shears, stock-shears, block-shears
cisaille (f) à bras

стуловыя ножницы (f. pl.)
cesoia (f) da banco
tijeras (f. pl.) de zócalo, tijeras (f. pl.) de banco 3

Tafelschere (f)
plate-shears fixed on the table
cisoir (m)

кровельныя ножницы (f. pl.)
cesoia (f) per tavola
tijeras (f. pl.) de plancha, guillotina (f) 4

Parallelschere (f)
parallel shears, cutter(A)
cisaille (f) parallèle

параллельныя ножницы (f. pl.)
cesoia (f) parallela
tijeras (f. pl.) paralelas 5

Rahmenschere (f)
frame-shears
cisaille (f) à guillotine

рамочныя ножницы (f. pl.)
trancia (f)
tijeras (f. pl.) de marco 6

Handschere (f)
hand shears, snips
cisailles (f. pl.) à main

ручныя ножницы (f. pl.)
forbice (f) a mano
tijeras (f. pl.) de mano 7

Maschinenschere (f)
shearing machine
machine (f) à cisailler, cisailleuse (f)

приводныя ножницы (f. pl.)
forbice (f) a macchina, forbice (f) meccanica
tijeras (f. pl.) mecánicas 8

Blechschere (f), Metallschere (f)
shears, plate-shears, tinner's shears or snips
cisaille (f) pour ferblantiers

ножницы (f. pl.) для рѣзки жести
forbicione (m), forbice (f) per lamiera
tijeras (f. pl.) de plancha 9

1 Lochschere (f)
shears for cutting holes
cisaille (f) perforatrice

пробивныя / дыропро- бивныя клещи (f. pl.)
traforatrice (f)
tijeras (f. pl.) agujereadora

---

2 Drahtschere (f)
wire-shears
pince (f) à fil de fer

ножницы (f. pl.) для рѣзки проволоки
cervia (f), forbice (f) per fili metallici
escoplo (m), pinzas (f. pl.) de alambre

XXVI.

3 Amboß (m)
anvil
enclume (f)

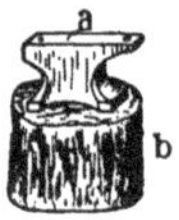

наковальня (f)
incudine (m)
yunque (m)

---

4 Amboßbahn (f)
anvil plate, face of the anvil
face (f) de l'enclume

a

лицо (n) наковальни
piano (m), area (f) dell'incudine
cara (f) superior, tabla (f) del yunque

---

5 Amboßfutter (n), Amboßstock (m), Amboßuntersatz (m)
anvil stand, anvil's bed, anvil's stock
semelle (f) de l'enclume, socle (m) de l'enclume

b

подставка (f) для наковаленъ
cepро (f) dell' incudine
tajo (m) base, cepo (m)

---

6 Schmiedeamboß (m)
black smith's anvil
enclume (f) [de forge]

кузнечная наковальня (f)
incudine (m), incudine (m) da fucina
yunque (m) de forja

---

7 Handamboss (m)
hand anvil, small anvil
enclumette (f)

ручная наковальня (f)
incudinella (f), incudine (m) a mano
yunque (m) de mano

---

8 Bankamboß (m)
bench-anvil, little beak-iron
petite enclume (f), enclumeau (m)

верстачная наковальня (f)
incudine (m) da banco
yunque (m) de banco

---

9 Hornamboß (m)
beak-iron, anvil with an arm
enclume (f) à potence

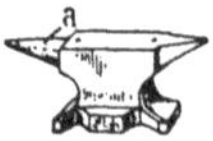

одноносовая, двуносовая наковальня (f)
bicornia (f), incudine (m) a corno
bigornia (f)

Amboßhorn (n)
horn of the anvil beak
corne (f) de l'enclume

a

носъ (m) (горнъ (m)) наковальни
bicornio (m), corno (m) dell' incudine
bicornio (m), cuerno (m) del yunque 1

Sperrhorn (n)
beak iron, single arm anvil
bigorne (f)

шперакъ (m)
bicornietto (m)
bigorneta (f) 2

Angel (f)
tongue, spike
queue (f)

a

хвостъ (m) шперака
codolo (m)
cuello (m) de yunque, espiga (f) del yunque 3

Bankhorn (n)
two-beaked anvil, rising-anvil
bigorne (f) d'établi

двуносовой шперакъ (m)
bicornia (f) da banco
bigornia (f) de banco 4

Stöckel (n), Amboßstöckel (n), Schlagstöckchen (n)
anvil stake, stock anvil
tasseau (m), tas (m) à queue

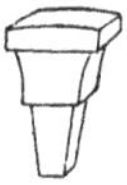

амбусъ (m)
tassetto (m) da incudine
estampa (f) plana, tás (m) de espiga 5

Spitzstöckel (m)
filing board, filing block
bigorne (f) d'enclume

тассо (m), рогъ (m) для наковаленъ
tassetto (m) acuto
estampa (f) de punta, tás (m) de punta 6

Umschlageisen (n)
hatchet stake
fer (m) à rabattre, tranchant (m)

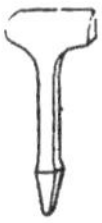

наковальня (f) для загибанія желѣза
ferro (m) da piegare
suplemento (m) de corte para yunque, hierro (m) de volver pestañas 7

Bördeleisen (n)
bordering tool, hatchet-stake
bordoir (m)

стойка (f), бертелэйзенъ (m)
ferro (m) da ripiegare, ferro (m) da doppiare
suplemento (m) rebordeador, hierro (m) de rebordear 8

Bodenamboß (m), Kesselamboß (m)
bottom anvil, round-head stake
enclume (f) à former le fond

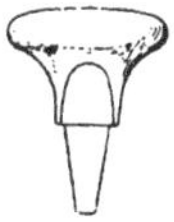

котельная наковальня (f)
incudine (m) da calderaio
suplemento (m) de bola para yunque, hierro (m) de rebatir 9

1	Polierplatte (f) polishing plate, glazer, polisher polissoire (f)	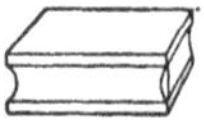	полировочная плита (f) piastra (f) da brunire, piastra (f) da pulire disco (m) para pulir, plano (m) para pulir
2	Gesenkplatte (f), Lochplatte (f) swage block, boss, print tas-étampe (f)	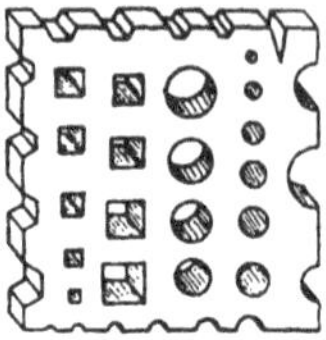	сварочная наковальня (f) stampo (m) estampa (f), tás (m) de banco

XXVII.

3	Hammer (m) hammer marteau (m)	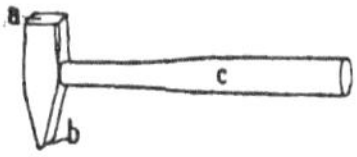	молотъ (m), молотокъ (m) martello (m) martillo (m)
4	Hammerbahn (f) hammer face, flat side of a hammer face (f) du marteau	a	лобъ (m) (бой (m)) молота (молотка) piano (m) del martello plano (m) del martillo, boca (f) del martillo
5	Finne (f) pane of a hammer panne (f) du marteau	b	лицо (n) молота (молотка) penna (f) del martello corte (m) del martillo, peña (f) del martillo
6	Hammerstiel (m) handle of a hammer, shaft of a hammer manche (m) du marteau	c	ручка (f) (рукоятка (f)) молота (молотка) manico (m) mango (m) del martillo
7	hämmern to hammer-dress, to forge, to hammer marteler		ковать, обработать молотомъ martellare martillar
8	kalt hämmern to cold-hammer, to cool-hammer, to hammer-harden battre à froid, écrouir		ковать въ холодную battere a freddo martillar en frio
9	Schlosserhammer (m) locksmith's hammer, fitter's hammer marteau (m) de serrurier		столярный молотокъ (m) martello (m) da calderaio, martello (m) da fabbro martillo (m) de ajustador

Schmiedhammer (m) forge-hammer, trip-hammer marteau (m) de forge		кузнечный молотокъ (m) martello (m) da fucina martillo (m) de forja	1
Streckhammer (m) flat hammer, enlarging hammer marteau (m) à dégrossir, marteau (m) plat		расковочный молотокъ (m) martello (m) da digrossare, martello (m) piatto, martello (m) laminatore mallo (m), martillo (m) de rebatir	2
Vorschlaghammer (m), Zuschlaghammer (m) uphand sledge, sledge-hammer, two-handed-hammer marteau (m) de frappeur, marteau (m) à devant		боевой молотокъ (m) mazzetta (f) martillo (m) á dos manos, macho (m) de fragua con peña invertida	3
Fausthammer (m), Handhammer (m) hand hammer marteau (m) à main		ручной молотокъ (m) martello (m) a mano martillo (m) á mano	4
Bankhammer (m) bench hammer, locksmith's hammer marteau (m) d'établi		верстачный молотокъ (m) martello (m) da banco martillo (m) de banco	5
Kreuzschlaghammer (m) about-sledge hammer, straight-peen sledge marteau (m) à devant avec panne en travers	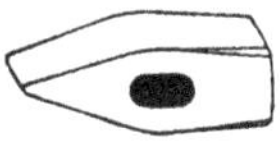	боевой молотокъ (m) съ поперечнымъ лицомъ mazza (f) traversa, martello (m) a terzo mallo (m) de corte, macho (m) de fragua, mandarria (f), porra (f)	6
Schlägel (m) mall, sledge massette (f)		камнетесный молотокъ (m) mazza (f) maceta (f), porrilla (f)	7
Spitzhammer (m) pointed hammer, pointed-steel-hammer, wedge-ended-hammer marteau (m) à pointe		остроконечный молотокъ (m), молотокъ (m)-пробойникъ (m) martello (m) appuntito martillo (m) apuntado, punzón (m) de fragua	8
Flachhammer (m) flat hammer, flatter, set-hammer marteau (m) plat		рихтовальный молотъ (m) martello (m) piano martillo (m) plano	9

1	Hammer (m) mit Kreuz- finne cross pane hammer, riveting hammer marteau (m) à panne de travers		молотокъ (m) съ крестообразнымъ хвостомъ(лицомъ) martello (m) con penna a croce martillo (m) cruzado
2	Hammer (m) mit Kugel- finne ball-pane hammer, half- round hammer marteau (m) à panne sphérique		молотокъ (m) съ ша- рообразнымъ хво- стомъ (лицомъ) martello (m) con penna sferica martillo (m) de bola
3	Hammer (m) mit ge- spaltener Finne claw-hammer marteau (m) à panne fendue		кабинетный моло- токъ (m), моло- токъ (m) съ раз- двоеннымъ хво- стомъ, моло- токъ (m) для вы- дергиванія гвоздей martello (m) da carpen- tiere, martello (m) con penna divisa martillo (m) de carpin- tero, martillo (m) de orejas
4	Setzhammer (m) square set-hammer, plane set-hammer chasse (f) carrée		гладилка (f), оса- дочный молотъ (m) spiana (f), registro (m), presella (f) da spianare destajador (m)
5	Schlichthammer (m) planishing hammer, smoothing hammer marteau (m) à planer		плоская обжимка (f), гладильный моло- токъ (m) martello (m) a pareg- giare martillo (m) pilón, plana (f) de fragua
6	Ballhammer (m) round set-hammer dégorgeoir (m), mar- teau (m) à balle		набойка (f), моло- токъ (m) для круг- лыхъ предметовъ, молотокъ (m) съ шаровиднымъ боемъ martello (m) a palla martillo (m) formón, de- güello (m)
7	Kugelhammer (m) ball hammer marteau (m) rond		молотокъ (m) съ круглымъ боемъ (лицомъ) martello (m) a testa ro- tonda martillo (m) de bola de dos bocas

Treibhammer (m)
chasing hammer
marteau (m) à emboutir

разгонный молотокъ (m)
martello (m) da ricalcare
martillo (m) de embutir 1

Pinnhammer (m)
paning hammer
marteau (m) à panne

столярный молотокъ (m)
martello (m) a penna
martillo (m) de corte 2

Lochhammer (m)
drift
poinçon (m), chasse (f) à percer

дыропробивный молотокъ (m)
martello (m) punteruolo
martillo (m) taladro, punzón (m) cuadrado 3

Kesselsteinhammer (m), Pickhammer
boiler scaling hammer
marteau (m) à piquage

молотокъ (m) для отбиванія накипи въ котлахъ
martello (m) scrostatore, martello (m) a scrostare
martillo (m) para desincrustar 4

Gesenkhammer (m), Kornsickenhammer (m)
top-swage
marteau (m) cannelé en sillons

штамповый молотъ (m)
martello (m) a stampo
martillo (m) acanalado 5

Holzhammer (m)
wooden hammer, round-mallet (A)
maillet (m) [en bois]

деревянный молотокъ (m), колотильный молотокъ (m)
mazzetta (f) di legno
mazo (m) 6

Zinkhammer (m)
zinc hammer
marteau (m) en métal blanc

молотокъ (m) изъ цинка
martello (m) di zinco
martillo (m) de zinc 7

Kupferhammer (m)
copper hammer
marteau (m) en cuivre

молотокъ (m) изъ красной мѣди
martello (m) di rame
martillo (m) de cobre 8

---

schmieden, ausschmieden
to forge, to hammer
forger

ковать
foggiare a martello, fucinare
forjar, fraguar 9

1	kalt schmieden to cool-hammer battre à froid, écrouir [le fer]		ковать въ холодную foggiare a freddo forjar en frio
2	warm schmieden to forge forger à chaud		ковать въ горячую foggiare a caldo forjar en caliente
3	im Gesenk schmieden to swage étamper	 	ковать штамповнымъ молотомъ foggiare entro stampi, marzellare estampar, forjar en estampa
4	Gesenk (n) swage, die, boss, shaper, print, mould étampe (f)		штамповный молотъ (m), штампа (f) stampo (m) estampa (f)
5	Untergesenk (n) bottom-swage, bottom-die étampe (f) inférieure	a	исподникъ (m), нижникъ (m) controstampo (m) estampa (f) de martillo
6	Obergesenk (n) top swage, top-die étampe (f) supérieure	b	гладильникъ (m) stampo (m) superiore estampa (f) de yunque
7	stauchen to jolt, to up-set, to jump refouler		расковать, расковывать ribattere [il ferro] empujar, recalcar
8	Stauchen (n) upsetting matage (m)		расковка (f) ribattitura (f) recalcadura (f)
9	schweißen to weld souder		сварить, сваривать saldare, bollire soldar
10	Schweißen (n), Schweiße (f) weld (A), welding, process of welding soudure (f)		сварка (f) свариванie (f) saldatura (f), bollitura (f) soldadura (f)
11	anschweißen to weld on, to weld together souder		сварить, сваривать saldare, ferruminare soldar, resudar

zusammenschweißen
to weld together
souder, unir à chaud

сварить, сваривать
saldare, congiungere insieme 1
soldar, juntar con saldadura

Schweißstelle (f)
weld
soudure (f)

мѣсто (n) сварки
saldatura (f) 2
soldadura (f)

Schweißhitze (f)
welding heat
blanc (m) soudant

температура (f) свариванія
caldo (m) saldante 3
calor (m) soldante, calda (f) sudante

Schweißfehler (m)
defect in welding
défaut (m) de soudure

ошибка (f) при свариваніи
errore (m), sbaglio (m) di saldatura 4
defecto (m) de soldadura

Schweißofen (m)
reheating-furnace, welding-furnace
four (m) à souder

сварочная печь (f)
fornello (m) di ricottura 5
horno (m) de soldar

---

abschroten
to clip, to chop off
trancher

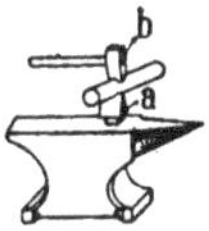

прорубить, прорубать 6
tagliare, recidere
recortar, separar

Abschrot (m)
chisel
tranche (f) d'enclume

a

прорубное зубило (n)
tagliuolo (m)
yunque (m) de, cincel, 7
tajadera (f)

Schrotmeißel (m), Setzeisen (n)
chisel, anvil-chisel
tranche (f) à mange, tranche (f)

b

зубило (n) для разрубанія желѣзныхъ полосъ
martello (m) a taglio, 8
tagliuolo (m)
martillo (m) cincel, tajadera (f) de astil

Warmschrotmeißel (m), Warmmeißel (m)
chisel for warm metal, chisel for cutting iron, when heated
tranche (f) à chaud

зубило (n) для горячаго металла 9
tagliuolo (m) a caldo
cincel (m) en caliente, tajadera (f) en caliente

Kaltschrotmeißel (m), Kaltmeißel (m)
chisel for cold metal
tranche (f) à froid, ciseau (m) à froid

зубило (n) для холоднаго металла
tagliuolo (m) a freddo 10
cincel (m) en frio, tajadera (f) en frio

1	Schmiede (f) forge, smithy forge (f)		кузница (f) fucina (f) herreria (f), forja (f), fragua (f)
2	Schmiedeherd (m) hearth, fire-place âtre (m) de forge	a	кузнечный горнъ (m) focolare (m) della fucina fogón (m), hogar (m)
3	Schmiedeesse (f) chimney cheminée (f) de forge	b	кузнечный горнъ (m) cammino (m) della fucina chiminea (f) de fragua
4	Schmiedefeuer (n) forge-fire feu (m) de forge	c	кузнечный огонь (m) fuoco (m) della fucina fuego (m) de fragua
5	Herdgeräte (n. pl) smith's tools accessoires (m. pl) de forge		принадлежности (f. pl.) къ горну utensili (m. pl), attrezzi (m. pl), arnesi (m. pl) da fucina herramientas (m. pl) de fragua
6	Löschspieß (m) straight-poker, poker tisonnier (m)		соколъ (m) spegnitoio (m) aguja (f) de forja, espetón (m)
7	Herdhaken (m) hook-poker ratissette (f)		кочерга (f) uncino (m), gancio (m) attizzatore gancho (m) de fragua, caidilla (f)
8	Löschhaken (m), Lösch- wedel (m) fire-hook, sprinkle crochet (m) de four, goupillon (m)		швабра (f) для смачиванія угля uncino (m), gancio (m), spegnitore gancho (m) de forja, escobillón (m)
9	Herdschaufel (f) shovel, scraper pelle (f) à feu		лопатка (f) (лопата (f)) для очищенія горновъ paletta (f) pala (f) de fogón
10	Schmiedezange (f) forge-tongs (pl.), smith's tongs (pl.) pince (f), tenaille (f) [pour forgerons]		кузнечныя клещи (f. pl.) tanaglia (f) da fucina, tanaglia (f) da fabbro tenazas (f. pl.) de forja

Schmiedegebläse (n) smith's blowing machine, forge-bellows (pl.), blower (A) soufflerie (f) de forge		кузнечный мѣхъ (m) macchina (f) soffiante, soffiatrice (f) fuelle (m) mecánico	1
Blasebalg (m) bellows (pl.), pair of bellows soufflet (m)		воздуходувный мѣхъ (m) mantice (m) fuelle (m)	2
Feldschmiede (f) portable forge, field forge, travelling forge forge (f) portative, forge (f) volante, forge (f) de campagne		переносный горнъ (m) fucina (f) da campagna, fucina (f) portatile fragua (f) portátil	3

XXVIII.

Meißel (m) chisel burin (m), ciseau (m), tranche (f)		зубило (n), долото (n) scalpello (m) escoplo (m)	4
Flachmeißel (m) flat chisel burin (m) plat		плоское зубило (n) scalpello (m) piano escoplo (m) plano	5
Kreuzmeißel (m) bolt chisel, cross-cutting chisel, cape chisel bédane (m), bec d'âne (m)		крейцмейсель (m), мечевидное зубило (n) unghietta (f) cincel (m) agudo	6
auskreuzen to chisel out, to chase buriner avec le bédane		обработать (обрабатывать) крейцмейселемъ segnare coll'unghietta acanalar	7
Steinmeißel (m) stone chisel, chisel for working in stone grain (m), ciseau (m) à pierre		камнетёсное долото (n) scalpello (m), scalpello (m) per pietre cincel (m)	8
Handmeißel (m) hand cold chisel ciseau (m) à main		ручное долото (n) scalpello (m) a mano escoplo (m) de mano, cortafrío	9

1 Bankmeißel (m)
cold chisel, chisel for cold metal
ciseau (m) d'établi

сѣкачъ (m) (рѣзакъ (m)) для холоднаго желѣза
scalpello (m) da fabbro, scalpello (m) a freddo, tagliaferro (m) a freddo
escoplo (m)

---

2 meißeln
to chisel, to work with a chisel
buriner, ciseler

долбить
scalpellare
escoplear, cincelar, desbarrozar

---

3 abmeißeln
to chisel off
enlever avec le burin

обрубить (обрубать) зубиломъ (рѣзакомъ); сгладить (сглаживать) долотомъ
scalpellare via, togliere allo scalpello
escoplear, quitar con escoplo, quitar con cortafrío

---

4 Körner (m), Ankörner (m)
center point, center-punch
pointeau (m)

кернеръ (m), тычка (f)
punteruolo (m), bulino (m)
punzón (m) para marcar, granete (m)

---

5 Körnermarke (f), Körnerpunkt (m)
center mark
coup (m) de pointeau

a

тычка (f), центръ (m), кернъ (m)
centro (m), punto (m), [segnato col punteruolo]
punto (m) de punzón

---

6 ankörnen
to mark the center with the center-punch
amorcer, centrer

отмѣтить (отмѣчать) тычкою (кернеромъ)
marcare, segnare col punteruolo
puntear, marcar con el granete

---

7 Durchschlag (m)
piercer, punch
chasse-pointes (m)

пробойникъ (m)
punzone (m)
punzón (m), taladro (m) contra-punzón (m)

Matrize (f), Lochscheibe (f)
matrice, die, bed, bed-die
matrice (f), perçoir (m)

b

матрица (f)
matrice (f)
matriz (f), sufridera (f) *1*

Handdurchschlag (m)
hand-punch
chasse-pointes (m) à main

ручной пробойникъ (m)
punzone (m) a mano
punzón (m), taladro (m) á mano *2*

Bankdurchschlag (m)
punch
poinçon (m)

пробойникъ (m) для станковъ
punzone (m) a freddo
punzón (m) *3*

Locheisen (n), Ausschlageisen (n)
hollow-punch
emporte-pièce (m)

бродокъ (m), высѣчка (f)
fustella (f), foratoio (m)
punzón (m), sacabocados (m) *4*

Lochzange (f)
punching-tongs (pl.)
pince (f) à trous, pince (f) à poinçonner

дыропробивныя клещи (f. pl.), клещи (f. pl.) для пробивки дыръ
tanaglia (f) a punzone, tanaglia (f) da forare
tenazas (f. pl.) punzón *5*

---

lochen
to punch, to perforate
percer, perforer, poinçonner

пробить (пробивать) дыры
forare, bucare
taladrar *6*

XXIX.

Feile (f)
file
lime (f)

напильникъ (m), напилокъ (m)
lima (f)
lima (f) *7*

Feilenheft (n)
file-handle
manche (m) de lime

a

ручка (f) (черенокъ (m)) напильника (напилка)
manico (m) della lima
mango (m) de lima, cabo (m) de lima *8*

1 Feilenhieb (m)
cut of the file
taille (f) [de lime]

насѣчка (f) напильника (напилка)
taglio (m) della lima
picadura (f) de la lima

---

2 Bastardhieb (m)
bastard cut
taille (f) moyenne, taille (f) bâtarde

крупная насѣчка (f)
taglio (m) bastardo
picadura (f) de bastarda

---

3 Schlichthieb (m)
smooth cut, fine cut
taille (f) douce

мелкая насѣчка (f)
taglio (m) dolce
picadura (f) fina

---

4 einfacher Hieb (m)
single cut
taille (f) simple

простая (обыкновенная) насѣчка (f)
taglio (m) semplice
picadura (f) simple

---

5 Kreuzhieb (m)
second cut, cross-cut
taille (f) croisée

перекрестная насѣчка (f)
taglio (m) a croce
picadura (f) en cruz

---

6 Oberhieb (m)
upper cut, second cut
seconde taille (f)

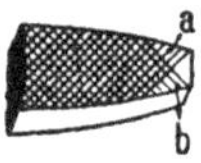

a

вторая } насѣчка
верхняя } (f)
taglio (m) superiore
picadura (f) superior

---

7 Unterhieb (m)
first cut, lower cut
première taille (f)

b

первая } насѣчка
нижняя } (f)
taglio (m) inferiore
picadura (f) inferior

---

8 Feilen (f. pl.) hauen
to cut files
tailler des limes

насѣчь (насѣкать) напильники (напилки)
tagliare lime
picar limas, tajar limas

---

9 Feilenhauer (m)
file-cutter
tailleur (m) de limes

машина (f) для насѣчки напильниковъ
tagliatore (m) di lime
picador (m) de limas

---

10 Feilenmeißel (m)
file-chisel
étoile (f) du tailleur de limes

зубило (n) для насѣчки напильниковъ (напилковъ)
scalpello (m) per lime
lima-escoplo (f), cincel (m) para limas

---

11 Feilenhammer (m)
file-hammer
marteau (m) à limes

насѣчной молотокъ (m)
martello (m) per lime
lima-martillo (f), martillo (m) para picar limas

Hauamboß (m) für Feilen, Feilenamboß (m) cutting block, file cutting anvil enclume (f) à limes	насѣчная наковальня (f) incudine (m) per lime yunque (m) para picar limas	1
die Feilen (f. pl.) aufhauen to re-cut files retailler les limes	пересѣчь (пересѣкать) напильники (напилки) ritagliare le lime repicar limas, retajar limas	2
aufgehauene Feile (f) re-cut file lime (f) retaillée	пересѣченный напильникъ (m) (напилокъ (m) lima (f) ritagliata lima (f) repicada	3
Feilen (f. pl.) härten to harden files tremper des limes	закалить, закаливать напильникъ (m), напилокъ (m) temperare lime templar limas	4
Feilenhärtung (f) file-hardening trempe (f) de limes	закалка (f) напильниковъ (напилковъ) tempratura (f) di lime temple (m) de limas	5
feilen, abfeilen, befeilen to file, to file off limer	подпилить, подпиливать limare limar	6
Feilstrich (m) file-stroke, touch coup (m) de lime	слѣдъ (m), штрихъ (m) отъ напильника, отъ напилка tratto (m) della lima raja (f) de lima, rasgo (m) de la lima	7
Feilspäne (m. pl.), Feilicht (n) filings limaille (f)	стружки (m. pl.) limature (f. pl.) virutas (f. pl.) de lima, limallas (f. pl.)	8
Feilstaub (m) file-dust limature (f)	спилки (m. pl.) polvere (f) di limatura limaduras (f. pl.)	9

1 Feilbank (f)
filing table, file-bench
banc (m) d'ajusteurs, banc (m) à limer

тиски (m. pl.)
banco (m) da limare
banco (m) para limar

2 Handfeile (f), Ansatzfeile (f)
hand-file, flat file
lime (f) plate, carreau (m) plat, plate (f) à main

ручной напильникъ (m) (напилокъ (m))
lima (f) a mano
lima (f) á mano, lima (f) carleta bombeada

3 Armfeile (f)
arm-file, rubber
lime (f) à bras, carreau (m)

брусовка (f), четырехгранный напильникъ (m) съ грубой насѣчкой
lima (f) a braccio, lima (f) da digrossare
lima (f) al brazo, limatón (m) cuadrado

---

4 Bastardfeile (f), Vorfeile (f)
bastard file
lime (f) bâtarde

драчевый напилокъ (m) (напильникъ (m))
lima (f) bastarda, lima (f) a taglio bastardo
lima (f) bastarda

---

5 Schlichtfeile (f), Abziehfeile (f)
smooth file
lime (f) douce

лицовка (f), мелкозубка (f), личная пила (f)
lima (f) dolce
lima (f) dulce [para alisar], lima (f) muza

---

6 Halbschlichtfeile (f)
second-cut-file
lime (f) demi-douce

полушлифной напильникъ (m) (напилокъ (m))
lima (f) semibastarda, lima (f) semidolce, lima (f) a taglio mezzo fino
lima (f) semifina

---

7 Feinschlichtfeile (f), Schlichtschlichtfeile (f) Doppelschlichtfeile (f)
super-fine file, dead smooth file
lime (f) superfine

тонкій шлифной напильникъ (m) (напилокъ (m))
lima (f) soprafina, lima (f) a taglio fino
lima (f) finísima

---

8 schlichten
to finish, to smooth
planer, doucir

шлихтовать
spianare, lisciare
igualar, alisar, planear

Polierfeile (f)
polishing file
brunissoir (m)
шлифной напильникъ (m) (напилокъ (m)) 1
lima (f) dolce da brunire
lima (f) de pulimentar, lima (f) bruñidor

Strohfeile (f), Packfeile (f)
straw-file, rough file
lime (f) au paquet
напильникъ (m) (напилокъ (m)) упакованный въ солому 2
lima (f) da digrossare, lima (f) germanica, lima (f) impagliata
lima (f) áspera, lima (f) basta

Grobfeile (f)
coarse file, rough file
lime (f) grosse
грубый напильникъ (m) (напилокъ (m)) 3
lima (f) a taglio grosso
lima (f) gruesa, lima (f) tabla

Flachfeile (f)
flat file
lime (f) plate
плоскій напильникъ (m) (напилокъ (m)) 4
lima (f) piatta
lima (f) plana

Stumpffeile (f)
blunt file
lime (f) obtuse, lime (f) carrée
тупоносый напильникъ (m) (напилокъ (m)) 5
lima (f) ottusa
lima (f) obtusa

Spitzfeile (f)
taper-file
lime (f) pointue
остроносый напильникъ (m) (напилокъ (m)) 6
lima (f) appuntita
lima (f) fina puntiaguda

flachspitze Feile (f)
taper flat file, taper hand file
lime (f) plate pointue
плоскій остроносый напильникъ (m) (напилокъ (m)) 7
lima (f) piatta appuntita
lima (f) plana-apuntada

1 flachstumpfe Feile (f)
equalling file
lime (f) rectangulaire

плоскій тупоносый напильникъ (m) (напилокъ (m))
lima (f) piatta ottusa
lima (f) plana-roma

---

2 dreikantige Feile (f), Dreikantfeile (f)
three-square-file, triangular file
lime (f) triangulaire

трехгранный напильникъ (m) (напилокъ (m))
lima (f) triangolare, triangolo (m)
lima (f) triangular

---

3 Vierkantfeile (f)
square-file
lime (f) carrée

четырехгранный напильникъ (m) (напилокъ (m))
lima (f) quadra
lima (f) cuadrada

4 Rundfeile (f)
round file
lime (f) ronde

круглый напильникъ (m) (напилокъ (m))
lima (f) tonda
lima (f) redonda

---

5 Halbrundfeile (f)
half-round file
lime (f) demi-ronde

полукруглый напильникъ (m) (напилокъ (m))
lima (f) mezzo tonda
lima (f) de media caña

---

6 Barettfeile (f)
barette-file, cant file
barette (f)

трехгранный напильникъ (m) напилокъ (m))
lima (f) triangolare
lima (f) bonete

---

7 Wälzfeile (f)
round-off file, cabinet file
lime (f) à arrondir

напильникъ (m) (напилокъ (m)) для закругленія колесныхъ зубцовъ
lima (f) cilindrica
lima (f) de redondear

---

8 Vogelzunge (f), Karpfenfeile (f)
oval file, cross file, double half-round file
lime (f) ovale

овальный напильникъ (m) (напилокъ (m))
lima (f) a foglia di salvia, lima (f) ovale
lima (f) oval, lima (f) almendrada

Messerfeile (f)
knife-file, hack-file
lime (f) à couteaux

ножевка (f), ноже-
вочный напиль-
никъ (m) (напи- 1
локъ (m))
lima (f) a coltello
lima (f) de navaja

Schwertfeile (f)
ensiform-file, feather
edge
lime (f) à pignon

саблевый напиль-
никъ (m) (напи-
локъ (m)) 2
lima (f) a spada
lima (f) de espada

Scharnierfeile (f)
joint-file, round-edge
joint-file
lime (f) à charnière,
lime (f) coulisses

шарнирный напиль-
никъ (m) (напи-
локъ (m)) 3
lima (f) a cerniera
lima (f) de charnela

Schraubenkopffeile (f),
Einstreichfeile (f)
slitting file, feather
edged file
lime (f) à fendre

напильникъ (m) (на-
пилокъ (m)) съ
острымъ ребромъ 4
lima (f) a mandorla
lima (f) achaflanada

Nadelfeile (f)
needle-file
lime (f) à aiguille

проволочный на-
пильникъ (m) (на-
пилокъ (m)), тер- 5
чужёкъ (m)
lima (f) ad ago
lima (f) cola de ratón

Hohlfeile (f)
hollowing-file, round-
file
lime (f) à forer

вогнутый / желобчатый напильникъ (m), напилокъ (m) 6
lima (f) da forare
lima (f) de canal

Sägefeile (f)
saw-file
lime (f) pour [à] scies

напильникъ (m) (на-
пилокъ (m)) для
точки пилъ 7
lima (f) da sega
lima (f) para sierras,
lima (f) para afilar
sierras

1 Lochfeile (f)
riffler
lime (f) d'entrée, rifloir (m), riflurel (m)

рифлуаръ (m), изогнутый напильникъ (m) (напилокъ (m))
lima (f) da fori
lima (f) para agujeros

2 Raspel (f)
rasp, grater, rasping-file
râpe (f), lime (f) mordante

рашпиль (m), терчугъ (m)
raspa (f)
escofina (f)

XXX.

3 Schaber (m)
scraper
grattoir (m)

шаберъ (m)
raschietto (m)
rascador (m), raspador (m)

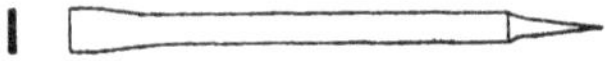

4 Flachschaber (m)
flat scraper
racloir (m), grattoir (m)

плоскій шаберъ (m)
raschietto (m) piatto
rascador (m) plano

5 Hohlschaber (m)
fluted scraper
grattoir (m) cannelé, racloir (m) cannelé

желобчатый шаберъ (m)
raschietto (m) scanalato, raschietto (m) a scanalature
rascador (m) acanalado

6 Dreikantschaber (m)
three-square scraper, triangular scraper [shave hook]
racloir (m) triangulaire, grattoir (m) triangulaire

трехгранный шаберъ (m)
raschietto (m) triangolare
rascador (m) triangular

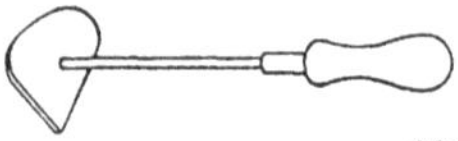

7 Herzschaber (m)
heart scraper [shave hook]
racloir (m) en forme de cœur

сердцевидный шаберъ (m)
raschietto (m) curvo, raschietto (m) a cuore
rascador (m) curvo

schaben
to scrape
gratter, racler

шабрить
raschiare 1
rascar

---

aufschaben
to scour, to scrape
aléser en grattant

пришабрить
raschiare 2
rascar

---

nachschaben
to rescrape
creuser en grattant

подшабрить
ripassare al raschietto 3
repasar con el raspador

Reibahle (f)
reamer
alésoir (m)

рейбалъ (m), раз-
вёртка (f) 4
alesatore (m), allar-
gatoio (m)
escariador (m)

---

geschliffene Reibahle (f)
ground reamer
alésoir (m) aiguisé

шлифованная раз-
вёртка (f) 5
alesatore (m), [allarga-
toio (m)] affilato
escariador (m) afilado

Winkelreibahle (f)
angular reamer, angle
drift
alésoir (m) rectangulaire

угловая развёртка (f)
alesatore (m), [allarga- 6
toio (m)] ad angolo
escariador (m) de ángulo

---

spiral genutete Reib-
ahle (f)
spiral fluted reamer,
reamer with spiral
fluts
alésoir (m) à cannelures
en spirale

развёртка (f) (рейб-
алъ (m)) со спи-
ральными желоб-
ками
alesatore (m), [allarga- 7
toio (m)] con scanel-
lature a spirale
escariador (m) con
estrías en spiral

---

geriefelte Reibahle (f),
gerade genutete Reib-
ahle (f)
straight fluted reamer,
reamer with straight
fluts
alésoir (m) cannelé

развёртка (f) (рейб-
алъ (m)) съ дорож-
ками
alesatore (m), [allarga- 8
toio (m] con sca-
nellature diritte
escariador (m) con
estrías rectas

---

konische Reibahle (f)
taper reamer
alésoir (m) conique

коническая раз-
вёртка (f), кони-
ческій рейбалъ (m) 9
alesatore (m), [allarga-
toio (m)] conico
escariador (m) cónico

1	Zapfenreibahle (f) pivot-reamer alésoir (m) à pivots		развёртка (f) (рейбалъ (m)) съ цапфами alesatore (m) per perni escariador (m) hueco
2	Maschinenreibahle (f) machine-reamer alésoir (m) de machines		развёртка (f) вставляющаяся въ шпиндель станка, рейбалъ (m) вставляющійся въ шпиндель станка alesatore (m) meccanico escariador (m) mecánico
3	aufreiben to broach, to enlarge with the reamer, to ream aléser		развертѣть, развёртывать alesare alargar, escariar

XXXI.

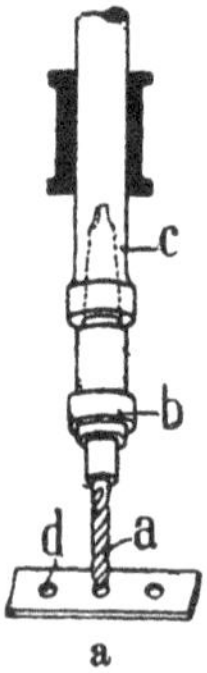

4	Bohrer (m) borer, drill foret (m), mèche (f)	a	сверло (n), перка (f), перковое сверло (n) trapano (m) taladro (m), barrena (f), broca (f)
5	Bohrfutter (n) drill socket manchon (m) pour foret, manchon (m) pour le faux-bouton	b	патронъ (m) для сверла (перки) fodera (f) del trapano mango (m), manguito (m) para la broca
6	Bohrspindel (f) boring-bar, spindle arbre (m) porte-foret	c	шпиндель (m) сверла (перки) albero (m) del trapano barra (f) del taladro, árbol (m) porta-brocas

Bohrloch (n) bore-hole, bore vide (m), creux (m), trou (m)	d	высверленная дыра (f), высверленное отверстіе (n) foro (m) fatto al trapano, foratura (f) barreno (m), taladro (m)	*1*
bohren, durchbohren to bore, to drill, to perforate forer, perforer, percer		сверлить, просверлить, просверливать, буравить, пробуравить, пробуравливать forare, bucare, trapanare taladrar, barrenar, agujerear	*2*
nachbohren, ausbohren to rebore, to bore again, to widen, to enlarge refaire [un trou]		высверлить, высверливать, подчистить сверломъ, подчищать сверломъ, разбуравить, разбуравливать ripassare al trapano taladrar otra vez, repasar con el taladro	*3*
Schlichtbohrer (m) finishing bit alésoir (m)		красное сверло (n) trapano (m) fino taladro (m) para refinar	*4*
Bohren (n) drilling forage (m), perçage (m)		сверленіе (n), буреніе (n) forare (m) taladrar (m)	*5*
Handbohrer (m) hand-drill, drill worked by hand perceuse (f) à main, perforatrice (f) à main		ручное сверло (n), ручной буравъ (m) trapano (m) a mano barrena (f) de mano, perforadora (f) á mano	*6*
Nagelbohrer (m) gimlet vrille (f)		буравчикъ (m), навёртка (f) succhiello (m) taladrador (m), parauso (m)	*7*
Zapfenbohrer (m) pin-drill tarière (f)		лопатень (m), бочечный буравъ (m) bucafondi (m) [per bottai] taladrador (m) de vástago, broca (f) de punto	*8*

1	einschneidiger Bohrer (m) single-cutting-drill mèche [foret] à une tranche		сверло (n) съ однимъ лезвіемъ mecchia (m), trapano (m) ad un taglio broca (f) de un corte
2	zweischneidiger Bohrer (m) double cutting drill mèche [foret] à deux tranches		сверло (n) съ двумя лезвіями mecchia (f) a due tagli, trapano (m) a due tagli broca (f) de doble corte
3	Spitzbohrer (m) common bit, pointed-end drill foret (m) à langue d'aspic		навёртное сверло (n) mecchia (f) appuntita, trapano (m) appuntito broca (f) ordinaria
4	Centrumsbohrer (m) center-bit, cutter foret (m) à centre, foret (m) à trois pointes, mèche (f) à centre		центура (f), центровая перка (f) mecchia (f) a centro, trapano (m) a centro barrena (f), broca (f) de tres puntas
5	Centrumsspitze (f) nicker, center point pointe (f) de centre	a	остріе (n) центуры, (центровой перки) punta (f) centrale centro (m) de la barrena, punto (m) de la broca
6	Spiralbohrer (m) twist drill foret (m) [mèche] hélicoïdal		спиральное сверло (n) mecchia (f) spirale, trapano (m) a spirale broca (f) salomónica
7	Versenker (m), Krauskopf (m) countersink foret (m) à fraiser		зенковка (f) accecatoio (m) barrena (f) cónica, broca (f) de fresar
8	Holzbohrer (m) auger, wimble, gimlet mèche (f) pour bois		плотничій буравъ (m) mecchia (f), trapano (m) a legno broca (f) para madera

Schneckenbohrer (m)
twisted auger, half twist bit
tarière (f) hélicoïdale

свитокъ (m), насосный буравъ (m), червячная перка (f)
trapano (m) a chiocciola, succhiello (m) a chiocciola, trivella (f) ad elica
taladrador (m) á hélice, barrena (i) de berbiquí 1

Öhrbohrer (m)
twisted eye bit
tarière (f) à douille

червячная перка (f) съ ушкомъ, буравъ (m) съ бочечнымъ ушкомъ
trapano (m) a due mani, succhiello (m) a due mani
barrena (f) de muletilla, taladro (m) de dos manos 2

Löffelbohrer (m)
auger, shell auger
tarière (f) à cuiller

ложечная перка (f)
succhiello (m) a sgorbia
barrena (f) de pala 3

Stangenbohrer (m)
long eye auger
tarière (f) torse

проходникъ (m), напарье (n)
succhiello (m)
barrena (f) de cola de marrano 4

Langlochbohrer (m)
long-borer, slot-borer, slot driller, long auger
esseret (m)

сверло (n) для продольныхъ дыръ
trapano (m) lungo
taladro (m) de media caña 5

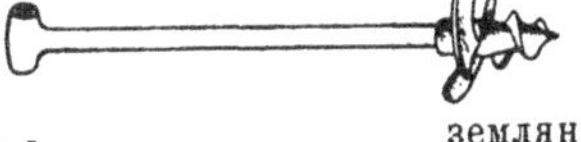

Erdbohrer (m)
churn-drill, ground-auger
tarière (f) pour le sol, sonde (f)

земляной буравъ (m)
trivella (f) a chiocciola per terreno
sonda (f) 6

Steinbohrer (f)
wall-chisel, mill-stone-piercer
perce-meule (m), bonnet (m) de prêtre

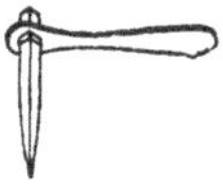

буръ (m) для камня
trapano (m) per pietre
barrena (f) para piedra, puntero (m) para piedra 7

No.			
1	Bohrgerät (n) boring apparatus, boring-tools (pl.) outil (m) à forer		буровой инструментъ (m) utensili (m. pl.) per forare herramienta (f) para taladrar
2	Drillbohrer (m), Drehbohrer (m) Archimedian drill, spiral drill, wimble porte-foret (m), foret (m) à vis d'Archimède		дрель (f) trapano (m) berbiquí (m) helizoidal
3	Rollenbohrer (m) drill with ferrule, bow-drill foret (m) à l'archet	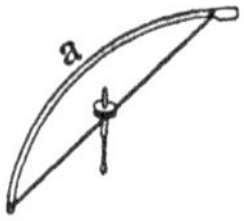	смычковая дрель (f) trapano (m) ad archetto berbiquí (m) de arco, berbiquí (m) de violín
4	Drillbogen (m), Fiedelbogen (m), Bohrbogen (m) drill-bow archet (m)	a	смычекъ (m) дрели archetto (m) berbiquí (m) de manubrio, arco (m) de violín
5	Brustbohrer (m), Faustleier (f), Brustleier (f) breast-drill, bit-brace, hand-brace, belly-brace vilebrequin (m)	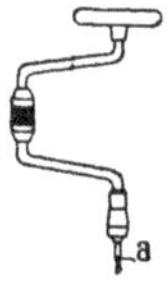	грудной коловоротъ (m) girabecchino (m) berbiquí (m) de pecho, berbiquí (m) de mano
6	Bohreisen (n), Bohreinsatz (m) bore-bit foret (m), mèche (f)	a	стержень (m) { сверла, перки, бурава punta (f) da forare broca para perforar
7	Winkelbohrer (m), Eckbohrer (m) angle-brace, corner drill foret (m) à angle		коловоротъ (m) съ шестерней trapano (m) ad arco, girabecchino (m) a manovella berbiquí (m) de manivela
8	Bohrkurbel (f), Kurbel (f) brace fût (m) du drill	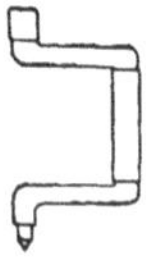	мотыль (m) (станокъ (m)) коловорота zanca (f) manubrio (m) de taladrar
9	Bohrknarre (f), Ratsche (f) ratchet-brace cliquet (m), rochet (m)	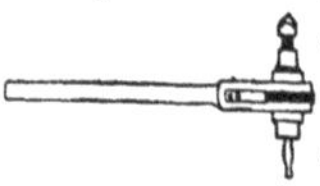	трещетка (f), рачка (f) cricchetto (m), trapano (m) a cricco chicharra (f), carraca (f)

Bohrmaschine (f)
drilling-machine, drill-press
machine (f) à percer, perceuse (f)

сверлильный станокъ (m)
trapanatrice (f)
perforadora (f), máquina de taladrar, máquina de barrenar 1

XXXII.

Fräser (m)
milling-cutter, cutter
fraise (f)

шарошка (f), фрезеръ (m)
fresa (f)
fresa (f) 2

Fräserzahn (m)
tooth of the cutter
dent (f) de fraise

a

зубецъ (m) шарошки (фрезера)
dente (m) della fresa
diente (m) de fresa 3

Fräser (m) mit eingesetzten Zähnen
milling cutter with inserted teeth
fraise (f) à dents rapportées

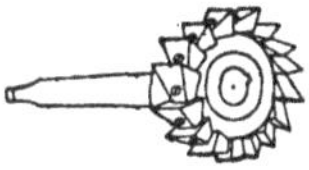

шарошка (f) (фрезеръ (m)) со вставными зубьями
fresa (f) con denti regolabili, rimessi
fresa (f) con dientes postizos 4

---

hinterdrehter Fräser (m)
backed off cutter
fraise (f) avec profil invariable

заточеная шарошка (f), заточеный фрезеръ (m)
fresa (f) con profilo invariabile
fresa (f) de torneado posterior, fresa (f) de media caña 5

Scheibenfräser (m)
side-milling-cutter
fraise (f) à disque, fraise (f) latérale

дисковая шарошка (f), дисковый фрезеръ (m)
fresa (f) a disco
fresa (f) de disco 6

Nutenfräser (m)
slot-cutter, slot-milling-cutter
fraise (f) pour rainures, fraise (f) pour cannelures

шарошка (f) (фрезеръ (m)) для пазовъ
fresa (f) per scanalature, fresa (f) per incastri
fresa (f) de muesca, fresa (f) de cajear 7

1 Walzenfräser (m)
cylindrical cutter, face-mill, facing-cutter
fraise (f) cylindrique

цилиндрическая шарошка (f) со спиральными зубьями
fresa (f) cilindrica, fresa (f) a rullo
fresa (f) cilindrica

---

2 Schlitzfräser (m)
slot-cutter
fraise (f) raineuse

прорѣзная шарошка (f)
fresa (f) a taglio, fresa (f) per intagliare
fresa (f) de ojal

---

3 Schaftfräser (m)
shank-end-mill, end-mill
fraise (f) à queue

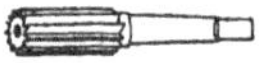

лобовая шарошка (f)
fresa (f) di fronte, fresa (f) a corda, fresa (f) tagliata in fondo
fresa (f) de frente

---

4 Planfräser (m)
face-milling-cutter
fraise (f) plane, de front

концевая шарошка (f)
fresa (f) piana
fresa (f) plana

---

5 Zahnradfräser (m), Räderfräser (m)
wheel cutter, cutter for gear wheels, gear cutter
fraise (f) pour engrenages

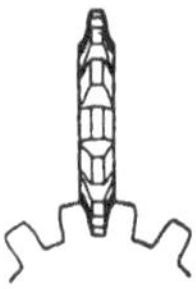

шарошка (f) для зубчатыхъ колёсъ
fresa (f) per ruote dentate
fresa (f) para ruedas dentadas

---

6 Schneckenfräser (m)
worm hobs
fraise (f) hélicoidale

шарошка (f) для червячныхъ колёсъ
fresa (f) a vite senza fine
fresa (f) espiral

---

7 Außenfräser (m)
hollow mill, [cutting the exterior of tube]
fraise (f) extérieure, fraise (f) creuse

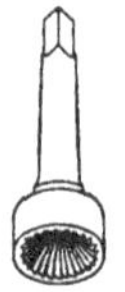

шарошка (f) для внѣшняго фрезерованія
fresa (f) per smussature esterne
fresa (f) para fresar [tubos] al exterior

---

8 Profilfräser (m)
formed cutter, profil-cutter
fraise (f) profilée, fraise (f) de forme

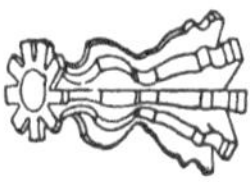

профильная шарошка (f)
fresa (f) a profilo
fresa (f) de perfilar

---

9 fräsen, ausfräsen
to cut, to mill with a cutter
fraiser

фрезеровать, шарошевать
fresare
acepillar, fresar

Fräsen (n) milling, cutting fraisage (m)		фрезерованіе (n), шарошеваніе (n) fresatura (f) fresado (m)	1
Fräsmaschine (f) milling machine machine (f) à fraiser, fraiseuse (f)		фрезерный (шарошечный) станокъ (m) fresatrice (f) máquina (f) de fresar	2

XXXIII.

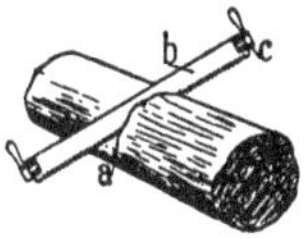

Säge (f) saw scie (f)		пила (f) sega (f) sierra (f)	3
Sägeschnitt (m) saw-notch, saw-cut trait (m) de scie	a	надрѣзъ (m) пилой tratto (m) della sega corte (m) de sierra	4
Sägeblatt (n), Sägeklinge (f), Band (n) der Säge saw-blade, saw-web lame (f) de scie	b	листъ (m) / лента (f) / полотно (n) } пилы lama (f) della sega hoja (f) de sierra	5
Sägeangel (f) blade holder porte-scie (m), agrafe (f) de scie	c	гнѣздо (n) для укрѣпленія пилы manico (m) della sega, portasega (m) mango (m) de la sierra	6

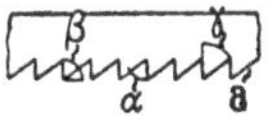

Sägezahn (m) tooth dent (f) de scie	a	зубецъ (m) пилы, пильный зубъ (m), (зубецъ (m)) dente (m) della sega diente (m) de sierra	7
Brustwinkel (m) hook, bottom angle angle (m) des dents [entre elles]	α	уголъ (m) упора angolo (m) d'appoggio ángulo (m) radical del diente	8
Schneidwinkel (m) angle at top, cutting angle angle (m) de taille	β	уголъ (m) рѣзца angolo (m) di taglio ángulo (m) de corte	9

1	Zuschärfungswinkel (m) angle of throat, front rake angle (m) d'une dent	γ	уголъ (m) заостренія angolo (m) d'affilamento ángulo (m) del filo, oblicuidad del filo
2	Zahnspitzenlinie (f) face line of teeth, top line of teeth ligne (f) des dents	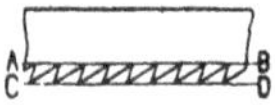 C—D	линія (f) вершинъ (оконечностей) зубьевъ linea (f) delle punte dei denti línea (f) de las puntas de los dientes
3	Sägerandlinie (f) bottom line of teeth ligne (f) supérieure des dents	A—B	линія (f) основанія зубьевъ linea (f) del labbro, dell' orlo, lembo (m) línea (f) de aserrado
4	Dreieckszahn (m) triangular tooth dent (f) triangulaire	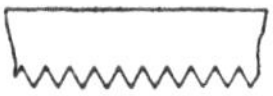	треугольный зубецъ (m) dente (m) triangolare diente (m) triangular
5	Wolfszahn (m) briar tooth, gullet-tooth dent-de-loup (f)	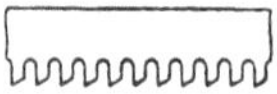	волчій зубъ (m) dente (m) di lupo diente (m) de lobo
6	M-Zahn (m), Stockzahn (m) M-tooth dent (f) en M renversé		М-образный зубецъ (m), зубъ (m) въ видѣ буквы М dente (m) a M diente (m) de cola de Milano
7	hinterlochter Zahn (m) célérité tooth (perforated saw) dent (f) percée	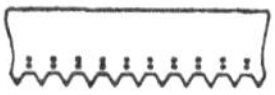	зубецъ (m) съ расположенными надъ нимъ отверстіями dente (m) perforato diente (m) ojalado
8	geschränkter Zahn (m) double tooth dent (f), qui a de la voie		разведенный зубецъ (m) dente (m) allicciato, dente (m) licciato diente (m) alaveado, diente (m) abarquillado
9	Schränkeisen (n) saw set fer (m) à contourner, tourne à gauche (m)		разводка (f) licciaiuola (f) calibre (m) para alavear los dientes de sierra, triscador (m)

schränken, aussetzen
to set [the teeth]
donner la voie [aux dents d'une scie]

развести (разводить) зубцы пилы
alliciare
alavear, triscar 1

Sägezähne (m. pl.) hauen
to cut teeth
faire les dents, tailler les dents

пробить (пробивать) зубцы
tagliare denti
cortar los dientes de sierra, dentar una sierra 2

---

sägen
to saw
scier

пилить
segare
serrar, aserrar 3

Sägespäne (m. pl.)
saw-dust
sciure (f)

опилки (m. pl.)
segatura (f)
aserraduras (f. pl.), virutas de sierra 4

---

kaltsägen
to cold saw
scier à froid

пилить ..... въ холодномъ видѣ
segare a freddo
aserrar en frío 5

---

warmsägen
to warm saw
scier à chaud

пилить ..... въ нагрѣтомъ видѣ
segare a caldo
aserrar en caliente 6

Kaltsäge (f)
cold saw
scie (f) à froid

пила (f) для холодной распиловки (холодныхъ металловъ)
sega (f) a freddo
sierra (f) en frío 7

Warmsäge (f)
warm saw
scie (f) à chaud

пила (f) для тёплой распиловки (нагрѣтыхъ металловъ)
sega (f) a caldo
sierra (f) en caliente 8

Metallsäge (f)
iron cutting saw, metal-saw (A)
scie (f) à métaux

пила (f) для металловъ
sega (f) da metalli
sierra (f) para metales 9

Holzsäge (f)
saw, wood-saw (A)
scie (f) [à bois]

пила (f) для дерева
sega (f) da legno
sierra (f) para madera 10

1 Handsäge (f)
hand-saw, arm-saw
scie (f) à main

ручная пила (f)
sega (f) a mano
sierra (f) de mano, serrucho

---

2 zweimännische Säge (f)
saw for two men
scie (f) à deux hommes

двуручная пила (f)
sega (f) a due uomini
sierra (f) de cuatro manos

---

3 ungespannte Säge (f)
unset saw
scie (f) ralentie

ненатянутая ленточная пила (f)
sega (f) allentata
sierra (f) floja

---

4 Schrotsäge (f), Brettsäge (f), Baumsäge (f)
long saw, pit saw
scie (f) de long, passepartout (m)

продольная (маховая, садовническая) пила (f)
segone (m), sega (f) verticale
sierra (f) de leñador

---

5 Quersäge (f)
cross-cut-saw
scie (f) à découper, passepartout (m)

поперечка (f), поперечная пила (f)
sega (f) trasversale
sierra (f) para trozar

---

6 Bauchsäge (f), Wiegensäge (f)
felling saw
scie (f) ventrée

выгнутая поперечка (f), выгнутая поперечная пила (f)
sega (f) ventrata
sierra (f) de hoja de lomo arqueado

---

7 Fuchsschwanz (m)
pad saw, hand saw
scie (f) à main, scie (f) à manche

ножевка (f), фуксшванцъ (m)
saracco (m), sega (f) a mano
serrucho (m)

---

8 Rückensäge (f)
tenon-saw
scie (f) à dos

ножевка (f) съ обухомъ
saracco (m) a dorso
serrucho (m) de lomo reforzado, serrucho (m) de costilla

---

9 Sägenrücken (m)
back of the saw
dos (m) de la scie

a

обухъ (m) ножевки
dorso (m) della sega
lomo (m) de la sierra

---

10 Stichsäge (f), Lochsäge (f), Spitzsäge (f)
compass-saw, key-hole saw, piercing saw
scie (f) à guichet

узкая ножевка (f)
gattuccio (m), ladro (m)
serrucho (m) de calar

Einstreichsäge (f), Schraubenkopfsäge (f)
slitting saw
scie (f) à métaux à dos

ножевка (f) для прорѣзыванія пазовъ
sega (f) per metallo a dorso
serrucho (m) de cuchillo
1

Spannsäge (f), gespannte Säge (f)
frame-saw, framed saw, span-saw
scie (f) montée, scie (f) à châssis, scie (f) à monture

натянутая пила (f)
sega (f) intelaiata
sierra (f) de hoja tensa, sierra (f) de bastidor
2

Bogensäge (f)
bow-saw
scie (f) en archet, scie (f) à arc

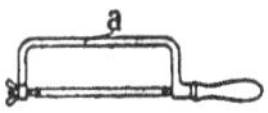

лучковая пила (f)
sega ( ) ad arco, sega (f) ad archetto
sierra (f) de arco
3

Sägenbogen (m)
saw-frame, bow
châssis (m), archet (m), cadre (m) de la scie

a

лучекъ (m) } пилы
станокъ (m) } пилы
arco (m) della sega
arco (m) de sierra, armazón de sierra
4

Laubsäge (f)
fret-saw, scroll saw (A)
scie (f) d'horloger

лобзикъ (m), волосная пила (f)
sega (f) da traforo
sierra (f) de marquetería
5

Klobsäge (f), Furniersäge (f)
board-saw, frame-saw, veneer-saw
scie (f) à placage

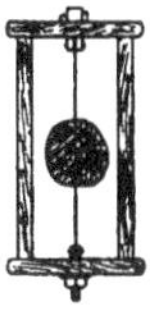

фанерочная } пила (f)
фурнирная } пила (f)
sega (f) da cantiere, segone (m) ad arco
sierra (f) de aserrador, sierra (f) de dos manos
6

Örtersäge (f)
turning-saw, framed-whip-saw, great span-saw
scie (f) à débiter

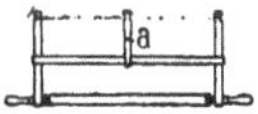

столярная лучковая пила (f)
sega (f) da falegname
sierra (f) de carpintero
7

Knebel (m)
tongue, gag
garrot (m)

a

закрутка (f), закрутень (m), язычекъ (m)
nottola (f)
taco (m), fiador (m), templador (m)
8

Schließsäge (f)
sash-saw, slash-saw
scie (f) allemande

небольшая лучковая пила (f)
sega (f) da denti
sierra (f) delgada
9

1	Schweifsäge (f) bow-saw, fret-saw scie (f) à chantourner	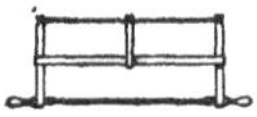	узенькая столярная лучковая пила (f) seghetto (m), sega (f) da volgere sierra (f) de embutir, sierra (f) de rodear
2	Sägemaschine (f) sawing-machine, saw-bench scie (f) mécanique, machine (f) à scier		пильный станокъ(m), машина (f) для распиловки sega (f) meccanica, sega (f) a macchina aserradora (f) mecánica, máquina (f) de aserrar
3	Bandsäge (f) belt-saw, endless saw, band-saw (A) scie (f) à lame sans fin, scie (f) à ruban	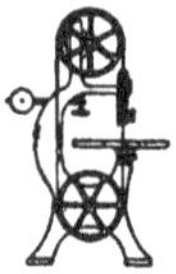	безконечная ленточная пила (f) sega (f) a nastro, sega senza fine, sega (f) a lama continua sierra (f) de cinta, sierra (f) continua, sierra (f) sin fin
4	Kreissäge (f) circular saw, disk saw scie (f) circulaire		циркульная } пила (f) круглая sega (f) circolare sierra (f) circular
5	Sägegatter (n) saw-sash, saw-frame, saw-gate châssis (m) de scies		пильная рама (f) telaio (m) d'una sega meccanica bastidor (m) de sierra
6	Gattersäge (f) frame-saw scie (f) à cadre		лѣсопильная рама (f), рамная пила (f) sega (f) a macchina sierra (f) de marquetería
7	Sägeblock (m) saw-block, saw-log billot (m), grume (m)		бревно (n) cavalletto (m) per segare bloque (m) para serrar, caballete (m) para serrar

XXXIV.

8	Axt (f) axe hache (f), cognée (f)	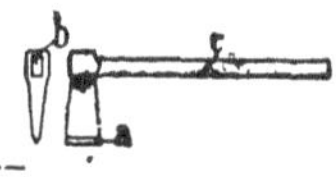	топоръ (m) scure f hacha (f)
9	Schneide (f) edge, bit tranchant (m)	a	лезвiе (n) lama (f), taglio (m) della scure corte (m) de hacha

Haube (f), Öhr (n), Haus (n) axe-hole, axe-eye oeil (m) de hache	b	проушина (f) occhio (m) della scure foro (m) della scure ojal (m) para mango de hacha	1
Axtstiel (m), Helm (m) axe-handle, shaft of an axe manche (m) de la hache	c	топорище (n), ручка (f) топора manico (m) della scure mango (m) de hacha	2
Handaxt (f) hand-axe hache (f) à main		топорикъ (m), ручной топоръ (m) scure (f) a mano hacha (f) de mano	3
Bankaxt (f) bench-axe hache (f) de charpentier		плотничій топоръ (m) scure (f) da banco hacha (f) de vaciar	4
Stoßaxt (f), Stichaxt (f) mortise axe bisaigue (f), pioche (f)		шиповая шляхта (f) bicciacuto, (m) scalpello (m) ugnato hacha (f) de choque	5
Beil (n) hatchet hachette (f)		топоръ (m) accetta (f), ascia (f) hacha (f), destral (m)	6
Handbeil (n) hacket, hatchet hachette (f) à poing		топорикъ (m) accetta (f) da falegname hachuela (f)	7
Texel (m), Dexel (m), Dechsel (m) adze herminette (f), essette (f)		кирга (f) accetta (f) [da bottaio] azuela (f)	8
dechseln, texeln to dub, to adze dresser à l'herminette		зарубить } киргой зарубать } киргой tagliare all' accetta sabotear (m), desbastar á la azuela	9
Hobel (m) plane rabot (m)	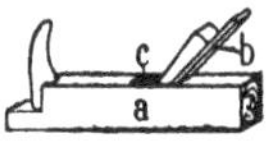	рубанокъ (m), стругъ (m) pialla (f) cepillo (m), garlopa (f)	10
Hobelkasten (m) stock, plane-stock, plane-wood fût (m) de rabot	a	колодка (f) { рубанка, струга ceppo (m) della pialla caja (f) del cepillo	11
Hobeleisen (n) plane-iron fer (m) de rabot	b	желѣзко (n) { рубанка, струга lama (f) della pialla, ferro (m) da pialla hierro (m) de cepillo	12

1	Spannloch(n) des Hobels mouth of the plane lumière (f) du rabot	c	отверстіе (n) для желѣзокъ luce (f) della pialla agujero (m) de la cuña del cepillo
2	hobeln to plane raboter, aplanir		строгать piallare acepillar, cepillar
3	behobeln to plane smooth raboter, promener le rabot		обстругать, обстругивать ripiallare labrar con cepillo
4	abhobeln to plane, to shoot off, to smooth off donner un coup de rabot à qch.		состругать, состругивать piallare cepillar, planear
5	Hobeln (n) planing rabotage (m)		строганіе (n) piallatura (f) cepillado (m)
6	Hobelspäne (m. pl.) shavings copeaux (m. pl.)		стружки (m. pl.) trucioli (m pl.) viruta (f), doladura (f), acepilladuras (f. pl.)
7	Doppelhobel (m) double iron plane rabot (m) à double fer, rabot (m) à contre-fer	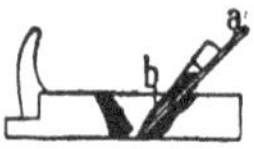	двойной рубанокъ (m), рубанокъ (m) съ двойнымъ желѣзкомъ pialla (f) doppia, pialla (f) a due ferri cepillo (m) de dos scutidos
8	Doppeleisen (n) double iron, back-iron fer (m) double de rabot	a	двойное желѣзко (n) ferro (m) doppio, lama (f) doppia cuchillo (m) doble de cepillo
9	Deckel (m), Kappe (f) top-plane-iron, break iron contre-fer (m), fer (m) de dessus	b	верхнее желѣзко (n) controlama (f), controferro (m) tapa (f) del cepillo
10	Schrupphobel (m), Schürfhobel (m) jack-plane riflard (m)		драчковый стругъ (m), шерхебель (m) cagnaccia (f), piallone (m), pialla (f) a sgrossare cepillo (m) de desbastar

Schlichthobel (m) smoothing plane varloppe (f)		фуганокъ (m) pialletto (m), barlotta (f) garlopa (f), cepillo (m) grande	1
Bankhobel (m) bench-plane, cooper jointer rabot (m) d'établi		столярный рубанокъ (m) pialla (f) da banco cepillo (m) de banco	2
Handhobel (m) hand-plane rabot (m) à main		ручной стругъ (m), ручной рубанокъ (m) pialla (f) a mano cepillo (m) de mano	3
Simshobel (m), Gesimshobel (m) side-rebate-plane, side-rabbet-plane guillaume (m)		закройникъ (m), зензубель (m) sponderuola (f) cepillo (m) de molduras, guillame (m)	4
Falzhobel (m) fillister feuilleret (m)		фальцовка (f), калёвка (f), фальцгубель (m) incorsatoio (m) cepillo (m) de media madera, junterilla (f)	5
Nuthobel (m) tonging and grooving plane rabot (m) à rainures, bouvet (m) à rainures		дорожникъ (m), пазникъ (m), пазовикъ (m), шпунтгубель (m) incorsatoio (m) femmina, pialla (f) da intarsiatore cepillo (m) de machihembrar, acanalador (m)	6
Schiffshobel (m) compass-plane rabot (m) rond, rabot (m) cintré		горбачъ (m) sponderuola (f) a barca, sponderuola (f) a bastone cepillo (m) de carpintero de ribera	7
Profilhobel (m), Façonhobel (m) moulding plane rabot (m) pour profils, rabot (m) à moulures		фасонный рубанокъ (m) pialla (f) a profilo cepillo (m) de perfilar	8
Hobelbank (f) joiner's bench, carpenter's bench établi (m) de menusier	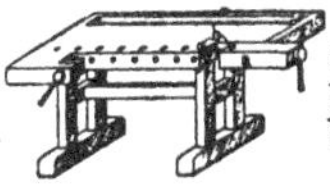	верстакъ (m) banco (m) da falegname banco (m) de carpintero	9

1 Zange (f) der Hobelbank
press of a joiner's bench
presse (f) d'établi de menusier

a

гребенка (f)
morsa (f) del banco
tornillo (m) de carpintero

---

2 Bankhaken (m), Bankeisen (n)
iron bench stop, holdfast
mentonnet (m), greppe (f) d'établi, valet (m) d'établi

b

клинокъ (m)
barletto (m)
cavas (f) del carpintero

---

3 Hobelmaschine (f)
planing machine
machine (f) à raboter, raboteuse (f)

строгалка (f), строгательный станокъ (m)
piallatrice (f), macchina (f) a piallare
cepilladora (f), garlopa (f), máquina para acepillar

---

4 Stemmeisen (n), Beitel (m), Holzmeißel (m)
chisel
ciseau (m)

стамеска (f), долото (n)
scalpello (m), incavatoio (m)
escoplo (m), cincel (m), formón (m)

---

5 stemmen
to chisel
tailler au ciseau

строгать стамеской, долбить долотомъ
incavare, scalpellare
agujerear con el formón, hacer mortajas

---

6 Stechbeitel (m)
ripping chisel, firmer chisel
ciseau (m) fort

прямая стамеска (f)
scalpello (m) a taglio
escoplo (m) punzón, formón (m) de barrilete

---

7 Lochbeitel (m)
mortise chisel
bédane (m)

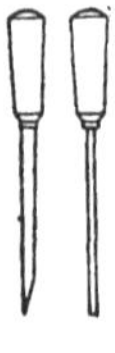

долото (n)
pedano (m)
escoplo (m) para agujeros, escoplo (m) de fijas

Hohleisen (n)
gouge
gouge (f)

полукруглая стамеска (f)
scalpello (m) a sgorbia 1
escoplo (m) hueco escoplo (m) de media caña, gubia (f)

Geißfuß (m)
corner-chisel, parting tool
gouge (f) triangulaire

трехгранное долото (n)
sgorbia (f) triangolare 2
pico (m) de cabra pie (m) de cabra, gubia (f) triangular

Ziehmesser (n), Zugmesser (n), Schnitzmesser (n)
draw-knife, draw-shave, knife with two handles
plane (f), couteau (m) à deux manches

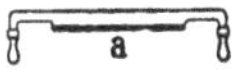
a

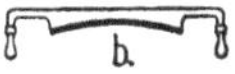
b

стругъ (m)
coltello (m) a due manichi 3
cuchillo (m) de dos mangos

Geradeisen (n)
planishing knife
plane (f) à lame droite, plane (f) droite

a

стругъ (m) съ плоскимъ желѣзкомъ
coltello (m) a lama diritta 4
cuchillo (m) de dos manos

Krummeisen (n)
hollowing knife
plane (f) à lame courbe, plane (f) creuse

b

стругъ (m) съ полукруглымъ желѣзкомъ 5
coltello (m) a lama curva
media luna (f)

Nagel (m)
nail
cheville (f), clou (m)

гвоздь (m)
chiodo 6
clavo (m)

---

nageln
to nail
clouer

пригвоздить, прибить (прибивать) гвоздемъ 7
chiodare
clavar

1	zusammennageln to nail clouer, attacher par une cheville		сколотить (сколачивать) гвоздями inchiodare, unire con chiodi clavar, juntar con clavos
2	Nagelloch (n) pin-hole, nail-hole trou (m) de cheville, œuillet (m) de clou		дыра (f) отъ гвоздя foro (m) del chiodo agujero (m) del clavo
3	Nagelhammer (m) spike-driver marteau (m) à panne fendue		гвоздильный молотокъ (m) martello (m) da chiodi martillo (m) para clavar
4	Drahtstift (m) wire-tack wire-nail pointe (f) de Paris		шпилька (f), штифтъ (m) puntina (f) punta (f) de París, alfiler (m)
5	Nageleisen (n) heading tool, bolt-header cloutière (f)		гвоздильня (f), гвоздарная оправка (f) chiodaia (f) hierro (m) de clavòs
6	leimen to glue coller		клеить incollare encolar, pegar con cola
7	zusammenleimen to glue, to agglutinate coller ensemble		склеить, склеивать unire con colla encolar
8	Leim (m) glue colle (f) forte, colle (f)		клей (m) colla (f) cola (f)
9	Leimknecht (m), Schraubzwinge (f) glue-press, cramp-frame, hold-fast serre-joints (m), sergent (m), presse (f) à main		струбцинка (f) для склейки предметовъ sergente (m) da falegname, morsetta (f) cierra-junta (f)

XXXV.

10	Schleifstein (m) grindstone, grinding mill, grinding stone meule (f) à aiguiser	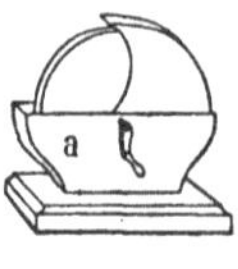	точило (n), точильный камень (m) mola (f) da affilare piedra (f) amoladera, muela (f) amoladera, asperón (m)

Schleiftrog (m), Schleifsteintrog (m) chest below the grindstone, trough auget (m) de meule à aiguiser	a	корыто (n) (коробка (f)) точила (точильнаго камня) truogolo (m) artesón (m) de muelas, mollejón (m)	1
Körnung (f) des Schleifsteines grain of the grindstone grain (m) de la meule		сыпь (f) точила (точильнаго камня) grana (f) della mola picado (m) de la muela	2
Abziehstein(m), Brocken (m) rubber, slip, whet stone pierre (f) à adoucir		плоское точило (n) pietra (f) da affilare piedra (f) de repasar, piedra (f) de afilar	3
Ölstein (m) oil-stone, grinder's oilstone pierre (f) à l'huile	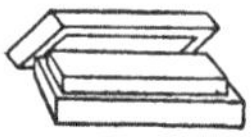	оселокъ (m) pietra (f) di Candia piedra (f) aceitada para afilar	4
schleifen to sharpen, to grind, to smooth, to whet, to rub aiguiser		точить affilare amolar, afilar, esmerilar	5
Schleifvorrichtung (f) grinding machine machine (f) à aiguiser, machine (f) à meuler		точильное приспособленіе (n) macchina (f), apparecchio (m) per affilare aparato (m) para afilar, máquina (f) de afilar	6
Schleifscheibe(f), Polierscheibe (f) wheel-mill, glazing-wheel, polishing wheel meule (f), polissoir (m)		точильный дискъ (m) disco (m) per affilare, disco (m) pulitore disco (m) esmerilador, disco (m) pulimentador	7
Schmirgel (m) emery émeri (m)		наждакъ (m) smeriglio (m) esmeril (m)	8
Schmirgelpapier (m) emery-paper papier (m) à émeri		наждачная бумага (f) carta (f) smerigliata papel (m) de esmeril, papel (m) esmerilado	9
Schmirgelleinen (n), Schmirgelleinwand (f) emery-cloth toile à émeri (f)		наждачное полотно (n) tela (f) smerigliata tela (f) de esmeril, tela (f) esmerilada	10

1 Schmirgelholz (n)
emery-stick
polissoir (m)

наждачный брусокъ (n)
legno (m) smeriglio
esmerilador (m) de madera

---

2 Schmirgelscheibe (f)
emery-wheel, glazer, glazing-wheel
meule (f) d'émeri, meule (f) à émeri

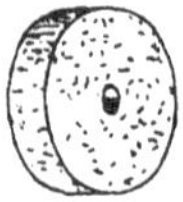

наждачный точильный кругъ (m)
disco (m) di smeriglio
muela (f) de esmeril

---

3 Schmirgelring (m), Schmirgelrad (n)
emery-wheel, emery-cutter, emery-grinder
anneau (m) d'émeri, roue (f) d'émeri

наждачное кольцо (n)
anello (m) di smeriglio, ruota (f) di smeriglio
rueda (f) de esmeril

---

4 Schmirgelcylinder (m), Schmirgelwalze (f)
emery-cylinder
tambour (m) d'émeri

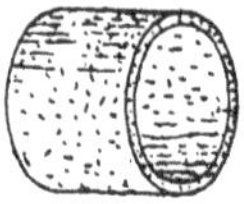

наждачный цилиндръ (m) (валикъ (m))
cilindro (m) di smeriglio
cilindro (m) de esmerilar

---

5 Schmirgelstein (m)
emery-wheel
pierre (f) d'émeri

наждачный камень (m)
pietra (f) di smeriglio
piedra (f) esmeril

---

6 schmirgeln
to rub, to polish, to grind with emery
polir à l'émeri

полировать (шлифовать, точить) наждакомъ
smerigliare
esmerilar

---

7 Schmirgelschleifmaschine (f)
emery grinding machine
machine (f) de meules d'émeri

наждачное точило (n)
smerigliatrice (f), macchina (f) da smerigliare
máquina (f) de esmerilar

---

8 Schmirgelstaub (m), Schmirgelpulver (n)
emery-dust
poudre (f) d'émeri, émeri (m) en poudre

наждачная пыль (f)
polvere (f) di smeriglio
polvo (m) de esmeril

XXXVI.

9 härten
to harden
tremper

закаливать
temperare
templar, endurecer

Härten (n)
hardening
trempe (f)
закалка (f), закаливаніе (n)
tempra (f), tempratura (f)
temple (m) 1

---

anlassen, nachlassen
to temper
adoucir, recuire
отпускать, отжигать
ricuocere
pavonar, repasar el temple 2

Anlassen (n), Nachlassen (n)
tempering
adoucissement (m), recuit (m)
смягченіе (n) (отпусканіе (n)) стали
ricottura (f)
pavonar (m), repaso (m) del temple 3

Anlaßfarbe (f), Anlauffarbe (f)
tempering-colour, annealing colour
couleur (f) du recuit
цвѣтъ (m) отпуска
tinta (f) della tempra
color (m) del temple 4

Härte (f)
hardness
dureté (f)
твердость (f)
durezza (f)
temple (m) 5

Naturhärte (f)
natural hardness
dureté (f) naturelle
природная твердость (f)
tempra (f) naturale
temple (m) natural 6

Glashärte (f)
chilling
trempe (f) glacée
крѣпкая закалка (f)
tempera (f) indurita
temple (m) vitreo, dureza (f) de vidrio 7

Härteskala (f)
scale of hardness
échelle (f) de dureté
скала (f) твёрдости
scala (f) delle tempere
escala (f) de dureza 8

Härtegrad (m)
degree of hardness, temper
degré (m) de dureté
степень (f) закалки
grado (m) della tempera, grado (m) di durezza
grado (m) de dureza, grado (m) de temple 9

Härtepulver (n)
tempering powder
poudre (f) à tremper
порошокъ (m) для закалки
polvere (f) da temperare
polvo (m) de temple 10

Härteriß (m), Hartborste (f)
crack [in steel], fissure [in steel]
taille (f) de trempe, perçure (f) de trempe, crevasse (f) de trempe
трещина (f) (рванина (f)) послѣ закалки
frattura (f) per eccesso di tempera
fractura (f), grieta (f) por exceso de temple 11

1 Oberflächenhärtung (f)
case-hardening
trempe (f) de la surface

закалка (f) поверхности
tempera (f) a cartoccio, tempera (f) a fassetto
temple (m) superficial

---

2 Härtung (f) durch Abkühlung
hardening by cooling
trempe (f) au bain

закаливанie (n) посредствомъ охлажденiя
tempera (f) subitanea, tempera (f) improvvisa
temple (m) por enfriamiento

---

3 Härtung (f) durch Hämmern
hardening by hammering
trempe (f) par martelage, trempe (f) par battre

закаливанie (n) подъ молотомъ
tempera (f) a martello
temple (m) por forjado

---

4 Härtung (f) in Öl
oil hardening
trempe (f) à l'huile

закаливанie (n) въ маслѣ
tempera (f) all'olio
temple (m) al aceite

---

5 Härtung (f) in Wasser
water hardening
trempe (f) à l'eau

закаливанie (n) въ водѣ
tempera (f) all'acqua
temple (m) al agua

XXXVII.

6 löten
to solder, to braze
souder, braser

паять
saldare
soldar

---

7 zusammenlöten
to solder together
souder ensemble

спаять, спаивать
saldare insieme
juntar, unir por soldadura

---

8 anlöten
to join by soldering
joindre par soudure, souder

припаять, припаивать
unire con saldatura
unir por soldadura

---

9 loslöten
to unsolder
dessouder

отпаять, отпаивать
dissaldare
desoldar

---

10 Löten (n)
brazing, soldering
soudure (f), brasure (f)

паянie (n)
saldatura (f)
soldadura (f)

Lötung (f)
brazing, soldering
soudure (f)

пайка (f), спайка (f)
saldatura (f) 1
soldadura (f)

Weichlöten (n)
soft-soldering, tin-soldering
soudure (f) tendre

пайка (f) мягкимъ припоемъ
saldatura (f) debole, saldatura (f) tenera, saldatura (f) leggera 2
soldadura (f) blanda

Hartlöten (n)
brazing, hard-soldering
soudure (f) forte

пайка (f) на крѣпкомъ припоѣ 3
saldatura (f) forte
soldadura (f) sólida

Lötnaht (f)
soldering seam, brazing seam
soudure (f), brasure (f)

шовъ (m) { пайки, спайки
saldatura (f) 4
soldadura (f), costura (f)

Lötstelle (f), Lötfuge (f)
soldering seam, brazing seam
soudure (f), brasure (f), noeud (m)

мѣсто (n) припоя
saldatura (f) 5
soldadura (f)

Lötkolben (m), Löteisen (n)
soldering copper, copper bolt, copper bit
fer (m) à souder, barre (f) à souder

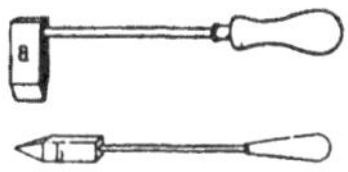

паяльникъ (m)
saldatoio (m) 6
soldador (m)

Hammerkolben (m)
copper bit with an edge
fer (m) à souder en marteau

a

молоткообразный паяльникъ (m) 7
saldatoio (m) a martello
soldador (m) de corte

Spitzkolben (m)
copper bit with a point
fer (m) à souder pointu

b

остроконечный паяльникъ (m) 8
saldatoio (m) a punta
soldador (m) apuntado

Gaslötkolben (m)
gas soldering copper
fer (m) à souder au gaz

газовый паяльникъ (m) 9
saldatoio (m) a gas
soldador (m) á gas

Lötbrenner (m)
gas-blow-pipe, bellows-blow-pipe
chalumeau (m)

паяльная горѣлка (f)
becco (m) per saldare, becco (m) da saldatore 10
mechero (m) para soldar

1 Lötlampe (f)
soldering lamp
lampe (f) à braser

паяльная лампа (f)
lampada (f) per saldare, lampada (f) da saldatore
lámpara (f) para soldar

---

2 Lötflamme (f), Stichflamme (f)
blow-pipe-flame
flamme (f) du chalumeau

a

паяльное пламя (n)
fiamma (f) saldante
llama (f) de soldadura

3 Lötofen (m)
soldering furnace
four (m) à souder

паяльная печь (f)
fornella (f) per saldare
fornillo (m) de hojalatero

---

4 Lot (n)
solder
matière (f) à souder

припой (m)
piombo (m)
soldadura (f)

---

5 Zinnlot (n), Weichlot (n), Weißlot (n)
tin-solder, soft solder
soudure (f) à l'étain tendre

мягкій припой (m), полуда (f)
stagno (m)
soldadura (f) de estaño

---

6 Schnellot (n)
soft solder
soudure (f) vive

мягкій легкоплавкій припой (m), третникъ (m), третнякъ (m)
saldatura (f) rapida
soldadura (f) rápida

---

7 Hartlot (n), Schlaglot (n)
hard solder
brasure (f), soudure (f) forte

крѣпкій припой (m)
saldatura (f) forte
soldadura (f) dura

---

8 Lötwasser (n)
soldering water, soldering fluid
eau (f) à soudure

кислота (f) для пайки (спайки)
acqua (f) per saldare
agua (f) para soldar

---

9 Lötsäure (f)
soldering acid
eau (f) forte

крѣпкая кислота (f) для пайки (спайки)
acqua (f) forte
ácido (m) para soldar

Lötrohr (n)
blow-pipe
chalumeau (m)

паяльная трубка (f), фейфка (f)
cannello (m) ferruminatorio, cannello (m) da saldare 1
soplete (m), tubo (m) soldador, soldador (m)

Lötzange (f)
hawkill, hawkill-pliers (pl.), soldering tweezers (pl.)
pince (f) à souder

клещи (m) для захватки паяльника
tanaglia (f) da saldatore, pinzetta (f) da saldatore 2
pinzas (f. pl.) de soldador

Lötprobe (f), Lötversuch (m)
blow-pipe-proof, blow-pipe-test
essai (m) au chalumeau

пробная { пайка (f) / спайка (f)
prova (f) di saldatura 3
prueba (f) de soldadura, soldadura (f) de ensayo

Gießlöffel (m)
ladle, casting ladle
poche (f) à couler

литейный ковшъ (m)
cucchiaio (m) da saldatore 4
cucharilla (f) de soldador

XXXVIII.

1 feinmessen
to measure accurately
mesurer avec précision

измѣрить } точно
измѣрять }
misurare con precisione
medir con precisión

---

2 Feinmessen (n)
accurate measuring
[action (f) de mesurer avec précision] mesurage (m) précis

точное измѣренiе (n)
misura (f) di precisione
medida (f) de precisión

---

3 Lehre (f)
gauge
calibre (m) à vis

калибръ (m), лерка (f)
calibro (m)
calibre (m)

---

4 Schraubenlehre (f)
screw-gauge, caliper rule (A)
calibre (m) à vis

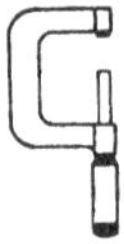

винтовой калибръ (m), винтовая лерка (f)
calibro (m) a vite
calibre (m) de rosca

---

5 Mikrometerlehre (f)
micrometer gauge
micromètre (m)

микрометрическiй калибръ(m), микрометрическая лерка (f)
micrometro (m)
calibre (m) micrométrico

---

6 Schublehre (f), Schieblehre (f)
sliding caliper, slide-gauge, vernier caliper
pied (m) à coulisse

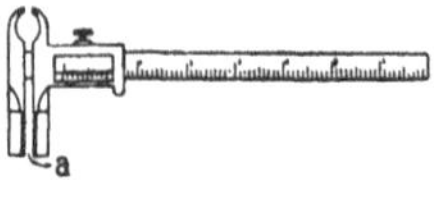

раз(вы-)движной калибръ (m), (штангенциркуль (m))
calibro (m) a corsoio
piés (m. pl.) de rey

Schnabel (m)
jaw
pied (m)

a

раздвижная часть (f) штангенциркуля, ползунъ (m) калибра
becco (m)
pico (m) del calibre, boca (f) del calibre
1

Stichmaß (n)
template, gauge. pattern
pige (f)

калибръ (m) съ остріями
calibro (m)
regla (f) de calibre
2

---

sphärisches Endmaß (n)
end measuring rods, end gauge
calibre (m) de hauteurs

нормальный стержневой калибръ (m)
calibro (m) normale
calibre (m) normal, calibre (m) esférico
3

Cylinderstichmaß (n), Cylindermaß (n)
caliper-gauge, inside micrometer-gauge
jauge (m) à coulisses

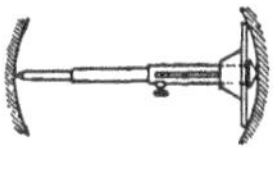

нутромѣръ (m) для измѣренія цилиндровъ
calibro (m) per tubi
calibre (m) para tubos, Palmer
4

Tasterlehre (f), Rachenlehre (f)
internal and external gauge, caliper-gauge, snap-gauge (A)
calibre (m)

необработанный калибръ (m)
calibro (m)
calibre (m) de compás
5

Tiefenlehre (f)
depth gauge
pied (m) à profondeur

калибръ (m) для измѣренія глубины
calibro (m) per profondità
calibre (m) para huecos, calibre (m) para alturas
6

Lochlehre (f)
hole gauge
calibre (m) pour diamètre

дыромѣръ (m)
calibro (m) per fori, calibro (m) per diametri
calibre (m) para agujeros
7

Lehrdorn (m), Lochlehre (f)
internal cylindrical gauge, plug gauge (A)
calibre (m) de perçage

калибръ (m) цилиндрическій
calibro (m) cilindrico
calibre (m) cilíndrico
8

1	Gewindelehre (f) thread gauge calibre (m) pour pas de vis		калибръ (m) винтовой нарѣзки calibro (m) per impanature calibre (m) para rosca
2	Gewindeschablone (f) screw pitch gauge calibre (m) de taraudage	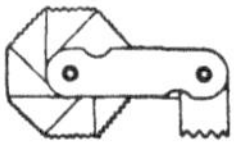	шаблонъ (m) винтовой нарѣзки calibro (m) per viti juego (m) de plantillas para rosca
3	Blechlehre (f) standard gauge for steel plates, plate-gauge jauge (m) pour les tôles		калиберная дощечка (f), дощечка (f) для измѣренія листовъ calibro (m) per lastre metalliche calibre (m) para plancha
4	Grenzlehre (f), Toleranzlehre (f) limit gauge calibre (m) de tolérance, calibre (m) limite		предѣльный калибръ (m) для проволоки calibro (m) limite plantilla (f) límite
5	Normallehre (f) standard gauge calibre (m) normal, calibre (m) étalon		нормальный калибръ (m) calibro (m) normale plantilla (f) normal
6	Drahtlehre (f) wire gauge jauge (m) pour fils de fer		калиберная дощечка (f) calibro (m) per fili di ferro calibrador (m) de alambres
7	Taster (m) calipers (pl.) compas (m)		кронциркуль (m) compasso (m) compás (m) de puntas secas
8	Außentaster(m) outside calipers compas (m) d'épaisseur	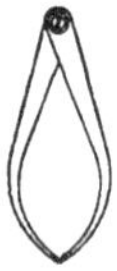	кронциркуль (m) compasso (m) di spessore compás (m) de gruesos
9	Lochtaster (m), Innentaster (m) inside calipers compas (m) d'extérieur		нутромѣръ (m) compasso (m) d'interiore compás (m) de huecos, compás (m) de patas, maestro (m) de baile

Federtaster (m)
spring calipers
compas (m) à ressort

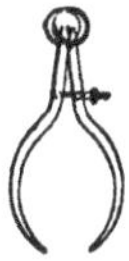

пружинный кронциркуль (m)
compasso (m) a molla
compás (m) con muelle 1

Gewindetaster (m)
thread calipers
compas (m) d'épaisseur à vis

пружинный кронциркуль (m) для винтовой нарѣзки
compasso (m) per impanature
compás (m) para roscas 2

Kugeltaster (m)
globe calipers
compas (m) d'épaisseur pour billes

кольцеобразный кронциркуль (m)
compasso (m) per spessore ad arco
compás (m) para esferas 3

Spitzzirkel (m)
compasses (pl.), dividers (pl.)
compas (m) diviseur

остроконечный циркуль (m)
compasso (m) diritto ad arco
compás (m) de puntas secas 4

---

anreißen
to mark out, to trace
tracer, marquer

начертить, чертить
segnare, marcare
marcar, trazar 5

Reißnadel (f), Anreißnadel (f), Vorreißer (m)
marking tool, mark scraper, drop-point
pointe (f) à tracer

чертилка (f)
punta (f) da segnare
aguja (f) de marcar, rayador (m), punta (f) de trazar 6

Parallelreißer (m)
surface gauge
trusquin (m)

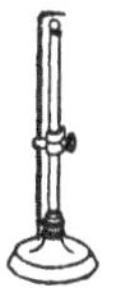

параллельная чертилка (f)
truschino (m), traccia-parallele (m)
marcador (m) paralelo, gramil (m) de mármol 7

Kreisreißer (m), Parallelzirkel (m)
scribing-compasses
compas (m) à pointe réglable

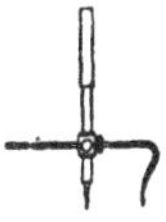

параллельный циркуль (m)
compasso (m) a punte regolabili
marcador (m) de circulos gramil (m) para circulos 8

Streichmaß (n)
shifting gauge, marking gauge
trusquin (m)

ресмусъ (m)
truschino (m) a mano
calibrador (m), gramil (m) 9

1 Winkel (m)
square, try square
équerre (f) [en fer]

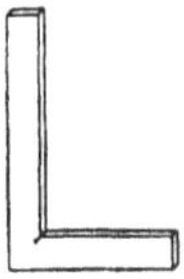

угольникъ (m)
squadra (f) [di ferro]
escuadra (f)

---

2 Anschlagwinkel (m)
back square
équerre (f) épaulée,
équerre (f) à chapeau

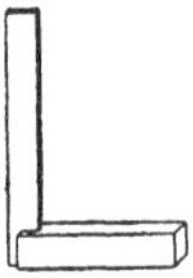

анщлажный угольникъ (m)
squadra (f) con spalla
escuadra (f) con espaldón

---

3 Kreuzwinkel (m)
T-square
équerre (f) à T,
équerre (f) double

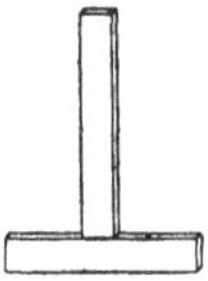

перекрёстный угольникъ (m)
squadra (f) a T,
squadra (f) doppia
escuadra (f) de T

---

4 Sechskantwinkel (m)
hexagonal angle
équerre (f) à six pans

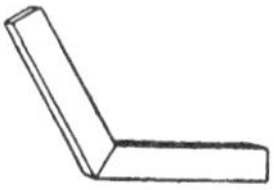

шестиугольникъ (m)
angolo (m) esagonale
falsa (f) escuadra

---

5 Schmiege (f)
bevel protractor
fausse équerre (f),
équerre mobile (f)

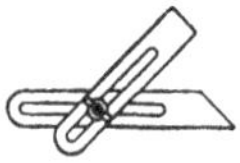

малка (f)
squadra (f) falsa, calandrino (m)
saltaregla (m), pantómetro (m), sentanilla (f), falsa escuadra (f) de tornillo

---

6 richten, gerade richten, ausrichten
to dress, to straighten
dresser, redresser

вывѣрить, вывѣрять
eguagliare
enderezar

---

7 Richtplatte (f)
surface plate
planomètre (m),
plaque (f) à dresser,
marbre (m) [d'ajusteur]

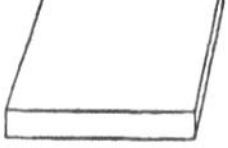

вывѣрочная плита (f)
tavola (f) per eguagliare, superficie (f) piàna
plancha (f) á enderezar
mármol

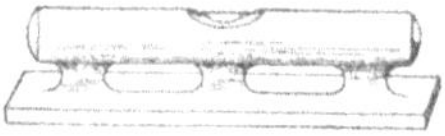

8 Wasserwage (f),
Libelle (f)
water-level, spirit-level,
air-level
niveau (m) à bulle d'air

ватерпасъ (m), уровень (m)
livello (m) a bolla d'aria
nivel (m) de aire

Dosenlibelle (m)
round spirit level
niveau (m) sphérique

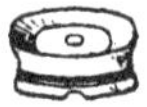

уровень (m) въ круглой оправѣ 1
livello (m) sferico
nivel (m) de aire de caja

Senklot (n)
plummet, plumb-line, plumb-bob
fil (m) à plomb

отвѣсъ (m) 2
piombino (m)
plomada (f)

Hubzähler (m)
counter, stroke-counter
compteur (m) de courses

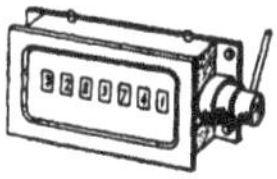

тахометръ (m), счетчикъ (m) хода, измѣритель (m) скорости хода 3
contatore (m) alternativo
contador (m) de carreras

Umlaufzähler (m)
tachometer, speed indicator (A)
compteur (m) de tours, tachimètre (m)

счетчикъ (m) числа оборотовъ, тахоскопъ (m) 4
contagiri (m)
contador (m) de revoluciones

XXXIX.

1 Eisen (n)
iron
fer (m)

Fe

желѣзо (n)
ferro (m)
hierro (m)

---

2 Eisenerz (n)
iron-ore, iron-stone
mineral (m) de fer

желѣзная руда (f)
minerale (m) di ferro
mineral (m) de hierro

---

3 Roheisen (n)
pig, pig-iron
fonte (f), fonte (f) crue, fonte (f) brute

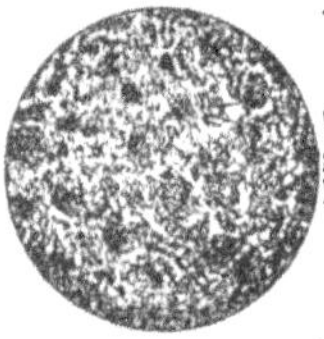

чугунъ (m)
ghisa (f)
hierro (m) bruto, hierro (m) colado

---

4 weißes Roheisen (n)
white pig-iron, forge-pick
fonte (f) blanche, fonte (f) d'affinage

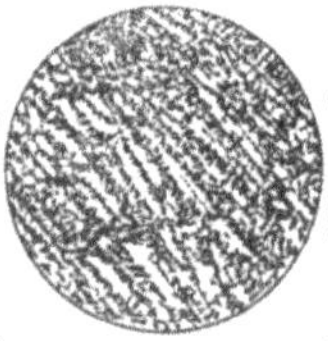

бѣлый передѣлочный чугунъ (m)
ghisa (f) bianca
hierro (m) colado blanco

---

5 graues Roheisen (n)
grey pig-iron, foundry-pick
fonte (f) grise, fonte (f) tendre, fonte (f) de moulage

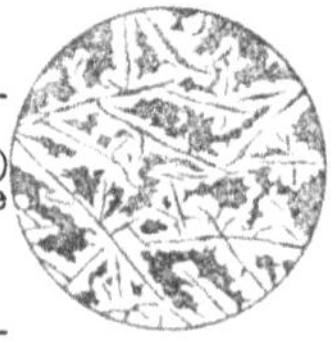

литейный чугунъ (m)
ghisa (f) grigia
hierro (m) colado gris

---

6 halbiertes Roheisen (n)
mottled iron
fonte (f) truitée

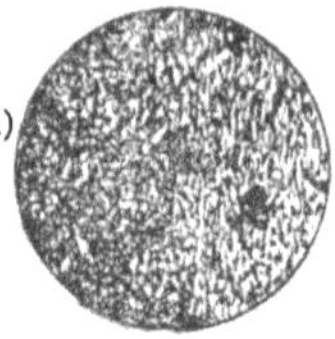

половинчатый (третной пестрый) чугунъ (m)
ghisa (f) trotata
hierro (m) colado manchando, mezclado, atruchado

Spiegeleisen (n)
spiegel-iron, specular-iron
fonte (f) spiegel

зеркальный чугунъ (m) 1
ferro (f) specolare
hierro (m) especular

Weißstrahleisen (n)
manganese-cast-iron
fonte (f) manganésée,

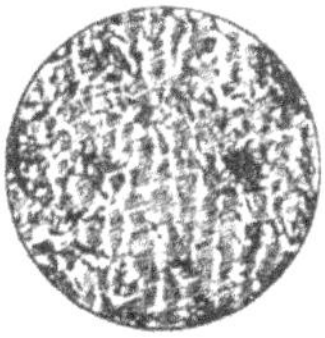

бѣлый лучистый чугунъ (m)
ferro-manganese (m), ferro (f) manganesato 2
hierro (m) manganisado

Gußeisen (n)
cast-iron
fonte (f) moulée

чугунъ (m)
ferraccio (m), ghisa (f) 3
hierro (m) fundido

Herdguß (m)
open sand-castings (pl.)
fonte (f) coulée à découvert

отливка (f) въ открытой песочной формѣ
getto (m) [in forme scoperte] 4
fundición (f) hecha [en moldes abiertas]

Kastenguß (m)
box-casting, casting moulded in the flask
coulage (m) en châssis, coulé (m) en châssis

отливка (f) въ опокахъ, опочная отливка (f) 5
getto (m) in staffe
fundición (f) en cajas

Sandguß (m)
sand-casting, casting in sand
coulage (m) en sable, coulé (m) en sable

отливка (f) въ песочныя формы
getto (m) in forme di sabbia 6
fundición (f) en arena

Guß (m) in trockenem Sand
dry-sand-casting
coulage (m) en sable sec, coulé (m) en sable sec

отливка (f) въ сухомъ пескѣ, отливка (f) въ массу
getto (m) in forme di sabbia secca [asciutta] 7
fundición (f) en arena seca, fundición (f) en tierra

Guß (m) in grünem Sand
green-sand-casting
coulage (m) en sable vert, coulé (m) en sable vert

отливка (f) въ зеленомъ пескѣ
getto (m) in forme di sabbia verde 8
fundición (f) en tierra verde

1 Lehmguß (m)
loam-casting, iron-cast in a loam-mould
moulage (m) en terre

отливка (f) въ глинѣ, глиняная отливка (f)
getto (m) in forme d'argilla
fundición (f) hecha en moldes de arcilla

---

2 Hartguß (m)
case-hardening, chill casting
fonte' (f) en coquille

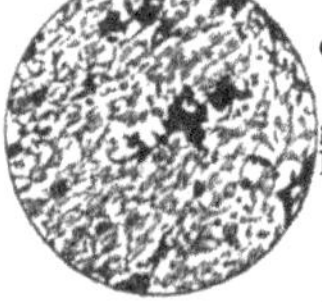

отливка (f) съ жесткою корою
ghisa (f) indurita
hierro (m) fundido endurecido, fundición (f) dura

---

3 Stahlguß (m)
steel-castings (pl.)
acier (m) coulé

сталеватый чугунъ (m)
acciaio (m) fuso
acero (m) colado, fundición (f) de acero

---

4 schmiedbarer Guß (m) Temperguß (m)
malleable cast-iron
fonte (f) malléable

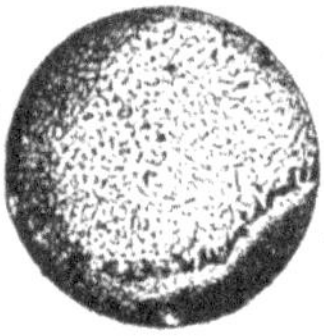

ковкій чугунъ (m), обжигаемая отливка (f)
getto (m) malleabile
hierro (m) fundido maleable

---

5 Schmiedeeisen (n)
wrought-iron, malleable iron
fer (m) forgé

полосовое желѣзо (n)
ferro (m) battuto, ferro (m) malleabile
hierro (m) forjado, hierro (m) dulce

---

6 Schweißeisen (n)
wrought-iron
fer (m) soudé

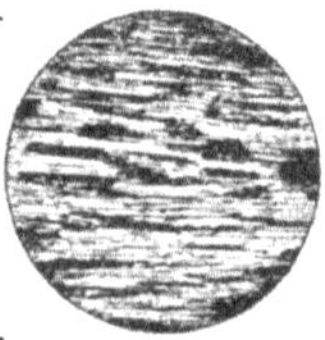

сварочное желѣзо (n)
ferro (m) fucinato
hierro (m) dulce

---

7 Puddeleisen (n)
puddled iron
fer (m) puddlé

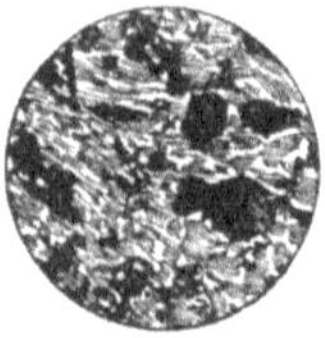

пудлинговое желѣзо (n)
ferro (m) pudellato
hierro (m) pudelado

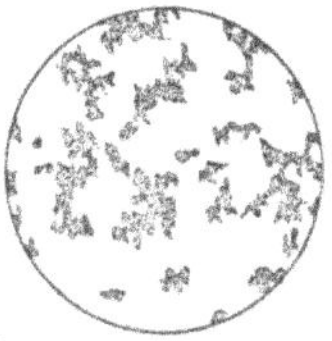

Flußeisen (n)
ingot-iron
fer (m) homogène

литое желѣзо (n)
ferro (m) fuso
hierro (m) dulce de fusión 1

Bessemereisen (n), Bessemerroheisen (n)
Bessemer iron, Bessemer pig
fer (m) Bessemer

бессемеровское желѣзо (n)
ferro (m) Bessemer
hierro (m) Bessemer 2

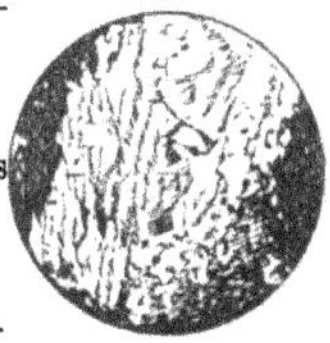

Thomaseisen (n), Thomasroheisen (n)
Thomas iron, Thomas pig
fer (m) Thomas

томасовское желѣзо (n)
ferro (m) Thomas
hierro (m) Thomas 3

Martineisen (n)
open hearth iron
fer (m) Martin

мартеновское желѣзо (n)
ferro (m) Martin
hierro (m) Martin 4

Stahl (m)
steel
acier (m)

сталь (f)
acciaio (m)
acero (m) 5

Schweißstahl (m)
weld-steel
acier (m) soudé

сварочная сталь (f)
acciaio (m) fucinato
acero (m) soldado 6

Puddelstahl (m)
puddled steel
acier (m) puddlé

пудлинговая сталь (f)
acciaio (m) puddellato
acero (m) pudelado 7

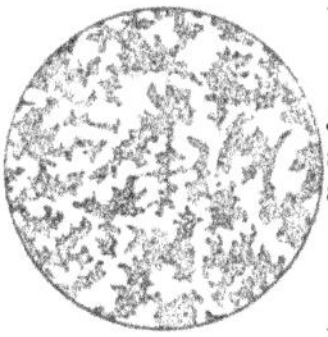

Flußstahl (m)
steel, ingot-steel
acier (m) fondu

литая сталь (f)
acciaio (m) fuso
acero (m) de fusión, acero (m) de fundido 8

Bessemerstahl (m)
Bessemer steel
acier (m) Bessemer

бессемеровская сталь (f)
acciaio (m) Bessemer
acero (m) Bessemer 9

Thomasstahl (m)
Thomas steel
acier (m) Thomas

томасовская сталь (f)
acciaio (m) Thomas
acero (m) Thomas 10

1 Martinstahl (m), Siemens-Martinstahl (m)
open hearth steel
acier (m) Martin, acier (m) Siemens-Martin
мартеновская сталь (f)
acciaio (m) Martin, acciaio (m) Siemens Martin
acero (m) Martin, acero (m) Siemens-Martin

---

2 Cementstahl (m), Blasenstahl (m)
cemented steel, blister steel
acier (m) cimenté

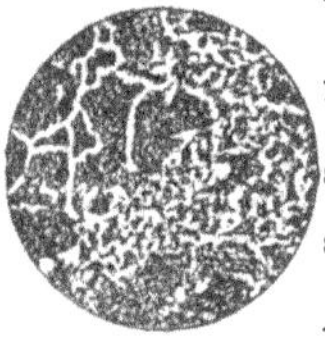

цементная сталь (f), томленка (f)
acciaio (m) di cementazione
acero (m) cementado

---

3 Gerbstahl (m)
shear-steel, refined-steel
acier (m) raffiné
складочная (рафинированная сварочная) сталь (f)
acciaio (m) affinato
acero (m) afinado

---

4 Tiegelstahl (m), Tiegelflußstahl (m)
crucible steel
acier (m) au creuset, acier (m) fondu

тигельная сталь (f)
acciaio (m) fuso in crogiuoli
acero (m) crisol

---

5 Nickelstahl (m)
nickel-steel
acier (m) au nickel
никкелевая сталь (f)
acciaio (m) al nickel
acero (m) niqueloso

---

6 Wolframstahl (m)
Wolfram-steel, tungstic-steel
acier (m) au tungstène
вольфрамистая сталь (f)
acciaio (m) Wolfram
acero (m) tungstenoso, acero (m) tungstenado

---

7 Werkzeugstahl (m)
tool-steel
acier (m) pour outils
инструментальная сталь (f)
acciaio (m) per utensili
acero (m) para útiles, acero (m) para herramientas

---

8 Stabeisen (n)
bar-iron, iron-bar
fer (m) en barres
полосовое желѣзо (n)
ferro (m) in barre, ferro (m) in verghe
barra (f) de hierro, hierro (m) en barras

---

9 Rundeisen (n)
round bar-iron, round iron, round bar
fer (m) rond

круглое (прутковое, болтовое) желѣзо (n)
ferro (m) tondo
hierro (m) redondo

Quadrateisen (n), Vierkanteisen (n) square-iron, square bar fer (m) carré		квадратное (брусковое) желѣзо (n) ferro (m) quadro hierro (m) cuadrado	1
Sechskanteisen (n) hexagon iron, hexagon bar fer (m) hexagonal		шестигранное желѣзо (n) ferro (m) esagonale hierro (m) exagonal	2
Flacheisen (n) flat bar iron, flat bar fer (m) plat		плоское (узкополосое) желѣзо (n) ferro (m) piatto hierro (m) plano	3
Bandeisen (n) hoop-iron, hoops (pl.), band-iron fer (m) en rubans, feuillard (m)		обручное (шинное, кринолинное) желѣзо (n) reggia (f) di ferro hierro (m) llanta, hierro (m) pasamanos	4
Walzeisen (n) rolled iron, drawn-out iron fer (m) laminé	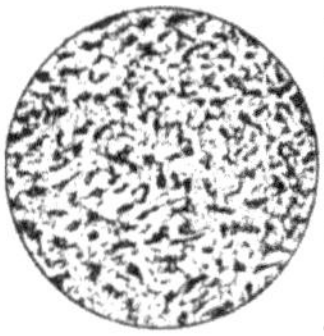	прокатное (вальцованное, фасонное) желѣзо (n) ferro (m) laminato hierro (m) cilindrado, hierro (m) calibrado	5
Winkeleisen (n) angle-iron, angle bar cornière (f) en fer, fer (m) cornière		угловое желѣзо (n) ferro (m) ad angolo hierro (m) angular	6
T-Eisen (n), T-Träger (m) T-iron, T-bar fer (m) à T		тавровое желѣзо (n) ferro (m) a T hierro (m) T, viga (f) de hierro T	7
Doppel-T-Eisen (n), Doppel-T-Träger (m), I-Eisen (n) H-iron, double T-iron, I-beam (A) fer (m) à double T		двутавровое желѣзо (n) ferro (m) a doppio T, ferro (m) a I hierro (m) I, hierro (m) doble T	8
U-Eisen (n) U-iron, channel (A) fer (m) en U		желобчатое желѣзо (n), ⊏-образное желѣзо (n) ferro (m) a U hierro (m) U	9
Z-Eisen (n) Z-iron, Z bar (A) fer (m) en Z		Z-образное желѣзо (n) ferro (m) a Z hierro (m) Z	10
Eisenblech (n) iron-plate fer (m) en feuilles, tôle (f) de fer		листовое желѣзо (n) lamiera (f) di ferro palastro (m) de hierro, plancha (f) de hierro, chapa (f) de hierro	11

1	Blechtafel (f) sheet-iron feuille (f) de tôle		листъ (m) жести foglio (f) di lamiera lámina (f) de palastro, plancha (f) de palastro
2	Schwarzblech (n) black sheet-iron, black iron-plate tôle (f), fer (m) noir, tôle (f) russe		черная жесть (f) lamiera (f) nera palastro (m)
3	Feinblech (n) thin-plate feuille (f) de tôle		тонкое листовое желѣзо (n) lamiera (f) fina chapa (f)
4	Grobblech (n), Kesselblech (n) boiler plate tôle (f) à chaudière, tôle (f) forte, tôle (f) de chaudronnerie		толстое листовое (котельное) желѣзо (n) lamiera (f) da caldaie plancha (f) desbastada, plancha (f) para calderas
5	Riffelblech (n) channeled plate tôle (f) striée		гофрированный желѣзный листъ (m) lamiera (f) striata chapa (f) escamada
6	Wellblech (n) undulated sheet-iron, corrugated sheet-iron (A) tôle (f) ondulée		волнистое листовое желѣзо (n) lamiera (f) ondulata chapa (f) ondulada
7	Weißblech (n) tinned sheet-iron, tin-plate fer blanc (m)		бѣлая жесть (f), луженое листовое желѣзо (n) latta (f) hoja (f) de lata
8	Kupfer (n) copper cuivre (m)	Cu	мѣдь (f) rame (m) cobre (m)
9	Zink (n) zink, spelter zinc (m)	Zn	цинкъ (m) zinco (m) zinc (m)
10	Zinn (n) tin étain (m)	Sn	олово (n) stagno (m) estaño (m)
11	Nickel (n) nickel nickel (m)	Ni	никкель (m) nichelio (m), nickel (m) niquel (m)

Blei (n) lead plomb (m)	Pb	свинецъ (m) piombo (m) plomo (m)	*1*
Gold (n) gold or (m)	Au	золото (n) oro (m) oro (m)	*2*
Silber (n) silver argent (m)	Ag	серебро (n) argento (m) plata (f)	*3*
Platin (n) platina, platinum platine (m)	Pt	платина (f) platino (m) platino (m)	*4*
Messing (n), Gelbguß (m) yellow-brass, brass, yellow-copper laiton (m), cuivre jaune (m)	Cu + Zn	латунь (f), желтая мѣдь (f) ottone (m) latón	5
Bronze (f) bronze, brass bronze (m)	Cu + Sn	бронза (f) bronzo (m) bronce (m)	6
Phosphorbronze (f) phosphor-bronze bronze (m) phosphoreux	Cu + Sn + P	фосфористая бронза (f) bronzo (m) fosforoso bronce (m) fosforoso, bronce (m) fosforado	7
Geschützbronze (f), Kanonenmetall (n) gun-metal bronze (m) à canons	Cu + Sn	пушечная бронза (f), пушечный металлъ (m), (сплавъ (m)) bronzo (m) da cannoni bronce (m) de cañón	*8*
Glockenmetall (n) bell-metal bronze (m) à cloches, métal (m) de cloches	Cu + Sb	колокольная бронза (f), колокольный металлъ (m), (сплавъ (m)) bronzo (m) da campane metal (m) para campanas, aleación (f) para campanas	*9*
Weißmetall (n), Weißguß (m) white-metal, Babbitt-metal, antifriction-metal métal (m) blanc	Cu + Sb + Sn	бѣлый металлъ (m), бѣлый сплавъ (m) metallo (m) bianco metal (m) blanco	*10*
Delta-Metall (n) delta metal métal (m) delta	Cu + Zn + Fe	дельта-металлъ (m) metallo (m) delta aleación (f) delta, metal (m) delta	*11*

XL.

1 zeichnen
to draw
dessiner, tracer

чертить
disegnare
dibujar

---

2 in natürlicher Größe (f) zeichnen, in natürlichem Maßstabe (m) zeichnen
to draw to full size
dessiner en vraie grandeur

чертить въ натуральную величину
disegnare in grandezza naturale
dibujar en tamaño natural

---

3 maßstäblich zeichnen, in verjüngtem Maßstabe (m) zeichnen
to draw to scale
dessiner à l'échelle

чертить въ уменьшенномъ масштабѣ
disegnare in scala
dibujar en escala

---

4 Zeichenbureau (n), Konstruktionsbureau (n)
drawing office
bureau (m) de dessins

чертежное бюро (n)
ufficio (m) di disegno, studio (m) di disegno
oficina (f) de construcción

---

5 Zeichner (m)
draughtsman
dessinateur (m)

чертежникъ (m)
disegnatore (m)
dibujante (m)

---

6 Zeichnung (f)
drawing, plan
dessin (m)

чертежъ (m)
disegno (m)
dibujo (m)

---

7 Zeichentisch (m)
drawing desk or table
table (f) à dessin

чертежный столъ (m)
tavola (f) da disegno
tablero (m) de dibujo

---

8 Tischkasten (m), Schubkasten (m)
drawer
tiroir (m)

a

ящикъ (m) стола
cassetto (m)
cajón

verstellbarer Zeichentisch (m) adjustable drawing table table (f) à dessin ajustable		передвижной (переставной) чертежный столъ (m) tavola (f) da disegno regolabile tablero (m) de dibujo ajustable	1
Zeichenmappe (f), Zeichnungsmappe (f) portfolio carton (m) à dessin		папка (f) для чертежей cartella (f) per disegni cartera (m)	2
Mappenständer (m) portfolio-rack casier (m)		стойка (f) для папокъ porta-cartella (m) porta-cartera (m)	3
Reißbrett (n) drawing board planche (f) à dessin	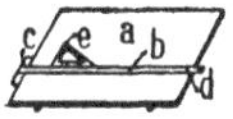 a	чертежная доска (f) tavoletta (f) di disegno tablero (m) de dibujo	4
Reißschiene (f) T-square T (m)	b	рейсшина (f), чертильная линейка (f) riga (f) a T gramil (m), doble escuadra (f)	5
Kopf (m) der Reißschiene head of T-square tête (f) du T	c	головка (f) рейсшины, головка (f) чертильной линейки testa (f) della riga a T escuadra (f) del gramil	6
Zunge (f) der Reißschiene leg of T-square, blade of T-square jambe (f) du T	d	линейка (f) рейсшины riga (f) regla (f) del gramil	7
Winkel (m), Dreieck (n) triangular set square équerre (f)	e	треугольникъ (m), угольникъ (m) squadra (f) escuadra (f)	8
Lineal (n) ruler règle (f) [plate]		линейка (f) lineale (m), regolo (m) regla (f)	9
Kurvenschiene (f), Kurvenlineal (n) curves, irregular curves pistolet (m), règle (f) courbe	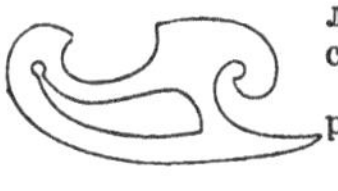	лекало (n) curvilineo (m), lineale (m) curvo plantilla (f) de curvas múltiples, pistoletas (m)	10

1 Kurvenstab (m), Latte (f)
flexible curve
règle (f) flexible

гибкая планка (f)
riga (f) flessibile
plantilla (f) flexible

---

2 Zeichenpapier (n)
drawing paper
papier (m) à dessin

чертежная бумага (f), бумага (f) для чертежей
carta (f) da disegno
papel (m) de dibujo

---

3 Zeichenbogen (m)
drawing sheet
feuille (f) de papier à dessin

листъ (m) чертежной бумаги
foglio (m) di carta da disegno
hoja (f) de papel de dibujo

---

4 Skizzierpapier (n)
sketching paper
papier (m) à croquis

бумага (f) для эскизовъ (набросковъ)
carta (f) per schizzi
papel (m) para croquis

---

5 Skizzierblock (m)
sketching pad
carnet (m) à croquis

блокъ (m) для эскизовъ (набросковъ)
block (m) per schizzi
bloque (m) de papel para croquis

---

6 Reißzwecke (f), Reißnagel (m) Heftzwecke (f)
thumb pin, drawing pin, thumb tack (A)
punaise (f)

кнопка (f), чертокъ (m)
puntina (f)
chinche (m)

---

7 messen
to measure
mesurer

измѣрить, измѣрять, мѣрить
misurare
medir

---

8 Maß (n)
measure, dimension
mesure (f), dimension (f)

мѣра (f)
misura (f)
medida (f)

---

9 Metermaß (n)
metric measure
mesure (f) métrique

метрическая мѣра (f)
misura (f) metrica
medida (f) métrica

---

10 Zollmaß (n)
foot measure
mesure (f) en pouce

дюймовая мѣра (f)
misura (f) in pollici
medida (f) en pulgadas

---

11 Normalmaß (n)
standard measure
mesure (f) étalon

нормальная мѣра (f)
misura (f) normale
medida (f) normal

Maßstab (m)
measure, rule
échelle (f)
масштабъ (m)
scala (f), misura (f) 1
escala (f)

Anlegemaßstab (m)
scale
double décimètre (m)

масштабная линейка (f) 2
doppio (m) decimetro
regla (f) graduada

Gliedermaßstab (m), Faltmaßstab (m), Zollstock (m)
folding pocket measure, folding pocket rule
mètre (m)

складной масштабъ (m) 3
metro (m) snodato
medida (f) plegable, metro (m) de bolsillo

Bandmaß (n)
tape-measure
mètre (m) à ruban
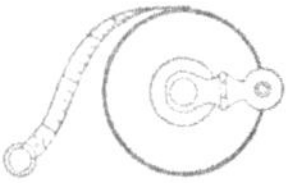
рулетка (f)
misura (f) a nastro 4
metro (m) de quincha, metro (m) de cinta

---

verjüngter Maßstab (m)
reduced scale
règle (f) à échelle de réduction
уменьшенный масштабъ (m)
scala (f) di riduzione 5
medida (f) de escala de reducción

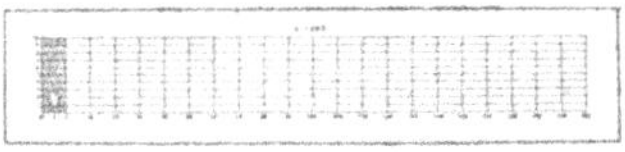

Transversalmaßstab (m)
transverse scale
échelle (f) des dimensions transversales
масштабъ (m) раздѣленный по діагоналѣ, поперечный масштабъ (m) 6
tavola (f) pitagorica
escala (f) universal

Metermaßstab (m)
metric scale
échelle (f) métrique
масштабъ (m) въ метрахъ 7
scala (f) metrica
escala (f) métrica

Zollstock (m), Zollstab (m)
foot rule
règle (f) graduée en pouces
футштокъ (m), штокъ (m)
passetto (m) diviso in pollici 8
regla (f) en pulgadas

Schwindmaß (n)
shrinkage rule
mesure (f) de contraction
мѣра (f) усадки (сжатія) 9
misura (f) di contrazione
escala (f) de contracción

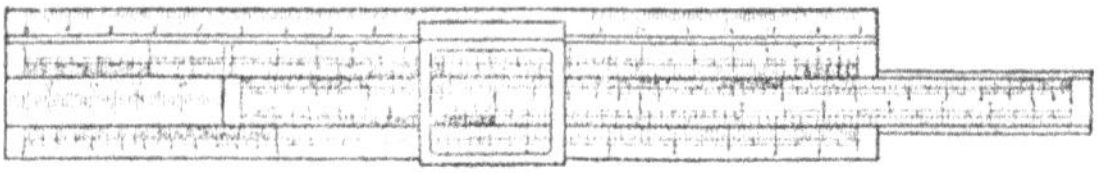

1 Rechenschieber (m), Rechenstab (m)
slide rule
règle (f) à calcul

счетная линейка (f)
regolo (m) calcolatore
regla (f) de cálculo

---

2 konstruieren
to design
construire

построить, строить
costruire
construir

---

3 Konstrukteur (m)
designer
constructeur (m)

конструкторъ (m)
costruttore (m)
constructor (m)

---

4 Konstruktion (f), Bauart (f)
design
construction (f)

конструкція (f)
costruzione (f)
construcción (f)

---

5 Konstruktionsfehler (m)
fault in design
faute (f) de construction, défaut (m) de construction

конструкціонная ошибка (f)
errore (m) di costruzione
error (m) en la construcción

---

6 Maschinenzeichnen (n)
machine drawing, mechanical drawing
dessinage (m) de machines

машинное черченіе (n)
disegno (m) di macchine
dibujo (m) de máquinas

---

7 Maschinenzeichnung (f)
drawing of a machine, plan of a machine
dessin (m) de machines

чертежъ (m) машины
disegno (m) di una macchina
dibujo (m) de una máquina

---

8 skizzieren
to sketch
esquisser

набросить } эскизъ
набросать }
schizzare, abbozzare
hacer un croquis, croquizar

---

9 Skizze (f)
sketch
croquis (m)

эскизъ (m), набросокъ (m)
schizzo (m), abbozzo (m)
croquis (m)

---

10 Handzeichnung (f)
free hand sketch
dessin (m) à main levée

чертежъ (m) отъ руки
disegno (m) a mano libera
dibujo (m) á mano alzada, dibujo (m) á pulso

entwerfen
to project
projeter

проектировать
studiare, progettare
proyectar 1

Entwurf (m), Zeichnungsentwurf (m)
project
projet (m)

проектъ (m)
studio (m), progetto (m), piano (m)
proyecto (m), plano (m) 2

Entwurfsskizze (f)
rough plan
croquis (m) de projet, étude (m), esquisse (f)

эскизъ (m) проекта
schizzo (m)
croquis (m) de proyecto 3

Gesamtanordnung (f)
general plan
plan (m) d'ensemble, disposition (f) générale

общее расположеніе (n) (распредѣленіе (n))
disposizione (f) generale
disposición (f) completa, plano (m) general 4

Detailzeichnung (f)
detail drawing
dessin (m) de détail

детальный (подробный) чертежъ (m)
disegno (m) in particolare, disegno (m) di dettaglio
dibujo (m) en detalle 5

Werkzeichnung (f)
working drawing
dessin (m) d'atelier, dessin (m) d'exécution

рабочій чертежъ (m)
disegno (m) costruttivo, disegno (m) per officina
dibujo (m) detallado para taller 6

Stückliste (f)
list of details
légende (f), liste (f) de pièces, nomenclature (f)

списокъ (m) (опись (f)) предметовъ
lista (f) dei pezzi, lista (f) dei dettagli
lista (f) de las partes 7

Maßskizze (f)
dimensioned sketch
croquis (m) cotés

эскизъ (m) (набросокъ (m)) съ соблюденіемъ размѣровъ
schizzo (m) con misure
croquis (m) acotado 8

1	einen Maschinenteil (m) in Ansicht darstellen to draw views of a machine part dessiner un détail de machine en vue extérieure	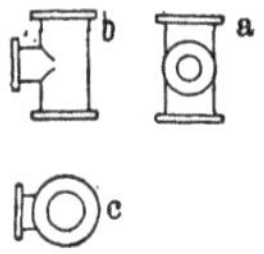	представить (представлять) деталь машины въ перспективѣ disegnare un pezzo di macchina in prospetto dibujar un detalle de una máquina en elevación
2	Stirnansicht (f) front view, front elevation vue (f) de face	a	видъ (m) спереди vista (f) frontale alzado (m) de frente, elevación (f) de frente
3	Seitenansicht (f) side view, side elevation vue (f) de côté	b	видъ (m) сбоку vista (f) di profilo, vista (f) laterale elevación (f) lateral, alzado (m) lateral
4	Aufriß (m) elevation élévation (f)		вертикальный видъ (m) vista (f) di fianco, vista (f) di profilo elevación (f), alzado (m)
5	Längenaufriß (m) longitudinal view vue (f) longitudinale		продольный видъ (m) vista (f) longitudinale elevación (f) longitudinal, alzado (m) longitudinal
6	Grundriß (m) plan plan (m)	c	планъ (m) pianta (f) planta (f), proyección (f) horizontal
7	Umriß (m) form contour (m)		контуръ (m) contorno (m) perfil (m), contorno (m)
8	einen Maschinenteil (m) im Schnitt darstellen to draw a part of a machine in section dessiner un détail de machine en coupe	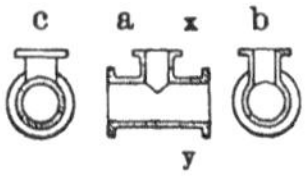	представить (представлять) деталь машины въ разрѣзѣ disegnare un pezzo di macchina in sezione dibujar un detalle de una máquina en sección
9	Längsschnitt (m) longitudinal section coupe (f) longitudinale	a	продольный разрѣзъ (m) sezione (f) longitudinale sección (f) longitudinal

Querschnitt (m) cross section coupe (f) transversale	b	поперечное сѣче- ніе (n) sezione (f) trasversale sección (f) transversal	*1*
Schnitt (m) [nach] x—y section through x—y coupe (f) x—y	c	разрѣзъ (m) по x—y sezione (f) x—y sección (f) x—y	*2*
Mittellinie (f) center line axe (m)	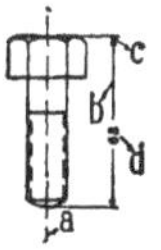 a	ось (f) mezzaria (f), asse (f) eje (m)	*3*
Maßlinie (f) dimension line ligne (f) de cote	b	размѣрная линія (f) linea (f) [indicatrice] di misura línea (f) de cota	*4*
Maßpfeil (m) arrow head flèche (f) de la cote	c	размѣрная стрѣлка (f) freccia (f) della linea di misura flecha (f) de la línea de cota	*5*
Maßzahl (f) dimension figure cote (f)	d	(цифровый) раз- мѣръ (m) misura (f), dimensione (f) cota (f)	*6*
von Mitte (f) zu Mitte distance between centre-lines d'axe en axe		отъ оси до оси da mezzaria (f) a mezzaria de eje (m) á eje, de centro (m) á centro	*7*
Hauptmaße (n. pl.) principal dimensions cotes (f. pl.) principales		главные раз- мѣры (m. pl.) misure (f. pl.) principali, dimensioni (f. pl.) principali dimensiones (f. pl.) principales	*8*
Maße (n. pl.) eintragen to dimension, to figure, to fill in the figures coter		внести (вносить) размѣры mettere le misure acotar	*9*
Maßeintragung (f) figuring inscription (f) des cotes		внесеніе (n) размѣ- ровъ iscrizione (f) delle misure acotación (f)	*10*

1	eine Zeichnung (f) in Blei anfertigen to draw in lead tracer au crayon, dessiner au crayon		изготовить (изготовлять) чертежъ въ карандашѣ fare un disegno a matita hacer un dibujo en lápiz
2	stricheln to draw dash line faire du pointillé droit		намѣтить, намѣчать штрихами (черточками) tratteggiare trazar, hacer líneas de trazos
3	punktieren to draw dotted line pointiller		пунктировать, нанести (наносить) пунктиръ punteggiare puntear
4	strichpunktieren to draw dot and dash-line faire du trait mixte		нанести (наносить) смѣшанный пунктиръ tratteggiare e punteggiare trazar y puntear
5	schraffieren to hatch hacher	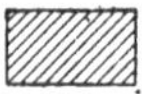	шраффировать, штриховать ombreggiare rayar
6	Schraffierung (f) hatching hachure (f)		шраффировка (f) ombreggiatura (f) sombreado (m)
7	Reißzeug (n) set of drawing instruments boîte (f) à compas	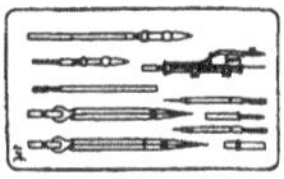	готовальня (f) scatola (f) di compassi, astuccio (m) di compassi estuche (m) de compases
8	Zirkel (m) pair of compasses compas (m)		циркуль (m) compasso (m) compás (m)
9	Zirkelschenkel (m), Zirkelbein (m) leg of compasses jambe (f) de compas	a	ножка (f) циркуля, циркульная ножка gamba (f) del compasso brazo (m) del compás
10	Zirkelfuß (m) foot of compasses pied (m) de compas	b	нижняя часть (f) циркульной ножки piede (m) del compasso pie (m) del compás

Zirkelspitze (f) point of compasses pointe (f) du compas	c	острie (n) циркуля punta (f) del compasso punta (f) del compás	*1*
Zirkelkopf (m) handle of compasses tête (f) du compas	d	головка (f) циркуля testa (f) del compasso cabeza (f) del compás	*2*
Einsatzzirkel (m), Stückzirkel (m) compass with detachable legs compas (m) à rallonges	 a	циркуль (m) съ выемными ножками, циркуль (m) со вставными ножками compasso (m) di ricambio compás (m) de puntas móviles	*3*
Bleieinsatz (m) pencil-point crayon (m) du compas	b	вставка (f) съ карандашемъ matita (m) di ricambio pieza (f) para lápiz, porta-lápiz (m) del compás	*4*
Ziehfedereinsatz (m), Tinteneinsatz (m), Tuscheinsatz (m) pen-point tire-ligne (m) du compas	c	вставка (f) съ чертежнымъ перомъ, вставка (f) для чернилъ, (туши) tira-linee (m) di ricambio tiralíneas (m) del compás, pieza (f) para tinta	*5*
Nadeleinsatz (m) needle-point pointe (f) sèche du compas	d	вставочная игла (f) punta (f) di ricambio porta-aguja (m) del compás	*6*
Nadelspitze (f), Nadelfuß (m) needle pointe (f) de compas	e	острie (n) иглы punta (f) aguja-punta (f)	*7*
Zirkelverlängerung (f), Verlängerungsstange (f) lengthening bar rallonge (f)	f	удлиненie (n) циркульной ножки allunga (m) pieza (f) de prolongación	*8*
Zirkelschlüssel (m) compass wrench, compass key clef (f) de compas	g	циркульный ключъ (m) chiave (f) del compasso llave (f) del compás	*9*

1 Bleistiftzirkel (m)
lead compass
compas (m) à crayon

карандашный циркуль (m)
compasso (m) a matita
compás (m) de lápiz

---

2 Handzirkel (m), Stechzirkel (m)
dividers (pl.), compasses (pl.)
compas (m) de mesure, compas (m) à pointes sèches

измѣрительный циркуль (m)
compasso (m) a punta fissa
compás (m) de puntas secas pequeño

---

3 Federzirkel (m), Teilzirkel (m)
spring bow dividers
compas (m) à ressort

дѣлительный (пружинный циркуль (m), (волосковый) циркуль (m)
compasso (m) di precisione a molla
compás (m) de muelle, compás (m) de precisión

---

4 Nullenzirkel (m)
bow compasses, spring bow compasses
compas (m) à pompe

кронциркуль (m)
balaustrino (m)
compás (m) de círculos

---

5 Reduktionszirkel (m)
reducing compasses, proportional compasses or dividers
compas(m)de réduction, compas (m) de proportion

редукціонный (пропорціонный) циркуль (m)
compasso (m) di riduzione
compás (m) de proporciones, compás (m) de reducción

---

6 Stangenzirkel (m)
beam-compasses, trammels
compas (m) à verge

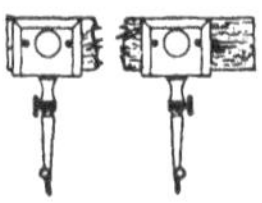

рычажный циркуль (m), штангенциркуль (m), чертильная линейка (f)
compasso (m) a verga
compás (m) de varas

---

7 Zentrumscheibe (f), Zentrumstift (m)
center, horn center
centre (m) à compas

a

центрикъ (m)
centrino (m)
centro (m)

Punktiernadel (f) dotting needle aiguille (f) à pointer		пунктирная игла (f) punta (f) da segnare aguja (f) para marcar	1
Punktierrädchen (m) dotting wheel roue (f) à pointillé		пунктирное (пунктировальное) колёсико (n) ruota (f) da punteggiare rueda (f) para hacer líneas de puntos	2
Bleibüchse (f) lead box, pencil box porte-mine (m)		футлярчикъ (m) для карандашей astuccio (m) per matite caja (f) de lápices	3
Transporteur (m) protractor rapporteur (m)	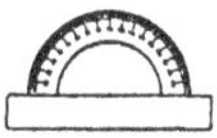	транспортиръ (m) goniometro (m) goniómetro (m), transportador (m)	4
Winkeltransporteur (m) protractor set square rapporteur (m) à équerre	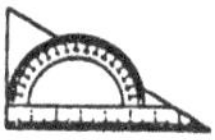	транспортиръ (m) съ угольникомъ, угольный транспортиръ (m) goniometro (m) ad angolo goniómetro (m) angular, transportador (m) angular	5
Ziehfeder (f), Reißfeder (f) drawing pen tire-ligne (m)		рейсфедеръ (m), чертежное перо (n) tira-linee (m) tiralíneas (m)	6
Kurvenziehfeder (f) swivel pen tire-curviligne (m)		перо (n) для вычерчиванія кривыхъ tira-curvelinee (m) tiralíneas (m) curvo	7
Doppelziehfeder (f) parallel line pen tire-ligne (m) double		двойной рейсфедеръ (m), двойное чертежное перо (n) tira-línee (m) doppio tiralíneas (m) doble, tiralíneas (m) de caminos	8
Punktierfeder (f) dotting pen tire-ligne (m) à pointillé		пунктирное (пунктировальное) перо (n) apparecchio (m) per punteggiare máquina (f) para trazar puntos	9

1	die Ziehfeder (f) anschleifen to sharpen a drawing pen aiguiser le tire-ligne		наточить (точить) рейсфедеръ, (чертежное перо (n)) affilare il tira-linee afilar el tiralíneas
2	Zeichenstift (m), Bleistift (m) drawing pencil crayon (m)		карандашъ (m) matita (f), lapis (m) lápiz (m)
3	den Bleistift (m) anspitzen to sharpen the pencil tailler le crayon		очинить } карандашъ (m) чинить } temperare la matita hacer punta al lápiz
4	Bleistiftspitzer (m) pencil sharpener taille-crayons (m)		машинка (f) для очинки карандашей apparecchio (m) da temperare matite, tempera-matite (m) cortador (m) de lápiz, corta-lápiz (m)
5	Bleistiftschärfer (m) pencil sharpener planchette (f) à aiguiser les crayons		оселокъ (m) для точки карандашей carta (f) vetrata per matite raspador (m) de lápices
6	Bleistiftfeile (f) file for sharpening pencil lime (f) à crayons		напильникъ (m) для точки карандашей lima (f) per matite lima (f) para el lápiz
7	radieren to erase, to rub out gommer, effacer, gratter		стереть } резиной стирать } cancellare, raschiare borrar
8	Radiergummi (m) eraser, rubber gomme (f) à gratter		резина (f), резинка (f) gomma (f) goma (f) para borrar
9	Bleigummi (m) lead eraser, lead rubber gomme (f) [à crayon]		резина (f)(резинка (f)) для карандаша gomma (f) per matita goma (f) para lápiz
10	Tintengummi (m) ink eraser gomme (f) à encre		резина (f)(резинка (f)) для чернилъ gomma (f) per inchiostro goma (f) para tinta

Radiermesser (n) erasing knife grattoir (m)		ножичекъ (m) для подчистки чертежей raschino (m) cuchillo (m) raspador	1
ausziehen to ink in passer à l'encre		обвести (обводить) тушью passare a penna pasar en tinta	2
Ausziehtusche (f), flüssige Tusche (f) ink, Indian ink encre (m) de Chine		тушь (f), китайская тушь (f), жидкая тушь (f) inchiostro (m) di China tinta (f) China	3
Zeichenfeder (f) lettering pen plume (f) à dessin		чертежное (рисовальное) перышко (n) pennina (f) da disegnare pluma (f) de dibujo	4
die Zeichnung (f) beschreiben to letter a drawing écrire la légende		надписать (надписывать) чертежъ fare le indicazioni sul disegno, descrivere il disegno rotular un dibujo	5
Rundschrift (f) roundhand writing écriture (f) ronde	 	круглый шрифтъ (m) rotondo (m) redondilla (f)	6
Steilschrift (f) vertical writing écriture (f) droite	 	прямой шрифтъ (m) scrittura (f) verticale escritura (f) vertical	7
Rundschriftfeder (f) roundhand pen plume (f) de ronde	 a	перо (n) для круглаго шрифта (письма) pennina (f) di rotondo pluma (f) para redondilla	8
Überfeder (f) ink holder porte-encre (m)	a	собачка (f) pennina (f) portainchiostro pluma-tintero (f)	9
austuschen, anlegen to tint, to colour colorer, teinter		затушевать, тушевать colorare pintar, pasar los colores	10

1 Tuschkasten (m),
Farbenkasten (m)
box of water-colours
boîte (f) à couleurs

ящикъ (m) съ тушью,
ящикъ (m) съ красками
scatola (f) di colori
caja (f) de colores

---

2 Stückfarben (f. pl.)
tablets of colours
couleurs (f. pl.) en morceaux

краски (f. pl.) въ плиткахъ
colori (m. pl.) in pezzi
colores (m. pl.) en pastilla

---

3 Feuchtwasserfarbe (f)
water-colour
couleur (f) d'aquarelles

акварельная краска (f)
colori (m. pl.) ad acquarello
colores (m. pl.) para acuarela

---

4 Farbentube (f)
colour tube
tube (m) de couleur

трубка (f) съ краскою
tubetto (m) di colore
tubo (m) de colores

5 Pinsel (m), Tuschpinsel (m)
colouring or tinting brush
pinceau (m)

кисть (f) (кисточка (f)) для туши
pennello (m)
pincel (m)

---

6 Tuschnapf (m), Tuschschale (f)
tinting or colouring saucer
godet (m)

чашечка (f) (блюдце (n)) для разведенія туши
ciotoletta (f), piattino (m)
platillo

---

7 Tusche (f) anrühren,
Farbe (f) anrühren
to mix the colour
faire la couleur

развести } тушь
разводить } краску
mescolare un colore
mezclar un color

---

8 Tusche (f) anreiben,
Farbe (f) anreiben
to grind the colour
broyer la couleur

растереть } тушь
растирать } краску
stemperare un colore
desleir un color

---

9 Fließpapier (n)
blotting-paper
papier (m) buvard

пропускная бумага (f)
carta (f) asciugante,
carta (f) assorbente
papel (m) chupón

die Zeichnung (f) mit dem Schwamm abwaschen to sponge off a drawing éponger le dessin	смыть (смывать) чертежъ губкою lavare il disegno colla spugna lavar un dibujo con la esponja	1
Schwamm (m) sponge éponge (f)	губка (f) spugna (f) esponja (f)	2
die Zeichnung (f) verzieht sich the drawing is shrinking le dessin se plisse	чертежъ (m) коробится la carta di disegno si restringe el dibujo (m) se deforma, el dibujo (m) se estira disigualmente	3
Farbstift (m) coloured pencil crayon (m) de couleur, pastel (m)	цвѣтной карандашъ (m) matita (f) a colore lápiz (m) de color	4
Rotstift (m) red pencil crayon (m) rouge	красный карандашъ (m) matita (f) rossa lápiz (m) rojo	5
Blaustift (m) blue pencil crayon (m) bleu	синій карандашъ (m) matita (f) bleu, matita (f) azzurra lápiz (f) azul	6
pausen, durchpausen to trace calquer	калькировать, чертить (вычертить, вычерчивать) на калькѣ dilucidare, ricalcare calcar	7
Pause (f), Pauszeichnung (f) tracing calque (m)	чертежъ (m) на калькѣ lucido (m) calco (m)	8
Pauspapier (n) tracing paper papier (m) calque, papier (m) à calquer	восковая бумага (f) carta (f) da dilucidare papel (m) para calcar	9
Pausleinwand (f) tracing cloth toile (f) à calquer	калька (f) tela (f) da dilucidare tela (f) de calcar	10

1 Lichtpause (f)
print
héliographie (f), dessin (m) tiré, photocalque (m)
копія (f) на свѣточувствительной бумагѣ
cianografia (f)
calca (f) al sol, calca (f) heliográfica, marión (m)

---

2 Lichtpauspapier (n)
printing paper
papier (m) héliographique, papier (m) photocalque
свѣточувствительная бумага (f)
carta (f) cianografica
papel (m) heliográfico, papel (m) Marión

---

3 Blaupause (f)
blue print
bleu (m)
синяя копія (f)
cianografia (f) azzurra
foto-calco (m) azul, Marión (m) azul

---

4 Weißpause (f)
white print
dessin (m) tiré blanc
бѣлая копія (f)
cianografia (f) bianca
foto-calco (m) blanco, Marión (m) blanco

---

5 Lichtpausapparat (m)
printing frame
châssis (m) pour bleus
аппаратъ (m) для свѣтопечатанія
torchietto (m) per cianografia
cuadro (m) para mariones

---

6 Lichtpausatelier (n)
printing gallery or room, blue printing room
atelier (m) pour bleus
свѣтопечатня (f)
laboratorio (m) cianografico
taller (m) de calcado, taller (m) heliográfico

XLI.

7 Bewegung (f)
movement, motion
mouvement (m)
движеніе (n)
moto (m), movimento (m)
movimiento (m)

---

8 Bewegungslehre (f), Zwanglauflehre (f)
kinematics
cinématique (f)
кинематика (f)
cinematica (f)
cinemática (f)

---

9 geradlinige Bewegung (f)
rectilinear motion
mouvement (m) rectiligne
прямолинейное движеніе (n)
movimento (m) rettilineo
movimiento (m) rectilíneo

gleichförmige Be- wegung (f) uniform motion mouvement (m) uni- forme	$c = \dfrac{s}{t} = \text{const.}$	равномѣрное дви- женіе (n) movimento (m) uni- forme movimiento (m) uni- forme	*1*
Weg (m) space espace (m) parcouru	s	путь (m) traiettoria (f) camino (m) recor- rido, carrera (f)	*2*
Geschwindigkeit (f) velocity, speed vitesse (f)	c	скорость (f) velocità (f) velocidad (f)	*3*
Zeit (f) time temps (m)	t	врмея (n) tempo (m) tiempo (m)	*4*
ungleichförmige Be- wegung (f) variable motion mouvement (m) varié		неравномѣрное дви- женіе (n) movimento (m) varia- bile, movimento (m) vario movimiento (m) variable	*5*
Beschleunigung (f) acceleration accélération (f)	$p = \dfrac{dc}{dt} = \dfrac{d^2 s}{dt^2}$	ускореніе (n) accelerazione (f) aceleración	*6*
Verzögerung (f) retardation ralentissement (m), ac- célération(f) négative		замедленіе (n) ritardo (m), accelera- zione (f) negativa retardo (m)	*7*
Anfangsgeschwindig- keit (f) initial velocity vitesse (f) initiale		начальная ско- рость (f) velocità (f) iniziale velocidad (f) inicial	*8*
Endgeschwindigkeit (f) final velocity, terminal velocity vitesse (f) finale		конечная скорость (f) velocità (f) finale velocidad (f) final	*9*
mittlere Geschwindig- keit (f) mean velocity, average velocity vitesse (f) moyenne		средняя скорость (f) velocità (f) media velocidad (f) media	*10*
gleichförmig beschleu- nigte Bewegung (f) uniformly accelerated motion mouvement (m) unifor- mément accéléré		равномѣрно уско- ренное движеніе(n) movimento (m) unifor- memente accelerato movimiento (m) unifor- memente acelerado	*11*

1	gleichförmig verzögerte Bewegung (f) uniformly retarded motion mouvement (m) uniformément retardé		равномѣрно замедленное движенie(n) movimento (m) uniformemente ritardato movimiento (m) uniformemente retardado
2	freier Fall (m) fall, descent, free fall chute (f)	$v=\sqrt{2gh}$	свободное паденіе (n) caduta (f) libera caída (f) libre
3	Fallhöhe (f), Geschwindigkeitshöhe (f) height of fall, distance, through which a body falls hauteur (f) de chute	h	высота (f) паденія altezza (f) della caduta altura (f) de caída
4	Falldauer (f) time of fall durée (f) de chute		продолжительность (f) паденія durata (f) della caduta duración (f) de la caída
5	Steighöhe (f) height of ascent hauteur (f) du tir		высота (f) подъема altezza (f) del tiro, ascendenza (f) altura (f) alcanzada
6	Wurfdauer (f) time of passage durée (f) du tir		продолжительность (f) подъема durata (f) del tiro duración (f) del impulso
7	krummlinige Bewegung (f) curvilinear motion mouvement (m) curviligne	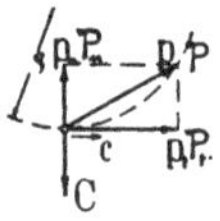	криволинейное движеніе (n) moto (m) curvilineo movimiento (m) curvilíneo
8	Tangentialbeschleunigung (f) tangential acceleration accélération (f) tangentielle	$p_t=\frac{dc}{dt}$	ускореніе (n) касательной, касательное (тангентіальное) ускореніе (n) accelerazione (f) tangenziale aceleración (f) tangencial
9	Normalbeschleunigung (f), Centripetalbeschleunigung (f) normal acceleration accélération (f) normale	$p_n=\frac{c^2}{\varrho}$	нормальное (центростремительное) ускореніе (n), ускореніе (n) по нормали accelerazione (f) normale, accelerazione (f) centripeta aceleración (f) normal, aceleración (f) centripeta

Totalbeschleunigung (f) total acceleration accélération (f) totale	p	полное ускоренie (n) accelerazione (f) totale aceleración (f) total	1
Tangentialkraft (f) tangential force force (f) tangentielle	$P_t = m \cdot \frac{dc}{dt}$	касательная сила (f) forza (f) tangenziale fuerza (f) tangencial	2
Normalkraft (f), Centripetalkraft (f) centripetal force force (f) normale, force (f) centripète	$P_n = m \cdot \frac{c^2}{\varrho}$	нормальная (центростремительная) сила (f) forza (f) normale, forza (f) centripeta fuerza (f) normal, fuerza (f) centrípeta	3
Centrifugalkraft (f), Fliehkraft (f) centrifugal force force (f) centrifuge	$C = -P_n$	центробѣжная сила (f) forza (f) centrifuga fuerza (f) centrífuga	4
schiefer Wurf (m) inclined projection tir (m) parabolique	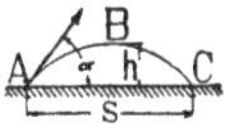	полетъ (m) наклонно къ горизонту tiro (m) parabolico, tiro (m) inclinato impulso (m) oblícuo	5
Wurfwinkel (m) angle of projection angle (m) du tir	α	уголъ (m) полета ampiezza (f) del tiro, angolo (m) del tiro ángulo (m) de impulsión	6
Wurfweite (f) horizontal range portée (f) du tir	s	дальность (f) полета amplitudine (f) del tiro, distanza (f) del tiro amplitud (f) de impulsión, alcance (m)	7
Wurfhöhe (f) height of projection, height of ascent hauteur (f) du tir	h	высота (f) полета altezza (f) del tiro altura (f) de impulsión	8
Wurfbahn (f), Flugbahn (f) trajectory, path of projectile trajectoire (f)	$\overset{\frown}{ABC}$	траекторія (f) полета traiettoria (f) trayectoria (f)	9
Wurfgeschwindigkeit (f) velocity of projection vitesse (f) du tir		скорость (f) полета velocità (f) del proiettile velocidad (f) de impulsión	10
ballistische Kurve (f) ballistical curve courbe (f) balistique		балистическая кривая (f) curva (f) balistica curva (f) balística, trayectoria (f)	11

1	wagrechter Wurf (m) horizontal projection jet (m) horizontal		полетъ (m) параллельно къ горизонту tiro (m) orizzontale impulsión (m) horizontal
2	senkrechter Wurf (m) vertical projection jet (m) vertical		полетъ (m) вертикально вверхъ tiro (m) verticale impulso (m) vertical
3	unfreie Bewegung (f) restricted motion, restricted movement mouvement (m) sollicité	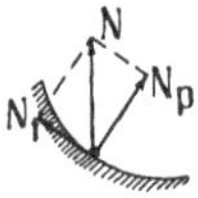	несвободное движеніе (n) movimento (m) vincolato, movimento (m) forzato movimiento (m) obligado, movimiento (m) forzado
4	Bahnwiderstand (m) reaction on body résistance (f) de voie, réaction (f) sur un corps	N	сопротивленіе (n) движенію въ пути resistenza (f) della traiettoria resistencia (f) de la carrera
5	Normalwiderstand (m), Stützkraft (f) supporting or bearing force, supporting or bearing resistance résistance (f) normale, résistance (f) d'appui	N_p	нормальное сопротивленіе (n) resistenza (f) normale resistencia (f) normal
6	Tangentialwiderstand (m) tangential resistance résistance (f) tangentielle	N_t	сопротивленіе (n) по касательной resistenza (f) tangenziale resistencia (f) tangencial
7	Pendel (n) pendulum pendule (m)		маятникъ (m) pendolo (m) péndulo (m)
8	Kreispendel (n) circular pendulum pendule (m) circulaire		круговой маятникъ (m) pendolo (m) circolare péndulo (m) circular
9	Pendelausschlag (m) amplitude amplitude (f) de l'oscillation du pendule		размахъ (m) маятника, амплитуда (f) качанія маятника amplitudine (f) del pendolo desviación (f) del péndulo, carrera (f) del péndulo

Ausschlagwinkel (m)
angle of oscillation, angle of displacement
angle (m) d'amplitude

α

уголъ (m) отклоненія
angolo (m) d'amplitudine
ángulo (m) de desviación 1

Pendelschwingung (f)
oscillation of the pendulum
oscillation (f) du pendule

колебаніе (n) (качаніе (n)) маятника
oscillazione (f) del pendolo
oscilación (f) del péndulo 2

Schwingungsdauer (f)
time of oscillation, duration of oscillation, period
durée (f) d'oscillation

продолжительность (f) качанія (колебанія) маятника
durata (f) dell' oscillazione
duración (f) de la oscilación 3

Kegelpendel (n), Zentrifugalpendel (n)
conical pendulum
pendule (m) conique

коническій (центробѣжный) маятникъ (m)
pendolo (m) conico
péndulo (m) centrífugo 4

Cykloidenpendel (n)
cycloidal pendulum
pendule (m) cycloidal

циклоидальный маятникъ (m)
pendolo (m) cicloidale
péndulo (m) cicloidal 5

---

schiefe Ebene (f)
inclined plane
plan (m) incliné, pente (f)

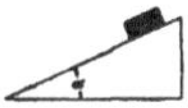

наклонная плоскость (f)
piano (m) inclinato
plano (m) inclinado 6

Neigungswinkel (m) der schiefen Ebene
angle of inclination
angle (m) d'inclinaison

α

уголъ (m) наклона (наклоненія)
angolo (m) d'inclinazione
ángulo (m) de inclinación 7

Parallelogramm (n) der Geschwindigkeiten [Beschleunigungen], Geschwindigkeitsparallelogramm (n) [Beschleunigungsparallelogramm (n)]
parallelogram of velocities [accelerations]
parallélogramme (f) des vitesses [accélérations]

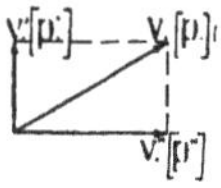

параллелограммъ (m) скоростей (ускореній)
parallelogramma (f) delle velocità [accelerazioni]
paralelogramo (m) de velocidades [aceleraciones] 8

1 eine Geschwindigkeit (f) [Beschleunigung (f)] in ihre Komponenten zerlegen
to resolve a velocity [acceleration] into its components
décomposer une vitesse [accélération] en ses composantes

разложить (разлагать) скорость (ускореніе) на составляющія (слагающія)
scomporre una velocità [accelerazione] nei suoi componenti
descomponer una velocidad [aceleración] en sus componentes

---

2 Komponente (f) der Geschwindigkeit [Beschleunigung], Geschwindigkeits-komponente (f) [Beschleunigungskomponente (f)]
component of velocity, [acceleration]
composante (f) de la vitesse [accélération]

v', v'' [p', p'']

составляющая (f) (слагающая (f)) скорости (ускоренія)
componente (f) della velocità [accelerazione]
componente (f) de velocidad [aceleración]

---

3 mehrere Geschwindigkeiten (f. pl.) [Beschleunigungen (f. pl.)] zu ihrer Resultierenden zusammensetzen
to compound several component velocities [accelerations] into a single resultant velocity (acceleration) to find the resultant of several velocities [accelerations]
réunir plusieurs vitesses [accélérations] en leur résultante

замѣнить (замѣнять) нѣсколько скоростей (ускореній) ихъ равнодѣйствующей
comporre (sommare) più velocità [accelerazioni) in una risultante
componer varias velocidades [aceleraciones] en una resultante

---

4 resultierende Geschwindigkeit (f) [Beschleunigung (f)]
resultant velocity [acceleration]
résultante (f) de la vitesse [accélération]

v [p]

равнодѣйствующая (f) скорости (ускоренія)
velocità (f) [accelerazione] risultante
velocidad [aceleración] (f) resultante

---

5 Schiebung (f)
motion of translation
translation (f)

сдвиженіе (n)
traslazione (f)
traslación (f)

---

6 Drehung (f)
motion of rotation
rotation (f)

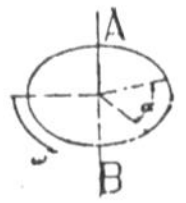

вращеніе (n)
rotazione (f)
giro (m)

Drehachse (f) axis of rotation axe (m) de rotation	AB	ось (f) вращенія asse (f) di rotazione eje (m) de torsión, eje (m) de giro	*1*
Drehwinkel (m) angle of rotation, angle through which the rotating body has turned angle (m) de rotation	α	уголъ (m) вращенія angolo (m) di rotazione ángulo (m) de torsión, ángulo (m) de giro	*2*
Winkelgeschwindigkeit (f), Winkelschnelle (f) angular velocity vitesse (f) angulaire	$w = \frac{d\alpha}{dt}$	угловая скорость (f) velocità (f) angolare velocidad (f) angular	*3*
Winkelbeschleunigung (f) angular acceleration accélération (f) angulaire	$\varepsilon = \frac{dw}{dt} = \frac{d^2\alpha}{dt^2}$	угловое ускореніе (n) accelerazione (f) angolare aceleración (f) angular	*4*
Kraft (f) force force (f)	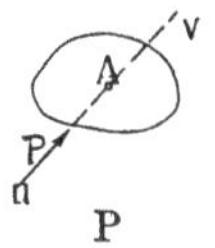 P	сила (f) forza (f) fuerza (f)	*5*
Kraftrichtung (f) direction of force, direction in which force acts direction (f) de la force	u—v	направленіе (n) силы direzione (f) della forza dirección (f) de la fuerza	*6*
Angriffspunkt (m) der Kraft point at which the force acts, origin of force point (m) d'application de la force, point (m) d'attaque de la force	A	точка (f) приложенія силы punto(m)d'applicazione delle forze punto (m) de aplicación de la fuerza	*7*
Parallelogramm (n) der Kräfte parallelogram of forces parallélogramme (f) des forces	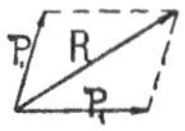	параллелограммъ (m) силъ parallelogramma (f) delle forze paralelogramo (m) de las fuerzas	*8*
Mittelkraft (f), Resultierende (f) resultant force, resultant force (f) résultante	R	равнодѣйствующая сила (f) forza (f) media, forza (f) risultante resultante (f), fuerza (f) resultante	*9*

1 Seitenkraft (f), Komponente (f)
component
composante (f) d'une force

P_1, P_2

слагающая сила (f)
componente (f)
componente (f)

---

2 Kräftedreieck (n)
triangle of forces
triangle (m) de forces

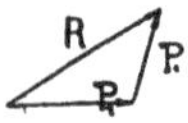

треугольникъ (m) силъ
triangolo (m) delle forze
triángulo (m) de las fuerzas

---

3 Kräftezug (m), Kräfteplan (m), Kräftepolygon (m)
polygon of forces
polygone (m) de forces

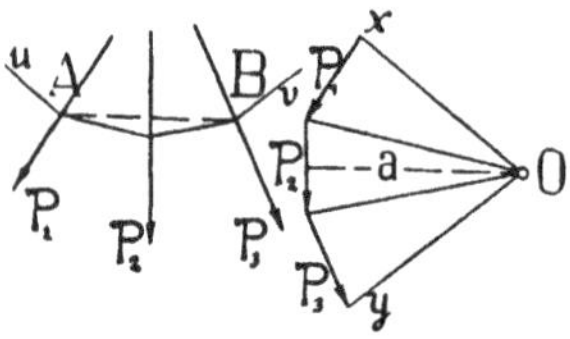

x—y

многоугольникъ (m) силъ
poligono (m) delle forze
polígono (m) de las fuerzas

---

4 Pol (m)
pole
pôle (m)

O

полюсъ (m)
polo (m)
polo (m)

---

5 Polabstand (m)
polar distance
distance (f) polaire

a

разстояніе (n) полюса
distanza (f) dal polo
distancia (f) polar

---

6 Seilplan (m), Seilpolygon (n)
polygon of forces
funiculaire (m), polygone (m) funiculaire

u—v

веревочный многоугольникъ (m)
poligono (m) funicolare
polígono (m) funicular

---

7 Schlußlinie (f)
abutment-line, closing line
ligne (f) de fermeture

A—B

замыкающая сторона (f)
linea (f) di chiusa, retta (f) di chiusa
línea (f) de cierre

---

8 geschlossener Kräfteplan (m)
equilibrium polygon, stability polygon
polygon (m) fermé

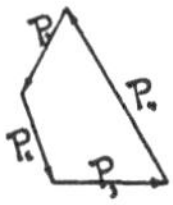

замкнутый многоугольникъ (m) силъ
poligono (m) delle forze chiuso
polígono (m) de fuerzas cerrado

---

9 die Kräfte (f. pl.) befinden sich im Gleichgewicht
the forces are balanced
les forces sont en équilibre

силы (f. pl.) находятся въ равновѣсіи
le forze (f. pl.) si trovano in equilibrio
las fuerzas (f. pl.) están equilibradas

Moment (n) der Kraft P in bezug auf den Drehpunkt O moment of the force P with reference to the centre of motion O moment (m) de la force P pour le centre de rotation O	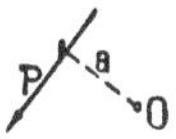 P. a	моментъ (m) силы P относительно точки вращенія O momento (m) della forza P rispetto al centro di rotazione O [rispetto al Polo] momento (m) de la fuerza con relación al punto de giro O	1
Hebelarm (m) der Kraft P in bezug auf den Drehpunkt O arm of lever of the force P with reference to the centre of motion O bras de levier (m) de la force P pour le centre de rotation O	a	рычагъ (m) силы P относительно точки вращенія O braccio (m) della forza P rispetto al punto di rotazione O [rispetto al polo O] brazo (m) de palanca de la fuerza P con relación al punto de giro O [al polo O]	2
Kräftepaar (n) couple of forces couple (m) de forces	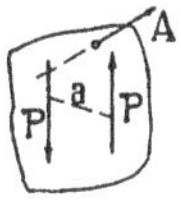	пара (f) силъ coppia (f) par (m) de fuerzas	3
Moment (n) des Kräftepaares moment of the couple moment (m) du couple	P. a	моментъ (m) пары силъ momento (m) della coppia momento (m) del par de fuerzas	4
Achse (f) des Kräftepaares axis of the couple axe (m) du couple	A	ось (f) пары силъ asse (f) della coppia eje (m) del par de fuerzas	5
statisches Moment (n) static moment moment (m) statique	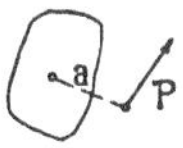 P. a	статическій моментъ (m) momento (m) statico momento (m) estático	6
Trägheitsmoment (n) moment of inertia moment (m) d'inertie		моментъ (m) инерціи momento (m) d'inerzia momento (m) de inercia	7
äquatoriales Trägheitsmoment (n) equatorial moment of inertia moment (m) d'inertie par rapport à un axe	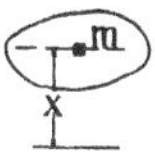 $\Sigma m x^2$	экваторіальный моментъ (m) инерціи momento (m) d'inerzia rispetto ad un asse [neutro] momento (m) de inercia ecuatorial	8

1	polares Trägheitsmoment (n) polar moment of inertia moment (m) d'inertie par rapport à un point	 $\Sigma m x^2$	полярный моментъ (m) инерціи momento (m) d'inerzia rispetto ad un punto momento (m) de inercia polar
2	Schwerpunkt (m), Massenmittelpunkt (m) center of gravity centre (m) de gravité	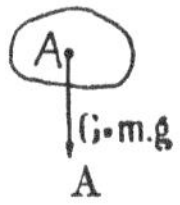	центръ (m) тяжести baricentro (m), centro (m) di gravità centro (m) de gravedad
3	Schwerkraft (f), Schwere (f) gravity poids (m), gravité (f)	G.	сила (f) тяжести gravità (f) gravedad (f)
4	Erdbeschleunigung (f) force of gravity accélération (f) de gravité	g	земное притяженіе (n), натяженіе (n) (ускореніе (n)) силы тяжести accelerazione (f) della gravità [della terra] aceleración (f) de la gravedad
5	Masse (f) mass masse (f)	m	масса (f) massa (f) masa (f)
6	Gleichgewicht (n) equilibrium équilibre (m)		равновѣсіе (n) equilibrio (m) equilibrio (m)
7	Gleichgewichtslage (f) eines Körpers condition of equilibrium équilibre (m) d'un corps au repos		положеніе (n) тѣла въ равновѣсіи equilibrio (m) d'un corpo in riposo posición (f) de equilibrio de un cuerpo
8	stabiles Gleichgewicht (n) stable equilibrium équilibre (m) stable		устойчивое равновѣсіе (n) equilibrio (m) stabile equilibrio (m) estable
9	labiles Gleichgewicht (n) unstable equilibrium équilibre (m) instable		неустойчивое равновѣсіе (n) equilibrio (m) instabile [labile] equilibrio (m) inestable
10	indifferentes Gleichgewicht (n) indifferent equilibrium équilibre (m) indifférent		безразличное равновѣсіе (n) equilibrio (m) indifferente equilibrio (m) indiferente

Arbeit (f) work travail (m)	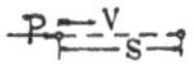 P. s	работа (f), механическая работа (f) lavoro (m) trabajo (m)	1
Leistung (f) capacity [of an engine], power puissance (f)	$\frac{P.s}{t} = P.v$	величина (f) работы, мощность (f), производительность (f), эффектъ (m) potenza (f) efecto (m)	2
Pferdestärke (f) horse-power cheval-vapeur (m) [chevaux]	HP	лошадинная сила (f) forza (f) d'un cavallo, cavallo (m) a vapore caballo (m) de fuerza	3
Arbeitsvermögen (n), lebendige Kraft (f), kinetische Energie (f) kinetic energy force (f) vive, énergie (f) cinète	$\frac{mv^2}{2}$	живая сила (f), кинетическая энергія (f) forza (f) viva, energia (f) cinetica fuerza (f) viva, energía (f) cinética	4
Prinzip (n) der Erhaltung der Kraft law of the conservation of energy principe (m) de la conservation de l'énergie		принципъ (m) (законъ (m)) сохраненія энергіи principio (m) di conservazione dell'energia principio (m) de la conservación de la fuerza viva	5
Reibung (f) friction frottement (m)	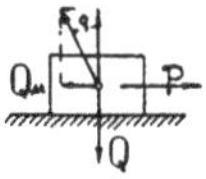	треніе (n) attrito (m) rozamiento (m), fricción (f)	6
Reibungswiderstand (m) force of friction, frictional resistance résistance (f) du frottement	$Q.\mu$	сопротивленіе (n) отъ тренія resistenza (f) dovuta all' attrito resistencia (f) de rozamiento	7
Reibungskoeffizient (m) coefficient of friction coëfficient (m) de frottement	μ	коэффиціентъ (m) тренія coefficiente (m) d'attrito coeficiente (m) de rozamiento	8
Reibungswinkel (m) angle of friction, angle of repose angle (m) de frottement	ρ	уголъ (m) тренія angolo (m) d'attrito ángulo (m) de rozamiento	9

1	Reibungsfläche (f) rubbing surfaces, surfaces in contact surface (f) de frottement		поверхность (f) тренія superficie (f) di contatto superficie (f) de rozamiento
2	Reibung (f) der Ruhe, ruhende Reibung (f) friction of rest, statical friction frottement (m) au départ, frottement (m) statique		треніе (n) въ покоѣ, опорное треніе (n) attrito (m) di primo distacco, attrito (m) all'inizio, attrito (m) allo spunto rozamiento (m) de adherencia
3	gleitende Reibung (f) sliding friction, friction of motion frottement (m) de glissement (m)		скользящее треніе (n), треніе (n) перваго рода attrito (m) radente, attrito (m) di scorrimento rozamiento (m) de resbalamiento
4	rollende Reibung (f), wälzende Reibung (f) rolling friction, friction of motion frottement (m) de roulement (m)		треніе (n) при катаніи, треніе (n) тѣлъ катящихся, треніе (n) второго рода attrito (m) volvente rozamiento (m) de rotación
5	Reibungsarbeit (f) work of friction travail (m) de frottement	$A_r = A_o - A$	работа (f) тренія lavoro (m) d'attrito trabajo (m) de rozamiento
6	Gesamtarbeit (f) total work travail (m) total	A_o	общая израсходованная работа (f) lavoro (m) totale trabajo (m) total
7	Nutzarbeit (f) useful effect, effective power, duty, mechanical power travail (m) utile	A	полезная работа (f) lavoro (m) utile efecto (m) útil
8	Wirkungsgrad (m) efficiency coëfficient (m) de rendement	$\eta = \frac{A}{A_o}$	степень (f) полезнаго дѣйствія rendimento (m), coefficiente (m) di rendimento rendimiento (m)

Festigkeit (f) resistance résistance (f)		сопротивленіе (n) [матеріаловъ] resistenza (f) solidez (f), resistencia (f)	1
Festigkeitslehre (f) science of strength of materials science (f) de la résistance des matériaux		ученіе (n) о сопротивленіи teoria (f) della resistenza dei materiali tratado (m) de resistencia de materiales	2
Spannung (f) tension tension (f)		напряженіе (n), натяженіе (n) tensione (f) tensión (f)	3
Normalspannung (f) normal tension tension (f) normale	σ	нормальное напряженіе (n) (натяженіе (n)) tensione (f) normale tensión (f) normal	4
Beanspruchung (f) strain charge (f), fatigue (f), effort (m)		подверженіе (n) дѣйствію силы sollecitazione (f) esfuerzo (m), carga (f), sujeción (f) á un esfuerzo	5
ein Körper ist auf Zug, Druck, Biegung beansprucht a body is under strain of tension, pressure, flexure or bending un corps est soumis à un effort de traction, de compression, de flexion		тѣло (n) подвержено растяженію, сжатію, изгибу un corpo (m) è sollecitato per tensione, compressione, flessione el cuerpo (m) está sujeto á esfuerzo de tracción, presión, flexión	6
zulässige Beanspruchung (f), zulässige Anstrengung (f) safe load charge (f) admissible, limite (f) admissible		допускаемое напряженіе (n) limite (m) di sollecitamento esfuerzo (m) requerido, esfuerzo(m)tolerable, esfuerzo (m) de trabajo	7
Belastungsweise (f) form of load mode(m) de chargement		способъ (m) нагрузки modo (m) di caricamento modo (m) de actuar la carga	8

1	ruhende Belastung (f) steady or dead load charge (f) constante	$P = \text{const.}$	спокойная нагрузка (f) carico (m) costante carga (f) estática, carga (f) constante, carga (f) en reposo
2	pulsierende Belastung (f) oscillatory load, oscillating load charge (f) variable [de 0 à $+\infty$]	$P = 0 \ldots\ldots \infty$	нагрузка (f), мѣняющаяся въ предѣлахъ отъ 0 до ∞, повторная нагрузка (f) въ предѣлахъ отъ 0 до ∞. carico (m) variabile, carico (m) intermittente carga (f) intermitente
3	wechselnde Belastung (f) varying load, live load charge (f) variable [de $+\infty$ à $-\infty$]	$P = +\infty \ldots -\infty$	нагрузка, попеременно мѣняющаяся въ предѣлахъ отъ $-\infty$ до $+\infty$ carico (m) variabile carga (f) variable
4	Formänderung (f) deformation déformation (f)		деформація (f) deformazione (f) deformación (f)
5	elastische Formänderung (f) elastic deformation déformation (f) élastique		измѣненіе (n) формы deformazione (f) elastica deformación (f) elástica
6	Formänderungsarbeit (f) resilience work of deformation travail (m) de déformation		упругое измѣненіе (n) формы lavoro (m) di deformazione trabajo (m) de deformación
7	Längenänderung (f) elongation allongement (m)	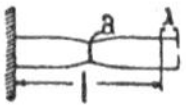 λ	продольное измѣненіе (n) allungamento (m) alteración (f) de longitud
8	Einschnürung (f) lateral contraction retrécissement (m), striction (f)	a	съуженіе (n) restringimento (m) contracción (f)
9	Dehnung (f) relative elongation extension (f), allongement (m) relatif	$\varepsilon = \frac{\lambda}{l}$	удлиненіе (n) espansione (f), dilatazione (f) dilatación (f)

Dehnungskoeffizient(m) modulus of elasticity for tension coëfficient (m) d'allongement	$\alpha = \frac{\varepsilon}{\sigma}$	коэффиціентъ (m) удлиненія coefficiente (m) d'espansione, coefficiente(m) di dilatazione coeficiente (m) de dilatación	1
Elastizitätsmodul (n) modulus of elasticity module (m) d'élasticité	$\varepsilon = \frac{1}{\alpha}$.	модуль(m)упручости modulo (m) d'elasticità módulo (m) de elasticidad	2
Bruchdehnung (f) stress of ultimate tenacity, elongation at rupture allongement (m) de rupture		удлиненіе (n) отъ разрыва allungamento (m) di rottura dilatación (f) de rotura	3
elastische Dehnung (f), Federung (f) elasticity of flexure or bending allongement (m) élastique		упругое удлиненіе (n), пружиненіе (n) allungamento (m) elastico dilatación (f) elástica	4
bleibende Längenänderung (f), Dehnungsrest (m) permanent elastic deformation, set déformation (f) permanente, reste (m) d'allongement		остающееся (остаточное) удлиненіе (n) deformazione (f) permanente dilatación (f) remanente	5
elastische Nachwirkung (f) elasticity déformation (f) élastique [action (f) consécutive d'élasticité]		упругое послѣдѣйствіе (n) reazione (f) elastica reacción (f) elástica	6
Elastizitätsgrenze (f) elastic limit limite (f) d'élasticité	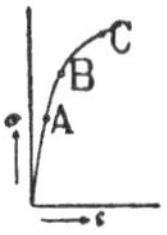 A	предѣлъ (m) упругости limite (m) d'elasticità límite (m) de elasticidad	7
Proportionalitätsgrenze (f) limit of proportionality limite (f) de proportionalité	B	предѣлъ (m) пропорціональности limite (m) di proporzionalità límite (m) de proportionalidad	8

1	Streckgrenze (f), Fließgrenze (f) limit of stretching strain limite (f) d'écoulement, limite (f) d'étirage	C	предѣлъ (m) вытягиванія, (вытеканія) limite (m) di duttilità limite (m) de estiraje
2	Zug (m) extension, stress, pull traction (f)	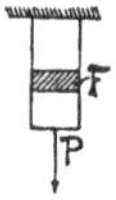 	растяженіе (n) trazione (f) tracción (f)
3	Zugfestigkeit (f) tensile strength, resistance to tensile strain, strength for extension résistance (f) à la traction		сопротивленіе (n) растяженію resistenza (f) alla trazione resistencia (f) á la tracción
4	Zugbeanspruchung (f) tensile strain effort (m) de traction		напряженіе (n) при растяженіи sollecitamento (m) alla trazione esfuerzo (m) de tracción
5	Zugkraft (f) tensile or tensive force force (f) de traction	P	растягивающая сила (f), растягивающее усилие (n) forza (f) di trazione fuerza (f) de tracción, intensidad (f) de la tracción
6	Zugspannung (f) tensive strain traction (f) unitaire, tension (f) de traction	$k_z = \frac{P}{F}$	напряженіе (n) при растяженіи tensione (f), coefficiente (m) di tensione tensión (f) de la tracción
7	Druck (m) pressure, compression compression (f)	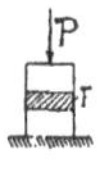 	давленіе (n), сжатіе (n) pressione (f) presión (f)
8	Druckfestigkeit (f) compressive strength, elasticity of compression, resistance to compressive strain résistance (f) à la compression		сопротивленіе (n) сжатію resistenza (f) alla pressione resistencia (f) á la presión
9	Druckbeanspruchung (f) compressive strain effort (m) de compression		напряженіе (n) при сжатіи carico (m) di pressione, sforzo (m) di pressione, cimentazione (f) alla compressione esfuerzo (m) de presión

Druckkraft (f) force of pressure, force of compression force (f) de compression	P	сжимающая сила (f), сжимающее усилie (n), сила (f) сжатія forza (f) di pressione fuerza (f) de presión, intensidad (f) de presión	1
Druckspannung (f) compressive strain compression (f) unitaire	$k_d = \frac{P}{F}$	напряженie (n) при сжатіи pressione(f), coefficiente della compressione semplice tensión (f) de la presión	2
Biegung (f) flexure, bending flexion (f), courbage (m)	 	изгибъ (m) piegamento (m), flessione (f) flexión (f)	3
Biegungsfestigkeit (f) transverse strength, strength of flexure, resistance to bending strain résistance (f) à la flexion		сопротивленie (n) при сжатіи resistenza (f) alla flessione resistencia (f) á la flexión	4
Biegungsbeanspruchung (f) strain of flexure effort (m) de flexion		напряженie (n) на сжатie sollecitazione (f) alla flessione esfuerzo (m) activo á la flexión, carga (m) á la flexión	5
Biegungsmoment (n) bending moment, moment of flexure moment (m) de flexion, moment (m) fléchissant	P. a	моментъ (m) изгиба, изгибающій моментъ (m) momento (m) di flessione momento (m) de flexión	6
Biegungsspannung (f) transverse strain flexion (f) unitaire, tension (f) de flexion	$k_b = \frac{P.a}{W}$	напряженie (n) при изгибаніи flessione (f), coefficiente (m) di sollecitamento alla flessione tensión (f) de flexión	7
Widerstandsmoment (n) moment of resistance moment (m) de résistance	W	моментъ (m) сопротивленія momento (m) di resistenza, momento (m) resistente momento (m) de resistencia	8

1	Durchbiegung (f) deflection flèche (f), flexion (f) transversale	b	прогибъ (m) flessione (f), freccia (f) d'incurvamento flecha (f)
2	Knickung (f) breaking, break flexion (f) de pièces chargées debout, flexion (f) axiale par compression		выгибъ (m), выгибаніе (n), продольный изгибъ (m) rottura (f) per flessione quiebro (m) por flexión, rotura (f) por flexión
3	Knickfestigkeit (f) resistancc to breaking strain résistance (f) à la flexion axiale par compression		сопротивленіе (n) изгибу resistenza (f) alla rottura resistencia (f) á la rotura por flexión
4	Knickbeanspruchung (f) breaking strain effort (m) de flexion		изгибающее усиліе (n) sollecitamento (m) alla flessione esfuerzo (m) de rotura por flexión
5	Schub (m) shearing cisaillement (m)	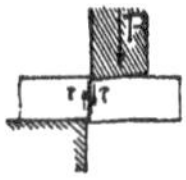	сдвигъ (m) taglio (m), rescissione empuje (m)
6	Schubfestigkeit (f) shearing strength, resistance to shearing strain résistance (f) au cisaillement		сопротивленіе (n) сдвигу resistenza (f) alla rescissione resistencia (f) al empuje
7	Schubbeanspruchung (f) shear effort (m) de cisaillement		сдвигающее усиліе (n) sollecitamento (m) alla rescissione esfuerzo (m) de empuje
8	Schubspannung (f) shearing stress cisaillement (m) unitaire, tension (f) de cisaillement	$\tau = \frac{P}{F}$	напряженіе (n) сдвига, напряженіе (n) при сдвигѣ forza (f) tagliante tensión (f) de empuje
9	Schubkoeffizient (m) modulus of shearing coëfficient (m) d'arrachement		коэффиціентъ (m) сдвига coefficiente (m) di rescissione coeficiente (m) de empuje

Gleitmodul (n) transverse modulus of elasticity, modulus of rigidity, modulus of sliding movement coëfficient (m) de glissement		модуль (m) скольженія modulo (m) di scorrimento módulo (m) de resbalamiento	*1*
Drehung (f) torsion, twist torsion (f)	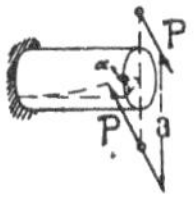	крученіе (n) torsione (f) torsión (f)	*2*
Drehungsbeanspruchung (f) torsional stress, torsional strain effort (m) de torsion		крутящее усиліе (n) sollecitamento (m) alla torsione esfuerzo (m) de torsión	*3*
Drehmoment (n) moment of torsion moment (m) de torsion	P. a	моментъ (m) крученія, крутящій моментъ (m) momento (m) di torsione momento (m) de torsión	*4*
Drehungswinkel (m) angle of torsion, torsion angle angle (m) de torsion	α	уголъ (m) крученія angolo (m) di torsione ángulo (m) de torsión	*5*
Maschine (f) machine, engine machine (f)		машина (f) macchina (f) máquina (f)	*6*
Maschinenteile (m. pl.) machine-parts organes (m. pl.) de machine		машинная часть (f), часть (f) машины organi (m. pl.) di macchina, pezzi (m. pl.) di macchina, parti (f. pl.) di macchina piezas (f. pl.) de maquinaria	*7*
eine Maschine (f) bauen to build a machine, to construct a machine, to make a machine construire une machine		построить } машину строить } costruire una macchina construir una máquina	*8*
Maschinenbau (m) mechanical engineering, construction of machines, engine-building construction (f) de machines		машиностроеніе (n) costruzione (f) di macchine construcción (f) de máquinas	*9*

1	Maschinenfabrik (f), Maschinenbauwerkstätte (f) workshop for constructing machines, shops for constructing machines, engine-works, machine-works atelier (m) de construction de machines, atelier (m) de constructions mécaniques	машиностроительный заводъ (m) officina (f) meccanica fábrica (f) de maquinaria, taller (m) de maquinaria
2	Maschinenfabrikant (m) manufacturer, maker of machinery constructeur (m) de machines	машинозаводчикъ (m) costruttore (m) di macchine constructor (m) de máquinas
3	Maschineningenieur (m) mechanical engineer ingénieur (m) mécanicien	инженеръ-механикъ (m), инженеръ-машиностроитель (m) ingegnere (m) meccanico ingeniero (m), mecánico (m)
4	Werkführer (m) head-foreman chef (m) d'atelier	завѣдующій (m) мастерскими capo-officina (m) primer (m) oficial, maestro (m), jefe (m) de taller
5	Meister (m) foreman maître (m), contremaître (m)	мастеръ (m) capo-tecnico (m) maestro (m), contramaestro (m)
6	Maschinenbauer (m), Maschinenschlosser (m) fitter, machinist mécanicien (m), constructeur (m) mécanicien	машиностроитель (m), заводскій слесарь (m) meccanico (m) montador (m), ajustador (m)
7	eine Maschine (f) montieren, eine Maschine (f) aufstellen to erect a machine, to fit up a machine monter une machine, ajuster une machine	собрать (собирать) машину, монтировать (установить, (устанавливать) машину montare una macchina montar una máquina, ajustar una máquina

Montage (f), Aufstellung (f) einer Maschine
erection of a machine, assembling of a machine, fitting up of a machine
montage (m), ajustage (m)

монтажъ (m), сборка (f), установка (f) 1
montatura (f)
montaje (m)

Monteur (m), Richtmeister (m)
machine-fitter, engine-fitter, erecting machinist
monteur (m)

монтеръ (m), сборщикъ (m) машинъ, установщикъ (m) 2
montatore (m)
montador (m)

Montierungswerkstätte (f)
erecting shop
atelier (m) de montage, atelier (m) d'ajustage

сборная мастерская (f)
officina (f) di montatura 3
talleres (m. pl.) de montaje, departamento (m) de montura

---

eine Maschine (f) demontieren, abbauen
to break off, to take down a machine
démonter une machine

разобрать (разбирать) машину 4
smontare una macchina
desmontar una máquina

Demontage (f), Abbau (m) einer Maschine
breaking off a machine
démontage (m) d'une machine

разборка (f) машины
smontatura (f) d'una macchina 5
desmontaje (m) de una máquina

---

eine Maschine (f) in Betrieb setzen, eine Maschine (f) in Gang setzen
to start, to set a machine going
mettre une machine en marche, mettre une machine en train

пустить (пускать) въ ходъ машину
mettere in movimento una macchina 6
poner en función una máquina, poner en marcha una máquina

---

im Gang (m) sein, im Betrieb (m) sein
to work, to be in action, to be at work, to be in gear
être en marche, fonctionner

находиться въ дѣйствіи
essere in movimento, funzionare 7
estar en función, estar en marcha, marchar, funcionar

---

eine Maschine (f) abstellen
to stop a machine, to shut down an engine
stopper, arrêter une machine

остановить (останавливать) машину, выключить (выключать) машину 8
arrestare, fermare una macchina
parar una máquina

1	Werkstätte (f) workshops (pl.), workroom, shops (pl.) atelier (m)	мастерская (f) officina (f) taller (m), obrador (m)
2	Arbeitstisch (m), Werkbank (f) work bench, vice-bench, bench établi (m)	верстакъ (m) banco (m) da lavoro banco (m)
3	Werkzeugkasten (m) tool box, tool chest coffre (m) d'outils, boîte (f) à outils	ящикъ (m) для инструмента, инструментальный ящикъ (m) cassetta (f) degli utensili, armadio (m) degli utensili caja (f) de herramientas
4	Werkzeug (n), Gerät (n) tools (pl.), implements (pl.) outil (m)	инструментъ (m) utensile (m) herramienta (f)
5	Handwerkzeug (n) hand-tools (pl.), tools (pl.) outillage (m)	ручной инструментъ (m) utensile (m) a mano herramientas (f. pl.) utensilios (m. pl.)
6	Arbeitsmaschine (f) working machine machine (f) à travailler	рабочая машина (f) macchina (f) operatrice máquina (f) útil, máquina (f) operadora
7	Kraftmaschine (f) motor engine moteur (m), machine-motrice (m)	двигатель (m), движитель (m), моторъ (m) motore (m) máquina (f) motriz, motor
8	Werkzeugmaschine (f) machine-tool machine-outil (f)	станокъ (m) macchina (f) utensile máquina (f) herramienta

A.

Accouplement à brosses 61.8
— à cliquet . . . 60.5
— à cône de friction 61.1
—, coquille d' . . 57.3
— à coquilles . . 57.2
— à cuir 61.4
— à débrayage . 58.6
— à double cône 58.1
—, douille d' . . 57.1
— à douille . . 56.8
— élastique . . . 58.5
— électro-magnétique 61.5
— extensible . . 58.4
— fixe 56.3
— à friction . . . 60.7
— à griffes . . . 60.2
— par manchon . 56.4
— mobile 58.3
— à mouvement longitudinal . . 58.4
— à pince . . . 58.1
—, plateau d' . . 57.6
— à plateaux . . 57.5
— à ruban . . . 61.6
— Sellers 58.1
— de tiges . . . 61.7
— à vis 56.6
Accoupler . . . 62.5
Aceite, afluencia del 52.3
— animal 51.2
—, baño de . . . 55.3
—, bomba de . . 55.7
—, cámara de . . 55.4
— para cilindros . 51.6
—, depósito para . 51.8
— de engrase . . 50.8
—, engrase con . 52.4
— para husos . . 51.7
— para maquinaria 51.5
— mineral . . . 51.4
— purificado . . 53.2
—, purificador de . 53.1
—, recogedor de . 52.9
—, el — se resinifica 50.10
—, resinificación del 51.1
—, untuosidad del 50.9
—, vaciar el . . . 55.6
— vegetal 51.3
Aceitera 53.7
— de resorte . . 52.1
Aceleración . . . 235.6
— angular . . . 241.4
— centrípeta . . . 236.9
— de la gravedad 241.4
— normal 236.9
— resultante . . 240.4
— tangencial . . 236.8
— total 237.1
— de la válvula . 114.6
Acepilladuras . . 192.6
Acepillar 184.9
Acero 213.5
— afinado 214.3
— Bessemer . . . 213.9
— cementado . . 214.2
— colado 212.3
— crisol 214.4
— fundido . . . 213.8
— de fusión . . 213.8
— para herramientas 214.7
— niqueloso . . . 214.5
— pudelado . . . 213.7
— soldado . . . 213.6
— Thomas . . 213.10
— tungstenado . 214.6
— tungstenoso . 214.6
— para útiles . . 214.7
Achsbelastung . . 33.7
— bruch 34.9
— druck 33.7
— hals 33.8
— kopf 33.5
— lager 33.4
— probe 34.8
— schaft 33.6
— schenkel . . . 33.3
— schenkelreibung 33.9
Achse 33.2
—, eine — abstechen 37.8
—, eine — auswechseln . . . 34.10
—, Auswechslung einer 34.11
—, bewegliche . . 33.11
—, Zylinder- . . 130.2
—, Dreh- 34.5
—, Dreh- (Drehung) 241.1
—, feste 33.10
—, gekuppelte . . 34.1
—, Ketten- . . . 91.5
— des Kräftepaares 243.5
—, Leit- 34.4
—, Rad- 34.6
—, Rollen- . . . 93.6
—, Umdrehungs- . 34.5
—, ungekuppelte . 34.2
—, verschiebbare . 34.3
Achsen abdrehen . 35.3
— drehbank . . 35.1
— dreherei . . . 35.2
— regulator . . 151.8
— reibung . . . 33.8
— umdrehung . . 34.7
Acid, soldering- . 202.9
Acido para soldar 202.9
Acier 213.5
— Bessemer . . . 213.9
— cimenté . . . 214.2
— coulé 212.3
— au creuset . . 214.4
— fondu 213.8
Acier Martin . . 214.1
— au nickel . . 214.5
— pour outils . . 214.7
— puddlé . . . 213.7
— raffiné 214.8
— Siemens-Martin 214.1
— soudé 213.6
— Thomas . . 213.10
— au tungstène . 214.6
Acoplado 62.6
— directamente á 62.7
Acoplamiento . . 56.1
— de doble articulación 62.2
— de articulación cruciforme . . 62.2
— articulado . . 61.8
— axial 56.2
— de Cardano . . 62.2
—, cojinete del . 57.3
— de cojinetes . 57.2
— de doble cono . 58.1
— cónico 61.1
— de correa . . 61.6
— de cuero . . . 61.4
— dentado . . . 60.2
— de disco . . . 57.5
— elástico . . . 58.5
— electromagnético 61.5
— de engranaje . 58.6
— de escobilla . . 61.8
— fijo 56.3
— de fricción . . 60.7
— graduable . . 58.4
— de interrupción 58.6
— de manguito . 56.8
—, manguito de . 57.1
— móvil 58.3
— de plato . . . 57.5
—, plato de . . . 57.6
— de rosca . . . 56.6
— roscado . . . 56.6
— de Sellers . . 58.1
— por tornillo . . 11.1
—, tornillo del . 57.4
— de trinquete . 60.5
— de vástago . . 61.7
Acoplar 62.5
Acortar la correa . 79.4
Acotación . . 225.10
Acotar 225.9
Acqua, conduttura d' 109.10
— forte (saldare) . 202.9
—, rubinetto d' . 129.5
— per saldare . . 202.8
Action, to be in . 255.7
—, eccentric . . 144.5
Addendum . . . 65.2
— circle 63.6
— line 63.6
— of a tooth . . 65.1
Adjust, to — the bearing . . . 48.6

Alzata, diagramma dell' 115.8
—, limite d' . . . 114.2
Amarre (polea) . 93.5
Amboß 158.8
— bahn 158.4
—, Bank- 158.6
—, Boden- . . . 159.9
—, Feilen- . . . 171.1
— futter 158.5
—, Hand- . . . 158.7
—, Hau- für Feilen 171.1
—, Horn- 158.9
— horn 159.1
—, Kessel- . . . 159.9
—, Schmiede- . . 158.6
— stock 158.5
— stöckel . . . 159.5
— untersatz . . . 158.5
Ame 85.8
Amiante, garniture d' 135.5
—, tresse d' . . 135.6
Amianto, corda d' —135.6
—, cuerda de . . 135.6
Amoladera . . 196.10
Amolar 197.5
Ampiezza del tiro 237.6
Amplitud de impulsión 237.7
Amplitude . . . 238.9
— angle d' . . . 239.1
— de l'oscillation du pendule . . 238.9
Amplitudine del tiro 237.7
— del pendolo . . 238.9
— angolo d' . . 239.1
Ancho de la chaveta 22.9
— de la correa . 76.8
— del diente . . 65.8
— del filete . . . 8.2
— de la polea . . 81.10
Anchor chain . . 91.9
— plate 15.8
Ancre, boulon à . 15.7
—, chaîne d'- . . 91.9
Ancrer 18.6
Anello d'arresto . 36.8
— di base (sopporto) 41.2
— fisso 36.7
— di fondo . . . 133.5
— di guarnizione . 99.7
— di guarnizione (saracinesca) . . 125.5
— di guida (sopporto) 45.5
— lubrificatore (lubrificazione ad anello) 55.2
— saldato (flangia) 100.6
— di smeriglio . . 198.3
Anello a tensione automatica . . 139.8
Anfangsgeschwindigkeit 235.8
Angel, (Sperrhorn) 159.3
—, Säge- 185.6
Angle of advance (double helical tooth) 70.5
— d'amplitude . . 239.1
— bar 215.6
— brace 182.7
— bracket . . . 47.6
— cock 128.8
— du coin . . . 21.9
— of contact (belt) 76.3
— of countersinking (rivet) . . . 26.6
— d'une dent . . 186.1
— des dents . . 185.8
— of displacement 239.1
— drift 177.6
— drive (belt) . . 77.8
— flange 100.3
— du fraisage de rivet 26.6
— of friction . . 245.9
— de frottement . 245.9
— de la gorge (transmission à friction) 75.2
— of the groove (friction gearing) 75.2
—, hexagonal . . 208.4
— d'inclinaison . 7.2
— of inclination . 7.2
— iron 215.6
— lubricator . . 55.9
— of oscillation . 239.1
— pedestal bearing 44.8
— pipe 105.7
— of projection . 237.6
— reducer . . . 107.6
— of repose . . 245.9
— de rotation . . 241.2
— of rotation . . 241.2
— seam 29.4
— of throat . . . 186.1
— through which the rotating body has turned . . 241.2
— at top 185.9
—, transmission à (par courroie) . 77.8
— du tir 237.6
— de torsion . . 253.5
— of torsion . . 253.5
—, torsion- . . . 253.5
— valve 117.9
— of wedge . . . 21.9
Angolo abbracciato (fune) 76.8
— d'affilamento (sega) 186.1
Angolo d'appoggio (sega) 185.8
— d'attrito . . . 245.9
— esagonale . . 208.4
— della gola . . 75.2
— d'inclinazione (elica) 7.2
— d'inclinazione (cuneo) 21.9
— d'inclinazione (piano) 239.7
— di rotazione . 241.2
— di svasatura 26.6
— di taglio (sega) 185.9
— del tiro . . . 237.6
— di torsione . . 253.5
Angriffspunkt der Kraft 241.7
Angular acceleration 241.4
— reamer . . . 177.6
— thread 9.5
— velocity . . . 241.3
Angulo de canal . 75.2
— de contacto (cable) 76.3
— de corte (sierra) 185.9
— de la cuña . . 21.9
— del filo (sierra) 186.1
— de impulsión . 237.6
— de inclinación (hélice) 7.2
— de inclinación (plano) 239.7
— radical del diente (sierra) . . . 185.8
— de rebajamiento 26.6
— de rozamiento . 245.9
— de torsión . . 253.5
Anillo de apoyo (cojinete) . . . 41.2
— de la base . . 133.5
— de empaquetado 99.7
— de engrase . . 55.2
— fijo 36.7
— de guía (soporte) 45.5
— de lubrificación 133.6
— metálico para engrasar . . . 52.7
— móvil aprisionado 36.8
— de la polea . . 81.8
— protector . . . 52.8
— soldado . . . 100.6
— de tensión automática 139.8
Anima (corda) . . 85.8
— della vite . . 8.5
Animal fat . . . 51.2
Animale, huile . 51.2
Anker, Fundament- 15.7
— kette 91.9
— platte 15.8
— schraube (Lager) 44.8

B.

Babbit 42.6
—, to 43.1
— -metal . . . 217.10
—, to — a bearing 43.2
Back end (cylinder) 130.8
— flange, flanged pipe with loose . 103.8
— -iron 192.8
—-lash (of the screw) 10.9
— pressure valve . 121.3
— of the saw . . 188.9
— square . . . 208.2
— stay 15.8
— of the wedge . 21.8
Backed off cutter . 183.5
Backe, Scher- . 156.10
Backenbremse . . 96.2
— einsatz . . . 164.1
— futter 153.6
—, Schraubstock- . 153.5
Backward stroke of the piston . . 137.10
Bagno d'olio . . 55.3
Bague (presse-étoupe) 132.6
— d'arrêt 36.8
— d'égouttage . . 52.7
— de fond (presse-étoupe) 133.4
— de fond conique 133.5
— de graissage . 55.2
— de graissage (presse-étoupe) . 133.6
— soudée . . . 100.6
Bahn, Hammer- . 160.4
— druck (Gleitbahn) 145.9
— reibung (Gleitbahn) . . . 145.10
— widerstand . . 238.4
Bain d'huile . . . 55.3
Balance, to — the valve 115.9
Balancing of the valve 115.10
Balausstrino . . . 228.4
Ball (bearing . . . 45.4
— -bearing . . . 45.3
— collar thrust-bearing 41.3
— hammer . . . 162.6
— -hammer . . . 162.7
— journal . . . 39.4
— -pane hammer . 162.2
— race (bearing) . 45.5
— and socket bearing 45.6
— and socket joint 62.4
— of valve . . . 116.8
— valve 116.7
Ballig gedrehte Riemscheibe . . 82.2
Ballig gewolbte Riemscheibe . . 82.2
Ballistische Kurve 237.11
Ballistical curve 237.11
Banc d'ajusteur . 172.1
— a limer . . . 172.1
Banco 256.2
— de carpintero . 193.9
— da falegname . 193.9
— da lavoro . . . 256.2
— da limare . . 172.1
— para limar . . 172.1
Band (of the brake) 97.1
— brake 96.9
— bremse 96.9
— -coupling . . . 61.6
— eisen 215.4
— -iron 215.4
— kupplung . . . 61.6
— maß 221.4
— der Säge . . . 185.5
— säge 190.3
— -saw 190.3
Bande de frein . 97.1
Bankaxt 191.4
— durchschlag . . 169.3
— eisen 194.2
— hammer . . . 161.5
— haken 194.2
— hobel 193.2
— meißel 168.1
— schraubstock . 153.2
— zwinge 154.5
Baño de aceite . 55.3
Bar, angle . . . 215.6
—, boring- . . . 178.6
—, flat 215.3
—, hexagon . . . 215.2
—, iron 214.8
—, round 214.9
—, square . . . 215.1
—, T- 215.7
—, Z- 215.10
— iron 214.8
—, flat 215.3
—, round . . . 214.9
Barette (lime) . . 174.6
— -file 174.6
Barettfeile . . . 174.6
Baricentro . . . 244.2
Barletto 194.2
Barlotta 193.1
Barra de hierro . 214.8
Barre à souder . 201.6
— d'excentrique . 144.2
Barrena 180.4
— de berbiquí . . 181.1
—, centro de la . 180.5
— de cola de marrano 181.4
— cónica 180.7
— de mano . . . 179.6
Barrena de muletilla 181.2
— de pala . . . 181.3
— para piedra . . 181.7
Barrenar 179.2
Barreno 179.1
Barrilete 194.6
Báscula para roblonar 82.6
Base circle (tooth) 67.2
— del coltello (appoggio) . . . 46.3
— de la dent. . . 65.3
— del dente . . 65.3
— -plate 16.2
— de soporte de cuña 46.3
Bastard cut (file) . 170.2
— feile 172.4
— file 172.4
— hieb (Feile) . . 170.2
Bastidor de sierra 190.1
Bâtard, lime . . 172.4
Battere a freddo . 160.8
Battre la corde . 85.4
— à froid . . . 160.8
Bauart 222.4
Bauchsäge . . . 188.1
Bauen, eine Maschine 253.8
Baulänge (d. Kette) 88.10
— des Lagers . . 40.4
— (Ventil) . . . 113.1
Baumsäge . . . 188.4
— wollseil . . . 86.10
Beak, horn of the anvil 159.1
— -iron 158.1
—, little 158.8
Beam-compasses . 228.6
Beanspruchen, ein Korper ist auf Biegung beansprucht 247.6
—, ein Korper ist auf Druck beansprucht . . . 247.6
—, ein Korper ist auf Zug beansprucht 247.6
Beanspruchung . 247.1
—, Biegungs- . . 251.5
—, Drehungs- . . 253.3
—, Druck- . . . 250.9
—, Knick- . . . 252.4
—, Schub- . . . 252.7
—, Zug- 250.4
—, zulässige . . 247.7
Bearing 40.1
—, to adjust the . 45.6
—, angle-pedestal . 44.8
—, area of . . . 40.5
—, axle- 33.4
—, to babbit a . 43.2

C.

Casting, box- . . 211.5
—, chill- 212.2
—, dry-sand- . . 211.7
—, green-sand- . 211.8
— ladle 203.4
—, loam- 212.1
— moulded in the flask 211.5
—, sand- 211.6
— in sand . . . 211.6
—s, open sand . 211.4
—s, steel- . . . 212.3
—, water-gauge- . 111.3
Catcher 123.5
Catena 88.6
—, albero a . . . 91.5
— da ancora . . 91.9
— articolata . . 90.9
— —, perno della 91.2
—, attrito della . 89.3
— calibrata . . . 90.3
— continua . . . 91.11
—, corsa della . . 91.10
— Galle 91.3
— a ganci . . . 90.4
—, giunto della . 89.4
— da gru . . . 91.8
—, guida della . 90.7
— a maglia corta 89.8
— — lunga . . . 89.9
— — rinforzata . 90.1
— a maglie . . . 88.8
— — saldate . . 89.5
— motrice . . . 91.6
— d'ormeggio . . 91.9
— da pesi . . . 91.7
—, puleggia per . 90.8
—, puleggia dentata da 91.4
— a puntelli . . 90.1
— senza fine . . 91.11
Caulk, to (rivets) . 31.1
Caulking-chisel . 31.2
— -iron 31.2
Cava-chiodi . . . 156.3
Cavalletto . . . 47.2
— pendente . . . 46.7
— per segare . . 190.7
Cavallo a vapore . 245.3
Cavas del carpintero 194.2
Caviglia di guida . 117.6
— a vite prigioniera 15.2
Cavo 88.1
— di canape . . 86.9
— da ascensore . 87.8
Cazoleta (torno de remachar) . . . 32.5
Célérité tooth . . 186.7
Cement, leather . 80.11
—, to make a belt joint with . . . 80.10
Cemented belt joint 80.9
— steel 214.2
Center-bit . . . 180.4
—, dead (crank) . 141.1
— of gravity . . 244.2
— line 225.3
— line of cylinder 130.2
— weight governor 151.9
— -mark 168.5
— -point 168.4
— 180.5
— -punch 168.4
— —, to mark the center with the . 168.6
Central lubrication 50.2
Centre 228.7
— à compas . . 228.7
— de gravité . . 244.2
Centrifugal brake 97.3
— force 237.4
— governor . . . 151.5
— lubrication . . 54.9
— regulator . . . 151.5
— schmierung . . 54.9
Centrino 228.7
Centripetal-beschleunigung 236.9
— kraft 237.3
Centro 228.7
— (punteruolo) . 168.5
—, de — á . . . 225.7
— de gravedad . 244.2
— di gravità . . 244.2
Centrumsbohrer . 180.4
— spitze 180.5
Cepillado 192.5
Cepilladora . . . 194.3
Cepillar 192.2
Cepillo 191.10
—, agujero de la cuña del . . . 192.1
— de banco . . 193.2
—, caja del . . 191.11
— de carpintero de ribera 193.7
—, cuchillo doble de 192.8
— de desbastar 192.10
— grande 193.1
—, hierro de . 191.12
— de machihembrar 193.6
— de mano . . . 193.3
— de media madera 193.5
— de molduras . 193.4
— de perfilar . . 193.8
— de dos scutidos 192.7
—, tapa del . . . 192.9
Cepo 158.5
— de freno . . . 96.4
— de polea . . . 93.8
Ceppo del freno . 96.4
Cercle de couronne 63.6
— extérieur . . . 63.6
— intérieur . . . 63.7
— de pied . . . 63.7
Cercle primitif . . 63.5
— primitif (dent) . 67.2
— de racine . . . 63.7
— roulant (dent) . 67.3
— de roulement (dent) 67.3
— de tête . . . 63.6
— des trous de boulons 99.4
Cerrar el grifo . . 128.2
— con tornillos . 19.1
— la válvula . . 115.3
Cervia 158.2
Cesoia da banco . 157.3
— parallela . . . 157.5
— per tavolo . . 157.4
Chain 88.6
—, anchor . . . 91.9
— axle 91.5
—, calibrated . . 90.3
—, crane 91.8
— drive 88.5
—, driving . . . 91.6
— drum 95.3
—, endless . . . 91.11
—, flat link . . . 90.9
— friction . . . 89.3
—, Gall's 91.3
— gearing . . . 88.5
— guard 90.7
— hook 92.3
—, hook link . . 90.4
—, inside length of the 88.10
— joint 89.4
— iron 89.2
—, link of a . . . 88.9
—, load 91.7
—, long-link . . 89.9
—, open link . . 88.8
—, path of . . . 91.10
— riveting . . . 30.2
— sheave 90.6
—, short-link . . 89.8
—, sprocket . . . 90.9
—, stud link . . 90.1
— tackle block . 94.7
—, tested 90.3
—, welded . . . 89.5
— wheel 88.7
— wheel 90.8
Chaîne 88.6
— d'ancre . . . 91.9
—, anneau de la . 88.9
—, arbre à . . . 91.5
— d'articulations . 90.9
—, chape guide . 90.7
— de charge . . 91.7
— crochet à (de) . 92.3
— à crochets . . 90.4
—, course de . . 91.10
— étançonnée . . 90.1
— à étançons . . 90.1
— entretoisée . . 90.1

Chiavella, spessore della 22.9
— tangenziale . . 24.5
— trasversale . . 22.6
Chiavetta (bullone di fundazione) . 16.1
Chicharra . . . 182.9
Chill casting . . 212.2
Chilling 199.7
Chiminea de fragua 166.3
Chimney (forge) . 166.3
Chinche 220.6
Chiodaia 196.5
Chiodare . . . 30.5
— 195.7
Chiodatrice . . . 31.7
Chiodatura . . . 27.4
— d'angolo . . . 29.4
— a caldo . . . 27.8
— convergente . 30.3
— a coprigiunto . 29.1
— doppia . . . 29.6
— a doppio coprigiunto 29.2
— ermetica . . . 28.2
— a file sfalsate . 30.1
— a freddo . . . 27.9
— a macchina . . 31.6
— a mano . . . 31.5
— multipla . . . 29.7
— parallela . . . 30.2
— a più tagli . . 28.6
— semplice . . . 29.5
— solida 28.1
— a sovrapposizione 28.7
— a taglio doppio 28.5
— — semplice . 28.8
— a zig-zag . . . 30.1
Chiodo 26.1
— 195.6
— per collegamenti provisori . . . 27.3
—, foro del . . . 26.7
—, foro del . . . 196.2
—, gambo del . . 26.2
—, infilare il . . 30.6
—, introdurre il . 30.7
—, tagliare la testa al 31.4
—, testa del . . 26.3
—, testa di posa del 26.4
— a testa ribadita 27.2
—, testa ribadita del 26.5
Chiodi, fila di . . 27.5
—, fucina per arroventare i . . . 32.9
— fucina per scaldare i 32.9
—, fuoco per . . 33.1
—, passo dei . . 27.6
—, stampo per . 31.8
—, tanaglia da . 32.7
Chipping-chisel . 23.5
Chisel 165.7
— 167.4
— 194.4
—, anvil- 165.8
—, bolt 167.6
—, cape 167.6
—, caulking- . . . 31.2
—, cold- 23.5
—, cold 168.1
— for cold metal 165.10
—, corner- . . . 195.2
—, cross-cutting . 167.6
— for cutting iron, when heated . . 165.9
—, file- . . . 170.10
—, firmer 194.6
—, flat 167.5
—, hand cold . . 167.9
—, groove cutting 23.5
—, mortise . . . 194.7
—, ripping . . . 194.6
—, stone 167.8
—, wall- 181.7
— for warm metal 165.9
—, to work with a 168.2
— for working in stone 167.8
—, to 194.5
—, to 168.2
—, to — off . . 168.3
—, to — out . . . 167.7
Chiudere il rubinetto 128.2
— la valvola . . 115.3
— a vite 19.1
Chiusura del tubo 104.9
— della valvola . 115.5
Chop off, to . . . 165.6
Choque de agua . 110.3
Churn-drill . . . 181.6
Chute 236.2
Cianografia . . . 234.1
— azzurra . . . 234.3
— bianca 234.4
Cicloide 66.9
Cierra-junta . . . 196.9
Cierre del anillo de guarnición . . 139.2
— automático (rosca) 10.10
— de la cadena . 89.4
— de la cuerda . 86.1
— del tubo . . . 104.9
— de la válvula . 115.5
Cigüeña 36.10
Cigüeñal, formar el 37.1
Cigüeñuela . . . 142.3
Cilindro 130.1
—, alesare un . . 131.5
—, alesatrice per cilindri 131.6
—, asse del . . . 130.2
—, camicia del . 130.4
Cilindro, il — è chiuso a tenuta con una scatola a stoppa 135.1
—, coperchio del . 130,5
—, diametro del . 130.3
— a doppio effetto 132.1
—, fondo del . . 130.8
— a frizione . . 74.4
—, involucro del . 131.2
—, lubrificazione del 131.7
—, olio per cilindri 51.6
—, parete del . . 130.4
— della pompa . 132.3
—, premistoppa del 131.1
—, ritornire un . 131.4
—, rivestimento del 131.2
— a semplice effetto 131.8
— di smeriglio . . 198.4
— da torchio . . 132.4
—, tornire un . . 131.3
— a vapore . . . 132.2
Cilindro 130.1
—, aceite para . . 51.6
— de bomba . . 132.3
—, camisa del . . 130.4
—, el — está cerrado hermeticamente con un prensaestopas 135.1
—, diámetro del . 130.3
— de doble efecto 132.1
—, eje del . . . 130.2
— de esmerilar . 198.4
—, fondo del . . 130.8
— de fricción . . 74.4
—, lubrificación del 131.7
— mandrilar un . 131.5
—s, máquina de mandrilar . . . 131.6
—, paredes del . 130.4
—, prensaestopas del 131.1
— de presión . . 132.4
—, retornear un . 131.4
—, revestimiento del 131.2
— de simple efecto 131.8
—, tapa del . . . 130.5
—, tornear un . . 131.3
— de vapor . . . 132.2
Cimentazione alla pressione . . . 250.9
Cincel 167.8
— agudo 167.6
— en caliente . . 165.9
— en frío . . 165.10
— para limas . 170.10
Cincelar 168.2
Cinematica . . . 234.8
Cinemática . . . 234.8
Cinématique . . . 234.8
Cinghia 76.5

Cinghia, accorciare la 79.4
—, agraffa per . . 81.4
—, apparecchio tenditore della . 80.8
— aperta 77.5
— articolata . . 80.6
—, cucire la . . 81.2
— cucita 81.1
—, cuoio da . . 80.4
— doppia 80.2
—, giuntura della 80.7
—, grappa per cinghie 81.6
— inclinata da destra a sinistra 78.7
— inclinata da sinistra a destra . 78.6
—, incollare la . 80.10
— incollata . . . 80.9
— incrociata . . 77.6
—, larghezza della 76.8
—, monta- . . . 79.6
—, montar una — sulla puleggia . 79.7
— motrice . . . 80.5
— multipla . . . 80.3
— orizzontale . . 78.4
—, parte conciata della 77.2
—, parte naturale della 77.1
—, fare passare la — dalla puleggia folle sulla fissa . 84.1
—, la — posa sull' albero 80.1
—, la — salta dalla puleggia . . . 79.5
—, la — sbatte . 78.8
—, la — scorre . 79.1
— semi-incrociata 77.7
—, la — slitta . . 79.1
—, smontare una — dalla puleggia . 79.8
—, la — sormonta 79.2
—, spessore della . 76.9
—, tendere la . . 79.3
—, tensione della 75.8
— verticale . . . 78.5
—, vite per giungere cinghie . . 81.5
Cinta del freno . 97.1
Ciotoletta . . . 232.6
Circle, addendum- 63.6
—, base (tooth) . 67.2
—, generating (tooth) 67.3
—, pitch- 63.5
—, pitch- (tooth) . 67.2
—, rolling (tooth) 67.3
—, root- 63.7
Circolo di base (ingranaggio . . . 63.7
Circolo primitivo (pericicloide) . . 67.2
— primitivo (ingranaggio) 63.5
— di testa (ingranaggio) 63.6
Circular nut . . . 12.9
— pendulum . . 238.8
— pitch 63.4
— saw 190.4
— tongue and groove, flange with 100.1
Círculo de cabeza (engranaje) . . 63.6
— interno (engranaje) 63.7
— de pie (engranaje) 63.7
— primitivo (engranaje) 63.5
— primitivo (pericicloide) . . . 67.2
— de rotadura . . 67.3
— de tornillos . . 99.4
Circumferential friction wheel . 73.6
Cisaille à arc . . 157.1
— à bras 157.3
— à guillotine . . 157.6
— à levier . . . 157.2
—s à main . . . 157.7
— parallèle . . . 157.5
— perforatrice . . 158.1
Cisaillement . . . 252.5
—, effort de . . . 252.7
—, résistance au . 252.6
—, section de . . 28.4
—, tension de . . 252.8
— unitaire . . . 252.8
Cisailler, machine à 157.8
Cisailleuse . . . 157.8
Ciseau 194.4
— d'établi . . . 168.1
— fort 194.6
— à froid 165.10
— à main . . . 167.9
— à pierre . . . 167.8
—, tailler un . . 194.5
Ciseaux 156.9
Ciseler 168.2
Cisoir 157.4
Cizallas 156.9
Clack, delivery . 124.3
—, exhaust . . . 124.5
—, inlet 124.4
—, pressure . . . 124.3
—, shutting . . . 124.1
—, suction . . . 124.2
—, valve 123.2
— valve 123.1
Clamping-screw . 15.1
Clamp, adjustable 154.4
Clamps (pl.) . . . 154.4
Clamps, bench . . 154.5
—, lockfiler's . . 154.7
—, vice- . . . 154,7
Clapet 123.2
— d'admission . 124.4
— d'arrêt 124.1
— d'aspiration . . 124.2
— à couronne . . 119.1
— d'échappement 124.5
— de fond . . . 120.6
—, garde du . . 123.5
— de refoulement 124.3
— de retenue . . 123.7
— de sûreté . . . 123.6
Clavar 195.7
Clavetage, double- 24.6
Claveter 25.6
Clavette 24.9
— d'arrêt 16.1
—s, arrêt de sûreté des 25.5
—, boulon à . . . 14.8
— carrée 24.1
—, contre- . . . 24.8
— creuse 24.4
— de la crosse . . 147.1
—, hauteur de . . 22.8
—, largeur de . . 22.9
— longitudinale . 22·7
—, longueur de . 22.10
— sur méplat . . 24.3
— plate 24.3
— à rainure . . . 23.10
— de réglage . . 25.1
—, reserrer une . 25.9
— ronde 24.2
— de serrage . . 25.1
—, serrer une . . 25.8
—, surface d'appui de 23.2
— à talon . . . 23.8
— tangentielle . . 24.5
— transversale . . 22.6
—, trou de . . . 23.1
Clavo 195.6
— agujero del . . 196.2
— -gancho para tubería 109.8
Claw (belt) . . . 81.6
— (coupling) . . 60.3
— -coupling . . . 60.2
— —, disconnecting with a 60.4
— -hammer . . . 162.3
Clearance of the piston 136.4
Clef 16.5
— anglaise . . . 18.2
— pour brides . . 101.1
— de compas . . 227.9
— coudée 17.2
— à crochet . . . 17.7
— double 17.1
— à douille . . . 17.4

Collegare chiavella) 25.6
— con bulloni . . 18.4
— a vite 18.5
Coller 196.6
— la courroie . . 80.10
— ensemble . . . 196.7
Collet du moyeu . 69.5
—, rabattre le — du tuyau . . 103.10
Collete 38.4
— extremo . . . 38.6
— intermedio . . 38.5
Collier d'excentrique 144.1
Colocar una correa sobre la polea . 79.7
Colonna d'acqua . 111.7
Colonne d'eau . . 111.7
Color del temple . 199.4
Colorare . . . 231.10
Colorer. . . . 231.10
Colores para acuarela 232.3
— en pastilla . . 232.2
Colori ad acquarello 232.3
— in pezzi . . . 232.2
Colour, to grind the 232.8
—, to mix the . . 232.7
— tube 232.4
—, to 231.10
Coloured pencil . 233.4
Colouring brush . 232.5
Colpo d'ariete . . 110.8
Coltello (appoggio) 46.2
— a lama curva . 195.5
— a lama diritta . 195.4
— a due manichi 195.3
Columna de agua . 111.7
Comando ad innesto 58.7
— della valvola, mecanismo di . 120.9
Commande par accouplement à débrayage 58.7
— par câble . . . 84.5
— — courroie . . 77.4
— — excentrique . 144.5
— — poulies cônes 78.3
Commander un arbre par courroie . . 76.4
Common bit . . . 180.3
— slide valve . . 127.1
Compas . . . 206.7
— 226.8
—, boîte à . . . 226.7
—, clef de . . . 227.9
— à crayon . . . 228.1
— diviseur . . . 207.4
— d'épaisseur . 206.8
— — pour billes . 207.3
— — à vis . . . 207.2
— d'extérieur . . 206.9
Compas, jambe de 226.9
— de mesure . . 228.2
—, pied de . . 226.10
— à pointe réglable 207.8
—, pointe sèche du 227.6
— à pointes sèches 228.2
— à pompe . . . 228.4
— de proportion . 228.5
— à rallonges . . 227.3
— de réduction . 228.5
— à ressort . . . 207.1
— — 228.8
—, tête du . . . 227.2
—, tire-ligne du . 227.5
— à verge . . . 228.6
Compás 226.8
—, brazo del . . 226.9
—, cabeza del . . 227.2
— de círculos . . 228.4
— para esferas . 207.3
— de gruesos . . 206.8
— de huecos . . 206.9
— de lápiz . . . 228.1
—, llave del . . 227.9
— de muelle . . 228.3
— con muelle . . 207.1
— de patas . . . 206.9
—, pie del . . 226.10
—, pieza para tinta 227.5
—, porta-lápiz del 227.4
— de precisión . 228.3
— de proporciones 228.5
—, punta del . . 227.1
— de puntas móviles . . . 227.3
— de puntas secas 206.7
— — — pequeño . 228.2
— de reducción . 228.5
— para roscas . . 207.2
—, tiralíneas del . 227.5
— de varas . . . 228.6
Compass with detachable legs 227.3
— key 227.9
— -plane . . . 193.7
— -saw . . . 188.10
— wrench . . . 227.9
Compasses . . . 228.2
—, beam- . . . 228.6
—, bow 228.4
—, foot of . . 226.10
—, handle of . . 227.2
—, lead 228.1
—, leg of 226.9
—, pair of . . . 226.8
—, point of . . . 227.1
—, proportional . 228.5
—, reducing . . . 228.5
—, scribing . . . 207.8
—, set of 226.7
—, spring bow . . 228.4
Compasso 206.7
— 226.8
—, chiave del . . 227.9
Compasso diritto ad arco 207.4
—, gamba del . . 226.9
— per impanature 207.2
— d'interiore . . 206.9
— a matita . . . 228.1
— a molla . . . 207.1
—, piede del . 226.10
— di precisione a molla 228.3
—, punta del . . 227.1
— a punta fissa . 228.2
— a punte regolabili 207.8
— di ricambio . . 227.3
— di riduzione . 228.5
— di spessore . . 206.8
— per spessore ad arco 207.3
—, testa del . . 227.2
— a verga . . . 228.6
Compensateur, tuyau 104.1
Compensating pipe 104.1
Component . . . 242.1
—s, to resolve an acceleration in its 240.1
—, to resolve a velocity in its . 240.1
— of velocity . . 240.2
Componente . . . 242.1
— de aceleración . 240.2
— de velocidad . 240.2
Componenti della accelerazione . 240.2
— della velocità . 240.2
Componer varias aceleraciones en una resultante . 240.3
— varias velocidades en una resultante 240.3
Comporre più accelerazioni in una risultante . . . 240.3
— più velocità in una risultante . 240.3
Composante d'une force 242.1
— de la vitesse . 240.2
Composantes, décomposer une accélération en ses 240.1
—, décomposer une vitesse en ses 240.1
Compresión del muelle 148.7
Compress, to — a spring 148.8
Compressible, être 149.3
Compression . . 250.7
—, un corps est soumis à un effort de 247.6

Copper bit with an edge 201.7
— — with a point 201.8
— bolt 201.6
— hammer . . . 163.8
— -pipe 103.6
— -tube 103.6
—, yellow- . . . 217.5
Coppia 243.3
—, asse della . . 243.5
—, momento della 243.4
Coprigiunto . . . 29.3
Coquille de coussinet 42.4
—, accouplement à —s 57,2
— d'accouplement 57.3
Corchete de cable 86.1
— para correa . . 81.6
Corda 85.1
— d'amianto . . 135.6
—, attrito della . 86.2
—, avvolgere una 88.3
— di canape . . 86.9
— chiusa 85.7
— di cotone . . 86.10
— ferma 86.6
—, intrecciare la . 85.4
—, lubrificante della 86.4
— in moto . . . 86.5
— motrice . . . 87.5
—, piombare la . 85.9
—, puleggia di guida della . . 84.7
—, punto di piombatura d'una . . 85.10
—, rigidezza della 86.3
— a spirale . . . 85,6
—, svolgere una . 88.4
—, tensione della . 84.6
— di trasmissione 87.6
Corde 85.1
—, apparecchio d'attacco delle . 86.1
—, battre la . . . 85.4
— de chanvre . . 86.9
— de commande . 87.6
— de coton . . . 86.10
— fixe 86.6
— mobile 86.5
—, machine à battre les —s 85.5
—, poulie à . . . 87.1
—, tambour à . . 95.2
—, tresse de . . 85.2
—, unione di . . 85.8
Core 85.3
Corliss, tiroir . . 126.7
— valve 126.7
Corne de l'enclume 159.1
Corner-chisel . . 195.2
— -chisel drill . . 182.7
Cornière en fer . 215.6

Corona de asiento (cojinete) . . 41.2
— dentada (rueda) 69.2
— dentata (ruota) 69.2
— de empaque . . 99.7
— postiza (rueda) 69.8
— della puleggia . 81.8
— riportata (ruota) 69.3
Corpo dell' asse . 33.6
— della pompa . 132.3
— del sopporto . 43.4
Corps (vis) . . . 11.3
— de bielle . . . 144.8
— de manivelle . 141.3
— de palier . . . 43.4
— du piston . . 139.4
— de rivet . . . 26.2
— de soupape . . 113.3
— de la vanne . . 125.5
Correa 76.5
— abierta 77.5
—, acortar la . . 79.4
—, ancho de la . 76.8
— articulada . . 80.6
—, atesador de . 80.8
—, la — está colocada sobre el eje de transmisión 80.1
—, corchete para . 81.6
— cosida 81.1
—, coser la . . . 81.2
— de costura . . 81.3
— cruzada . . . 77.6
—, cuero de . . 80.4
—, desviador de la 84.3
— doble 80.2
— encolada . . . 80.9
—, encolar la . . 80.10
—, estirar la . . 79.3
—, grueso de la . 76.9
— horizontal . . 78.4
— inclinada de derecha á izquierda 78.7
— inclinada de izquierda á derecha 78.6
—, labros de la . 81.4
—, lado brillante de la 77.1
—, lado rugoso de la 77.2
—s, monta . . . 79.6
—, montar una — sobre la polea . 79.7
— motriz 80.5
— múltiple . . . 80.3
—, pasar la — de la polea loca á la fija 84.1
—, quitar la — de la polea . . . 79.8
Correa, recortar la 79.4
—, la — resbala . 79.1
—, la — salta . . 78.8

Correa, la — salta de la polea . . 79.5
— semi-cruzada . 77.7
—, tensión de la . 75.8
—, tornillo para . 81.5
—, la — trepa . . 79.2
—s, unión de . . 80.7
— vertical . . . 78.5
Corredera descargada 127.5
Corrugated pipe . 104.3
— tube 104.3
— sheet iron . . 216.6
Corsa di andata dello stantuffo . 137.9
— della catena . 91.10
— di ritorno dello stantuffo . . 137.10
— dello stantuffo . 137.7
Corta-alambres . 155.10
Corta-frío 167.9
— de afolar . . . 31.2
Corta-lápiz . . . 230.4
Corta-tubos . . . 110.8
Cortador de lápiz 230.4
Cortar los dientes de sierra . . . 187.2
— un eje 37.3
— los tornillos con terraja 20.3
Corte de sierra . 185.4
Coser la correa . 81.2
Costola (valvola) . 117.4
Costruire 222.2
— una macchina . 253.8
Costruttore . . . 222.3
— di macchine . 254.2
Costruzione . . . 222.4
— di macchine . 253.9
Costura (remachado) 27.5
Cota 225.6
— de rebajo (gorrón) 37.8
Cote 225.6
Côté chair de la courroie . . . 77.1
— poil de la courroie 77.2
Coter 225.9
Cotes principales . 225.8
Coton, câble de . 86.10
—, corde de . . 86.10
Cottar, to — a bolt 14.9
Cotter . . . 16.1; 24.9
—, bearing surface of 23.2
— bolt . . . 14.8; 15.7
—, depth of a . . 22.8
—, to drive in a . 25.8
—, gib and . . . 24.8
—, length of a . . 22.10
— with screw end 25.1
—, slot for . . . 23.1

Couvercle du piston, vis de . 139.6
— de soupape . . 112.3
— —, boulon du . 112.4
— de la vanne. . 125.3
Couvre-joint (rivet) 29.3
Cover-plate (rivet). 29.3
—, valve 112.3
Covering, pipe . . 98.4
Crack (in steel) 199.11
Cramp 154.4
— -frame 196.9
Crampon 155.2
Crane-chain . . . 91.8
— rope 87.9
Crank 141.2
—, to make a . . 37.1
— (shaft) 36.10
— arm 141.3
— bearing . . . 47.7
—, body of the . 141.3
— -disk 142.2
—, double throw — shaft 37.2
— -gear 140.8
— knocking in the 142.5
— pin 141.6
— pin brasses . . 141.7
—, return- . . . 142.1
—, safety- . . . 142.7
— shaft 141.4
— — bearing . . 141.5
—, slot and . . . 143.1
— steps 141.7
—, to 37.1
— web 141.3
—, winch and — handle . . . 142.3
Crapaudine . . . 49.8
— annulaire . . 41.1
— à billes . . . 41.3
Crayon 230.2
— bleu 233.6
— du compas . . 227.4
— de couleur . . 233.4
—s, lime à . . . 230.6
— rouge 233.5
— tailler le . . . 230.3
Creep, to, the belt creeps 79.2
Crémaillère . . . 70.7
—, engrenage à . 70.6
Cremallera . . . 70.7
Crépine 108.6
Creuser un cylindre 131.3
— en grattant . . 177.3
Creux 65.7
— 179.1
Crevasse de trempe 199.11
Cricchetto . . . 182.9
Crochet 92.1
—, accessoires de 92.9
—, bec du . . . 92.2
— à (de) câble . 92.7
Crochet à (de) chaîne 92.8
— coude du . . 92.4
— double . . . 92.6
— fermé 93.1
— de four . . . 166.8
—, ouverture du . 92.2
—, tige du . . . 92.3
Croisilon 62.3
Croix (tuyau) . . 106.5
Croquis 222.9
— acotado . . . 223.8
—, carnet à . . . 220.5
— cotés 223.8
—, papier à . . . 220.4
— de projet . . . 223.3
— de proyecto . . 223.3
Croquizar 222.8
Cross-cut 170.5
— — -saw . . . 188.5
— -cutting chisel . 167.6
— file 174.8
— -head 146.5
— — center . . . 146.7
— — cotter . . . 147.1
— — end of the connecting rod . 144.9
— — and slipper . 146.4
— pane hammer . 162.1
— -piece 62.3
— -pipe 106.5
— section . . . 225.1
— valve 118.1
Crosse 146.5
—, clavette de la 147.1
—, tige de . . . 146.8
—, tourillon de . 146.7
Crossed belt. . . 77.6
Crowned pulley . 82.2
Crowning (pulley) 82.3
Cruceta 146.5
Crucible steel . . 214.4
Cruzamiento de tubos 106.5
Cuadra de tornear ejes 35.2
Cuadro para mariones 234.5
— de pared . . . 47.3
Cubo de la rueda . 69.4
— —, aumento de grueso del . . 69.5
Cubrejunta . . . 29.3
Cucchiaio da saldatore 203.4
Cucharilla de soldador . . . 203.4
Cuchillo 195.3
— de dos mangos 195.3
— de dos manos . 195.4
— raspador . . . 231.1
Cucire la cinghia . 81.2
Cuello de cuero . 134.1
— del eje . . . 33.3
Cuerda 85.1
— de algodón . . 86.10
— de amianto . . 135.6
— arrollar una . . 88.3
— de cable revestido 85.7
— de cañamo . . 86.9
— cierre de la . 86.1
— desarrollar una 88.4
— directora . . . 87.6
— empalme de la 85.10
— engrase de la . . 86.6
— a espiral . . . 85.6
— fija 86.6
— friccion de la . 86.2
— guia de la . . 84.7
— de impulsión . 87.6
— motriz 87.5
— en movimiento . 86.5
— rigidez de la . 86.3
— tensión de la . 84.6
— torcer la . . . 85.4
— unión de . . . 85.8
Cuerno del yunque 159.1
Cuero de correa . 80.4
Cuerpo del eje . 33.6
— del remache . 26.2
— del soporte . . 43.4
Cuir, colle de . . 80.11
— de courroie . . 80.4
—, garnir un piston de 138.6
—, piston à garniture de 138.5
Cuivre 216.8
— jaune 217.5
—, marteau en . . 163.8
—, tuyau en . . 103.6
Culisa (manivela) . 143.2
Cuña 21.6
— de ajuste . . . 25.1
— de ajuste (soporte) 44.2
— cabeza de la . 21.8
— cara de la . . 21.7
— inclinacion de la 22.1
— de madera . . 22.2
— de presión . . 25.1
— del soporte . . 46.2
Cuneo 21.6
— d'acciaio . . . 22.4
— di aggiustamento (sopporto) . . . 44.2
— per aggiustamento 25.1
—, piano d' appoggio del . . . 23.2
— di ferro . . . 22.3
— inclinazione del 22.1
— di legno . . . 22.2
— superficie del . 21.7
— testa del. . . 21.8
Cunetta (martinetto) 32.5
Cuoio da cinghia . 80.4

D.

Dibujante . . . 218.5
Dibujar 218.1
— un detalle de una máquina en elevación . . 224.1
— — — en sección 224.8
— en escala. . . 218.3
— en tamaño natural 218.2
Dibujo 218.6
—, el — se deforma 233.3
— detallado para taller 223.6
— en detalle . . 223.5
—, el — se estira disigualmente . 233.3
—, lavar un — con la esponja . . . 233.1
— á mano alzada 222.10
— de una máquina 222.7
— á pulso . . 222.10
—, rotular un . . 231.5
Dicht, die Stopfbüchse ist . . . 134.7
Dichte Nietung . 28.2
Dichten, die Stopfbüchse dichtet . 134.7
Dichtung (Stopfbüchse) 132.9
Dichtung, Flanschen- 99.6
—, Hanf- 135.3
—, Kolben- . . . 138.3
—, Rohr- 101.5
Dichtungsleiste (Rohr) 99.5
— nietung . . . 28.2
— ring 99.7
— ring (Schieber) . 125.7
— schnur 99.7
— tiefe 101.7
Die 164.4
—s 21.2
—, bed- 169.1
—, bottom . . . 164.5
—s, cup-shaped- . 32.2
—, to cut screws with a 20.3
— head (rivet) . . 26.4
— -plate 20.2
—s, screw- . . . 21.2
—stock 21.1
—s, stocks and . 20.9
—, top 164.6
Diente (acoplamiento) 60.3
— (engranaje) . . 64.8
— abarquillado . 186.8
— alaveado . . . 186.8
—, altura del pie del 65.4
—, ancho del . . 65.8
— angular . . . 70.4
—, cabeza del . . 65.1
— cepillado . . . 66.1
Diente de cola de Milano 186.6
— empotrado . . 72.2
—, espesor del . . 65.6
—, flanco del . . 64.10
— fresado . . . 66.2
—, fricción del . . 66.5
— fundido en bruto 65.9
—, hueco del . . 65.7
— de lobo . . . 186.5
—, longitud del . 65.5
— de madera . . 72.3
— ojalado . . . 186.7
—, perfil del . . 64.9
—, pie del . . . 65.3
—, presión por unidad de superficie del 66.4
—, presión sobre el 66.3
Diente de sierra . 185.7
—, ángulo de corte 185.9
—, ángulo del filo 186.1
—, ángulo radical del 185.8
—, línea de aserrado 186.3
—, línea de las puntas de los dientes 186.2
—, oblicuidad del filo 186.1
Diente tallado . . 66.1
—, trabajo de fricción del . . . 66.9
— triangular . . 186.4
Differential brake . 97.2
— bremse . . . 97.2
— flaschenzug . . 94.4
— pulley 94.5
— — block . . . 94.4
— rolle 94.5
— scheibe . . . 94.5
— sheave 94.5
Dilatación . . . 248.9
—, coeficiente de 249.1
— elástica . . . 249.4
— remanente . . 249.5
— de rotura . . 249.3
Dilatazione . . . 248.9
—, coefficiente di . 249.1
Dilucidare . . . 233.7
Dimension . . . 220.8
— figure 225.6
— line 225.4
—s, principal . . 225.8
—, to 225.9
Dimensione . . . 225.6
—s principales . . 225.8
Dimensioned sketch 223.8
Dimensioni principali 225.8
Diramazione (tubo) 106.1
— ad angolo acuto 106.3
Diramazione ad angolo retto . . . 106.2
Direction de la force 241.6
— of force . . . 241.6
— in which force acts 241.6
Direkt gekuppelt mit 62.7
Disc 74.3
— friction wheels 74.2
Discharge cock . 129.8
Disco d'accoppiamento 57.6
— per affilare . . 197.7
— de empaque . . 99.7
— esmerilador . . 197.7
— de fricción . . 74.3
— di frizione . . 74.3
— — (innesto) . . 61.2
— pulimentador . 197.7
— para pulir . . 160.1
— pulitore . . . 197.7
— di smeriglio . . 198.2
— della valvola . 123.2
— de la válvula . 123.2
Disconnecting, automatic (coupling) 60.1
— with a claw-coupling . . . 60.4
Disegnare 218.1
— in grandezza naturale 218.2
— un pezzo di macchina in prospetto 224.1
— — in sezione . 224.8
— in scala . . . 218.3
Disegnatore . . . 218.5
Disegno 218.6
—, la carta di — si restringe . . 233.3
— costruttivo . . 223.6
—, descrivere il . 231.5
— di dettaglio . . 223.5
—, lavare il — colla spugna . . 233.1
— di macchina . 222.6
— a mano libera 222.10
— per officina . . 223.6
— in particolare . 223.5
Disengage, to . . 63.1
Disengaging clutch 59.1
— fork 59.3
— gear 58.8
— lever 59.2
— shaft 36.6
Disgiungere (chiavella) 25.7
Disingranare . . . 64.6
Disinnestare . . . 59.6
Disinnesto . . . 59.7
—, albero di . . 36.6

E.

Einteilige Excenterscheibe . 143.7
— Riemscheibe . 83.2
Einteiliges Lager . 41.8
Eintragen, Maße . 225.9
Eintreiben, einen Keil 25.8
—, die Niete . . 30.7
Einzelöler . . . 50.1
— schmierung . . 49.8
Einziehen, d. Niete 30.7
Eisen 210.1
—, Band- 215.4
—, Bessemer- . . 213.2
— blech . . . 215.11
— -Eisenverzahnung 72.4
— erz 210.2
—, Flach- 215.3
—, Fluß- 213.1
—, Guß- 211.3
— keil 22.3
—, Martin- . . . 213.4
—, Puddel- . . . 212.7
—, Quadrat- . . . 215.1
—, Roh- 210.3
—, Rund- 214.9
—, Schmiede- . . 212.5
—, Schweiß- . . 212.6
—, Sechskant- . . 215.2
—, Spiegel- . . . 211.1
—, Stab- 214.8
—, T- 215.7
—, Thomas- . . . 213.3
—, U- 215.9
—, Vierkant- . . 215.1
—, Walz- 215.5
—, Weißstrahl- . 211.2
—, Winkel- . . . 215.6
—, Z- 215.10
Elastic, to be . . 149.3
— coupling . . . 58.5
— limit 249.7
Elasticité, limite d' 249.7
—, module d' . . 249.2
Elasticity 249.6
— of compression 250.8
— of flexure . . 249.4
—, modulus of . 249.2
—, modulus of — for tension . . 249.1
Elastique, être . . 149.3
—, tuyau 104.2
ElastischeDehnung 249.4
— Kupplung . . 58.5
— Nachwirkung . 249.6
Elastizitätsgrenze . 249.7
— modul 249.2
Elbow (pipe) . . 105.6
—, reducing . . . 107.6
—, round 107.7
—, square . . . 107.5
Elektromagnetkupplung . . . 61.5
Electro-magnetic coupling . . . 61.5
Electro-magnétique, accouplement . 61.5
Elevación . . . 224.4
— de frente . . . 224.2
— lateral 224.3
— longitudinal . 224.5
Elevation 224.4
—, front 224.2
—, side 224.3
Elevator cable . . 87.8
— rope 87.8
Elica 7.1
Elicoidale, superficie 7.4
Elongation . . . 248.7
—, relative . . . 248.9
— at rupture . . 249.3
Embase 37.7
Emboîtement, bride à 100.1
—, tuyau à . . . 101.3
Embolo 136.1
—, aceleración del 137.5
—, altura del . . 136.3
—, anillo del . . 139.1
—, anillo de tensión 139.7
—, ascenso del . 138.1
— para bomba . . 140.6
— buzo 140.4
—, carrera del . . 137.7
—, carrera atrás del 137.10
—, carrera de avance del . . 137.9
—, cuerpo del . . 139.4
—, descenso del . 138.2
—, diámetro del . 136.2
— de disco . . . 140.3
—, empaquetadura del 138.3
— con empaquetadura de cáñamo 138.4
— con empaquetadura de cuero . 138.5
— con empaquetadura metálica . 138.7
—, engrase del . 137.3
— esmerilado . . 140.1
—, esmerilar un . 140.2
—, fricción del . 137.6
—, fuerza del . . 136.5
—, golpe del . . 137.7
—, guarnecer un — con cuero . . . 138.6
—, guarnición del 138.3
—, juego del . . 136.4
—, prensaestopas del 137.2
— pulimentar un . 140.2
— con ranuras de ajuste 139.8
— de recambio . 140.7
—, retroceso del 137.10
Embolo sólido . . 140.4
—, tapa del . . . 139.5
—, tornillo de la tapa del . . . 139.6
— de vapor . . . 140.5
—, vástago del . 136.6
—, velocidad del . 137.4
Embouti, tuyau — avec bride rapportée 103.8
Emboutir, marteau à 163.1
—, pince à . . . 156.4
— le tuyau . . 103.10
Emboutissage . . 103.9
Embragado . . . 62.6
Embragar 62.5
— el acoplamiento 59.5
— y desembragar 84.2
Embrague, manguito de . . . 59.1
—, palanca de . . 59.2
Embranque en ángulo agudo . . 106.3
— — recto . . . 106.2
— de tubo . . . 106.1
Embrayer 59.5
— et débrayer . . 84.2
Embutidor del roblón 30.8
Emeri 197.8
— en poudre . . 198.8
—, toile à . . 197.10
Emery 197.8
— -cloth . . . 197.10
— -cutter 198.3
— -cylinder . . . 198.4
— -dust 198.6
— -grinder . . . 198.3
— grinding machine 198.7
— -paper 197.9
— -stick 198.1
— -wheel 198.5
Empalmar . . . 85.9
Empalme (cuerda) 85.10
— de la cuerda . 85.8
Empaque, disco de 99.7
— de bridas . . 99.6
Empaquetadura . 132.9
—, fricción de la . 134.3
— metálica . . . 135.8
—, profundidad de la 101.7
— del tubo . . . 101.5
Empaquetar (prensaestopas) . . . 135.2
Empernar . . . 18.4
Emporte-pièce . . 169.4
Empujar 164.7
Empuje 252.5
Enchufe 101.4

Enchufe, profundidad del 101.6
Encliquetage . . 95.4
— à coin 95.8
— à dents . . . 95.5
Enclume 158.3
— (de forge) . . 158.6
—, bigorne d' . . 159.6
—, corne de l' . . 159.1
—, face de l' . . 158.4
— à former le fond 159.9
— à limes . . . 171.1
— petite 158.8
— à potence . . 158.9
—, semelle de l' . 158.5
—, soile de l' . . 158.5
—, tranche d' . . 165.7
Enclumeau . . . 158.8
Enclumette . . . 158.7
Encolar 196.6
— la correa . . . 80.10
Encre de Chine . 231.3
Encuñar 25.8
End gauge . . . 205.3
Endgeschwindigkeit 235.9
End-journal . . . 38.6
— — -bearing . . 41.6
End lap weld (of the links of chain) . 89.6
Endmaß, sphärisches 205.3
End measuring rods 205.3
End-mill 184.3
End wall bracket . 47.6
Enderezar . . . 208.6
Endless chain . . 91.11
— saw 190.3
— screw 71.7
Endlose Kette . . 91.11
Endurecer . . . 198.9
Energía cinética . 245.4
Energie cinete . . 245.4
—, kinetische . . 245.4
—, principe de la conservation de l' 245.5
Energy, kinetic . 245.4
—, law of the conservation of . . 245.5
Engage, to . . . 63,8
— (cog wheel) . . 72.6
Engaging and disengaging gear . 58.6
Engine 253.6
— -building . . 253.9
— -fitter . . . 255.2
—, motor 256.7
—, to shut down an 255.8
—, to stop an . . 255.8
— -works 254.1
Engineer, mechanical 254.8
Engineering, mechanical . . . 253.9
Engländer . . . 18.2
Englischer Schraubenschlüssel . . 18.2
Engranaje . . . 63.2
— cicloidal . . . 66.7
— cilíndrico . . . 68.6
— cónico 70.8
— cónico de ángulo recto 71.3
— de cremallera . 70.6
— de doble punto 67.5
— de evolventes . 67.8
— de flancos rectilíneos 67.6
— interior . . . 70.1
— de hierro con hierro 72.4
— de linterna de husillos 67.4
— de madera con hierro 72.5
—, paso del . . . 63.4
—, rueda de . . 63.3
— de tornillo sin fin 71.5
Engranar 64.5
— los dientes de madera 72.6
Engrane 63.9
—, arco de . . . 64.3
—, curva de . . 64.2
—, duración del . 64.4
—, línea de . . . 64.1
Engrasado automático 49.6
— —, disposición para 49.7
Engrasado por piezas 49.8
Engrasador . . . 53.3
— angular . . . 55.9
— de aguja . . . 54.5
— aislado . . . 50.1
— automático . . 49.7
— con bombillo de cristal 53.9
— circular . . . 54.8
— de copa . . . 53.8
— cuentagotas . . 54.6
— á mano . . . 49.5
— de mecha capilar 54.2
— Stauffer . . . 55.8
— de torcida . . 54.2
— de vidrio . . . 53.9
Engrasar el cojinete 48.7
Engrase 49.1
— con aceite . . 52.4
—, agujero de . . 52.5
— con anillo . . 55.1
—, caja para el . 53.5
— central . . . 50.2
Engrase centrífugo 54.9
— continuo . . . 49.2
— de la cuerda . 86.4
— intermitente . 49.3
— líquido . . . 50.5
— á mano . . . 49.4
— por mecha capilar 54.1
—, ranura de . . 52.6
— de telescopio . 54.9
— por torcida . . 54.1
—, tubito de . . 53.4
Engrenage . . . 63.2
— d'angle . . . 71.3
— en bois sur fer 72.5
— conique . . . 70.8
— à crémaillère . 70.6
— cylindrique . . 68.6
— à denture intérieure 70.1
— en fer sur fer . 72.4
—s, fraise pour . 184.5
— à friction . . . 74.6
—s, machine à mouler les . . 73.1
—s, machine à tailler les 73.2
—, renvoi à . . . 68.2
—, roue d' . . . 63.3
— à vis sans fin . 71.5
Engrènement . . 63.9
—, étendu de l' . 64.2
—, ligne d' . . . 64.1
Engrener 63.8
— 72.6
—, faire 64.5
Engrosamiento de la llanta . . . 69.3
Enlarge, to . . . 179.8
Enlarged end of plate 91.1
Enlarging hammer 161.2
Enlever avec le burin 168.3
— une courroie de la poulie . . . 79.8
— les rivets . . . 31.3
Enmangar (chaveta) 25.6
Enroulements, nombre d' . . . 149.2
Enrouler un câble 88.3
Ensiform-file . . 175.2
Entenallas . . . 154.6
Entkuppeln . . . 63.1
Entlastung, Ventil- 115.10
—sventil 116.1
Entnieten 31.3
Entrar (chaveta) . 25.6
Entretoise . . . 14.5
— (chaîne) . . . 90.2
Entwerfen . . . 223.1
Entwurf 223.2
—sskizze 223.3

Enveloppe du cylindre 131.2
— du tambour . . 94.9
— du tuyau . . 98.4
Envolvente del cilindro . . . 131.2
Epaisseur de la bride 99.2
— de la courroie . 76.9
— de la dent . . 65.6
— de la garniture (presse-étoupe) . 133.2
— de la jante . . 81.9
— de paroi du tuyau 98.1
— du piston . . 136.3
Epiciclo (pericicloide) 67.3
Epicycloid . . . 66.8
Epicycloïde . . . 66.8
Epicykloide . . . 66.8
Episser le câble . 85.9
Epissure 85.10
— du câble . . . 85.8
Eponge 233.2
Eponger le dessin 233.1
Epreuve de l'axe . 34.8
Equalling file . . 174.1
Equatorial moment of inertia . . . 243.8
Equerre 219.8
— (en fer) . . . 208.1
— 219.8
— à chapeau . . 208.2
— double 208.3
— épaulée . . . 208.2
—, fausse 208.5
— mobile 208.5
— à six pans . . 208.4
— à T 208.3
Equilibrage de la soupape . . 115.10
Equilibre 244.6
— d'un corps au repos 244.7
— indifférent . 244.10
— instable . . . 244.9
— stable 244.8
Equilibrer la soupape 115.9
Equilibrio . . . 244.6
— d'un corpo in riposo 244.7
— estable . . . 244.8
— indiferente . 244.10
— indifferente . 244.10
— inestable . . . 244.9
— stabile 244.8
Equilibrium . . 244.6
—, condition of . 244.7
— indifferent . 244.10
— polygon . . . 242.8
— slide valve . . 127.5
—, stable 244.8
Equilibrium, unstable 244.9
Erase, to 230.7
Eraser 230.8
—, ink 230.10
—, lead 230.9
Erasing knife . . 231.1
Erdbeschleunigung 244.4
Erdbohrer . . . 181.6
Erect, to — a machine 254.7
Erecting of a machine 255.1
— machinist . . 255.2
— shop 255.3
Ergänzungskegel (Kegelrad) . . . 71.1
Error en la construcción . . . 222.5
Errore di costruzione 222.5
Ersatzkolben . . 140.7
Erz, Eisen- . . . 210.2
Escala 221.1
— de contracción . 221.9
— de dureza . . 199.8
— métrica . . . 221.7
— universal . . . 221.6
Escariador . . . 177.4
— afilado 177.5
— de ángulo . . 177.6
— con estrías rectas 177.8
— con estrías en spiral 177.7
— cónico 177.9
— hueco 178.1
— mecánico . . . 178.2
Escariar 178.3
Escobilla para limpiar tubos . . . 110.9
Escobillón . . . 166.8
Escofina 176.2
Escoplear 168.2
Escoplo 167.4
— para agujeros . 194.7
— de fijas . . . 194.7
— hueco 195.1
—, lima- 170.10
— de mano . . . 167.9
— de media caña . 195.1
— plano 167.5
— punzón . . . 194.6
—, quitar con . . 168.3
Escritura vertical . 231.7
Escuadra 208.1
— 219.8
— con espaldón . 208.2
—, falsa 208.4
— del gramil . . 219.6
Esfuerzo 247.5
— activo á la flexión 251.5
Esfuerzo de empuje 252.7
— de presión . . 250.6
— requerido . . . 247.7
— de rotura por flexión 252.4
— de T 208.3
— de torsión . . 253.3
— de trabajo . . 247.7
— de tracción . . 250.4
— tolerable . . . 247.7
Eslabón 88.9
—, ancho interior del 89.1
— giratorio . . . 92.5
—, longitud interior del 88.10
— soldado por el extremo . . . 89.6
— soldado por el lado 89.7
Esmeril 197.8
Esmerilador de madera 198.1
Esmerilar 198.6
Espace parcouru . 235.2
Espacio hueco de la rosca . . . 10.9
Espansione . . . 248.9
Espárrago . . . 13.8
— de rotación . . 39.7
Espesor del diente 65.6
— de la pared . . 98.1
Espetón 166.6
Espiga 37.6
— (válvula) . . . 117.6
— del yunque . . 159.3
Espira del muelle 149.1
— — —, número de espiras 149.2
— del tornillo . . 7.5
Esponja 233.2
Esquisse 223.3
Esquisser 222.8
Essai de l'essieu . 34.8
Esse, Schmiede- . 166.3
Esseret 181.5
Essette 191.8
Essieu 33.2
— accouplé . . . 34.1
—x, atelier à . . 35.2
— d'avant . . . 34.4
—, changement d'un 34.11
—, changer d' . . 34.10
—, charge de l' . 33.7
—, couper un . . 37.3
—, essai de l' . . 34.8
— -fixe 33.10
—, frottement de l' 33.8
— libre 34.2
— mobile . . . 33.11
—, rupture de l' . 34.9
—, support de l' . 33.4

F.

Filettatura fina . 10.7
— per tubi da gas 10.6
Filetto, altezza del 8.2
—, diametro esterno del 8.4
—, diametro interno del . . . 8.3
— giuoco inutile . 10.9
—, natura del . . 10.8
—, profondità del 8.1
—, serraggio automatico del . . 10.10
— d'una vite . . 7.7
Filiera ad anello . 20.9
— a cuscinetti . . 21.1
— semplice . . . 20.2
Filière 21.1
—, fileter à la . . 20.3
— simple 20.2
Filing block . . . 159.6
— board 159.6
— vice 154.6
— table 172.1
Filings 171.8
Fill in, to — the figures 225.9
Fillister 193.5
— head 12.2
Film of oil . . . 49.8
Filter, oil- . . . 53.1
Filtre à huile . . 53.1
Filtro del' olio . 53.1
Final velocity . . 235.9
Fine cut 170.3
— thread 10.7
Fineness of the screw 10.8
Finezza del filetto 10.8
Finishing bit . . 179.4
Finne (Hammer) . 160.5
—, Hammer mit gespaltener . . 162.3
—, Hammer mit Kreuz- 162.1
—, Hammer mit Kugel- 162.2
Finura del filete . 10.8
Fire-hook 166.8
— -place (forge) . 166.2
— -tube 108.1
Firmer chisel . . 194.6
First cut 170.7
Fissare con tiranti 18.6
— a vite 18.6
Fissure (in steel) 199.19
Fit, to — up a machine . . . 254.7
—, to — a screw tight 14.1
Fitter 254.6
— 's hammer . . 160.9
Fitting up of a machine . . . 255.1
—, pipe- 105.4
Fixed block . . . 93.9
— flange 100.4
— pulley 93.3
Fixer par boulons 18.9
Fixing screw . . 13.4
Flacheisen . . . 215.3
— feile 173.4
— gängig 10.1
— gewinde . . . 9.7
— hammer . . . 161.9
— keil 24.3
— meißel 167.5
— regler 151.8
— schaber . . . 176.4
— schieber . . . 127.1
— spitze Feile . . 173.7
— stumpfe Feile . 174.1
— zange 155.5
Flächenpressung (Lager) 40.7
Flaches Gewinde . 9.7
Flamme du chalumeau 202.2
Flammrohr . . . 108.1
Flanc de la dent . 64.10
—s droits, denture à 67.6
Flanco del diente 64.10
Flange 98.10
—, angle 100.3
—, blank- . . . 105.3
—, blind- 105.3
—, bolt of . . . 99.3
—s, bolted . . . 98.8
— of the brasses . 43.3
— brazed on . . 100.6
—, brazed . . . 100.8
—, cast 100.4
— with circular tongue and groove 100.1
—, collar 100.3
— -coupling . . . 57.5
— — 98.7
— of coupling . . 57.6
—, diameter of . 99.1
—, fixed 100.4
—, flanged pipe with loose back 103.8
— -follower (stuffing box) 132.7
—s, length over the 98.2
—, loose 100.5
— nut 12.8
—, riveted . . . 100.7
—, screwed . . . 100.9
—, thickness of . 99.2
— -wrench . . . 101.1
—, to — the tube 103.10
Flanged branch . 100.2
— pipe 98.9
— pipe with loose back flange . . 103.8
— seam (rivet) . . 29.4
Flanged socket . 108.10
— tube 98.9
Flangia 98.10
— ad anello . . 100.5
— avvitata . . . 100.9
— chiodata . . . 100.7
— cieca 105.3
—, diametro della 99.1
— fissa 100.4
—, guarnizione delle flangie . . 99.6
— mobile 100.5
— ad incastro . . 100.1
— con orlo sporgente e rientrante 99.8
— del premistoppa 132.7
— riportata . . . 100.3
— saldata . . . 100.8
—, spessore della . 99.2
—, vite delle flangie 99.3
Flanging 103.9
Flank of a tooth . 64.10
Flansch 98.10
—, angenieteter . 100.7
—, aufgelöteter . 100.8
—, aufgeschraubter 100.9
—, Blind- 105.3
—, Brillen- . . . 132.7
—, Deckel- . . . 105.3
— mit Feder und Nut 100.1
—, fester 100.4
—, Gegen- . . . 100.2
—, Kupplungs- . 57.6
—, loser 100.5
—, umgebördeltes Rohr mit losem 103.8
— mit Vor- und Rücksprung . . 99.8
—, Winkel- . . . 100.3
Flanschendichtung 99.6
—dicke 99.2
—durchmesser . . 99.1
—kupplung . . . 57.5
—packung . . . 99.6
—ring 100.5
—rohr 98.9
—schlüssel . . . 101.1
—schraube . . . 99.3
—verbindung . . 98.7
—verschraubung . 98.8
Flap, non-return . 123.7
—, safety 123.6
—, valve 123.2
— valve 123.1
— — faced with leather 123.3
—, to —, the belt flaps 78.8
Flasche 93.8
—, feste 93.9
—, lose 94.1
—, Ober- 42.2
—, Unter- . . . 94.3

G.

Graissage à mèche 54.1
— périodique . . 49.3
— du piston . . 137.3
—, robinet de . . 53.6
— séparé 49.8
—, trou de . . . 52.5
—, tube de . . . 53.4
Graisse 50.4
—, boîte à . . . 53.5
— de câble . . . 86.4
—, degré de fluidité de la 50.7
Graisser le palier . 48.7
Graisseur à aiguille 54.5
— automatique . 49.7
— à bague . . . 45.2
— centrifuge . . 54.9
— comptegouttes . 54.6
— à équerre. . . 55.9
—, godet . . . 53.8
— à mèche . . . 54.2
—, robinet . . . 53.6
— rotatif 54.8
— séparé 50.1
— Stauffer . . . 55.8
—, tube de distribution du . . . 54.7
Gramil 207.9
— para círculos . 207.8
— de mármol . . 207.7
Grana della mola . 197.2
Granete 168.4
—, marcar con el 168.6
—, puntear con el 168.6
Grapaldina . . . 38.8
Grappa per cinghie 81.6
Grasa consistente 50.6
Grasso 50.4
Grater 176.2
Gratter 177.1
— 230.7
Grattoir 176.3
— 231.1
— cannelé . . . 176.5
— triangulaire . . 176.6
— à tubes . . . 111.1
Graues Roheisen . 210.5
Gravedad 244.3
Gravità 244.3
Gravité 244.3
—, centre de . . 244.2
Gravity 244.3
—, center of . . 244.2
—, force of . . . 244.4
Grease 50.6
— -cock 53.6
— -cup with cocks 53.6
—, to — the bearing 48.7
Great span saw . 189.7
Green-sand-casting 211.8
Grenzlehre . . . 206.4
Greppe d'établi . 194.2
Grey pig-iron . . 210.5
Grieta por exceso de temple . . 199.11
Griff, Kurbel- . . 142.4
Griffe (accouplement) 60.3
—s, débrayage à . 60.4
Grifo 127.7
—, abrir el . . . 128.1
— de agua . . . 129.5
— de aislamiento . 129.4
— de alimentación 129.9
—, armazón del 127.10
—, cabeza del . . 127.9
—, cerrar el . . 128.2
— de cierre . . . 129.4
— cónico 128.3
— de cuatro vias . 129.1
— de descarga . 129.7
— de emisión . . 129.8
— con empaquetadura 128.6
— engrasador . . 53.6
— de evacuación . 129.8
— para gas . . . 129.6
—, macho del . . 127.8
— mezclador . . 129.3
— de paso . . . 128.7
— — angular . . 128.8
— — cuadruple . 129.1
— — triple . . . 128.9
— con prensa estopa 128.6
— de prueba . 129.10
— de purga . . . 129.7
— de tres vias . . 128.9
— de válvula . . 128.4
— — á tornillo . 128.5
Grillete 92.10
Grind, to 197.5
—, to — with emery 198.6
—, to — in a piston 140.2
Grindstone . . 196.10
—, chest below the 197.1
—, grain of the . 197.2
Grinder's oilstone . 197.4
Grinding machine 197.6
— mill 196.10
— stone . . . 196.10
Gripper, le palier grippe 48.5
Grobblech . . . 216.4
— feile 173.3
Groove 23.3
— (friction gearing) 75.1
—, angle of the (friction gearing) 75.2
—s, to cut . . . 23.7
— cutting chisel . 23.5
—s, to mill . . . 23.7
—, oil 52.6
Grooved friction wheel 74.7
— piston 139.8
Ground-auger . . 181.6
— and polished piston 140.1
— reamer . . . 177.5
Grub screw . . . 15.2
Grue, câble de —s 87.9
—, chaîne de . . 91.8
Grueso de la llanta (polea) 81.9
— de la correa . 76.9
Grume 190.7
Grundbüchse (Stopfbüchse) 133.4
— kegel (Kegelrad) 70.9
— kreis (Zahnrad) 67.2
— platte 16.2
— ring 133.5
— riß 224.6
— schraube . . . 15.7
Guancialetto . . 42.6
Guancie della chiave 16.6
Guard (ball valve) 116.9
—, chain 90.7
Guardacadena . . 90.7
Guarnecer con plomo (tubo) . 101.8
Guarnire con piombo (tubo) . 101.8
— la scatola a stoppa . . . 135.2
— un sopporto . 43.1
— — con metallo bianco 43.2
Guarnitura (cuscinetto) 42.6
Guarnizione (scatola a stoppa) . 132.9
— d'amianto . . 135.5
—, anello di. . . 99.7
—, anello di. . . 139.1
— di canape . . 135.8
— di cuoio . . . 134.1
— delle flangie . 99.6
— di gomma . . 135.7
— metallica . . . 135.8
—, spazio della . 133.1
—, spessore della . 133.2
— del tubo . . . 101.5
— —, profondità della 101.7
Gubia 195.1
— triangular . . 195.2
Gudgeon, inserted 39.6
Guía (manivela) . 143.2
— bastidor . . . 143.1
— por capacete . 146.4
— de la cuerda . 84.7
— del patin, fricción en las guías 145.10
— —, presión en las guías . . . 145.9
— recta 145.5
— —, patin . . . 145.6

H.

I. J.

Incudine da fucina 158.6
— per lime . . . 171.1
— a mano . . . 158.7
—, piano dell' . . 158.4
—, tassetto da . . 159.5
Incudinella . . . 158.7
India-rubber valve 123.4
Indian ink . . . 231.3
Indicador de nivel de agua . . . 111.2
— —, caja del . . 111.3
— —, cristal del . 111.4
— —, grifo del . . 111.5
Indicateur de niveau d'eau . 111.2
Indicatore di livello 111.2
— —, robinetto dell' 111.5
— —, scatola dell' 111.3
— —, vetro dell' . 111.4
Indicatrice di misura 225.4
Indifferent equilibrium . . . 244.10
Indifferentes Gleichgewicht 244.10
Inertia, moment of 243.7
— of the valve . 114.5
Inertie, moment d' 243.7
— de la soupape . 114.5
Infilare un bullone 14.1
— il chiodo . . . 30.6
Ingegnere meccanico 254.3
Ingeniero 254.3
Ingenieur, Maschinen- 254.3
Ingénieur mécanicien 254.3
Ingerto oblicuo . 106.3
— recto 106.2
—, tubo de . . . 106.4
— de tubo . . . 106.1
Ingot-iron . . . 213.1
— -steel 213.8
Ingranaggio . . . 63.2
— 63.9
— cilindrico . . 68.6
— conico ad angolo retto 71.3
— a crimagliera . 70.6
— a dentatura interna 70.1
— a dentiera . . 70.6
— a doppio punto 67.5
— ferro con ferro 72.4
— a lanterna . . 67.4
— legno con ferro 72.5
—, linea dell' . . 64.1
— a profilo rettilineo 67.6
—, ruota d' . . . 63.3
— a ruote coniche 70.8
—, arco d' . . . 64.3
Ingranaggio a sviluppante . . . 67.8
— a vite perpetua 71.5
— a vite senza fine 71.5
Ingranamento, arco d' 64.3
Ingranare 63.8
— 72.6
Ingrassatore Stauffer. . . . 55.8
— ad angolo . . 55.9
Injecteur à huile . 52.2
Initial velocity . . 235.8
Ink 231.3
— eraser . . . 230.10
— holder 231.9
—, Indian . . . 231.3
— in, to 231.2
Inlet clack . . . 124.4
— -pipe 109.2
Innenlager . . . 47.8
— strehler . . . 20.6
— taster 206.9
Innenverzahnung . 67.7
—, Getriebe mit 70.1
Innerer Gewindedurchmesser . . 8.3
Innestare 59.5
— 62.5
Innestato 62.6
— direttamente con 62.7
Innesto 58.6
—, albero d' . . 59.4
— articolato . . 61.8
— di aste . . . 61.7
— a cinghia . . 61.6
— a cono di frizione 61.1
— a cuoio . . . 61.4
— a denti . . . 60.2
— elettromagnetico 61.5
—, forchetta d' . 59.3
— a frizione . . 60.7
—, leva d' . . . 59.2
— mobile 58.3
— — 61.8
— a movimento longitudinale . 58.4
— a nastro . . . 61.6
— a nottolino . . 60.5
— a scatto . . . 60.5
— a spazzola . . 61.3
— universale . . 62.2
Inscription des cotes . . . 225.10
Inserted gudgeon 39.6
— journal . . . 39.6
Inside bearing . . 47.8
— breadth (link of a chain) . . . 89.1
— calipers . . . 206.9
— chaser 20.6
— chasing-tool . 20.6
— diameter of pipe 97.6
Inside length of the chain . . . 88.10
— micrometer-gauge 205.4
Instalación de tubos 109.4
Installation, pipe- 109.4
Intensidad de presión 251.1
— de la tracción . 250.5
Interchangeable gear wheels . . 68.3
Intermediate belt gearing 77.3
— shaft 36.5
Intermittant oiling 49.3
Internal cylindrical gauge 205.8
— diameter of inlet (valve) . . . 112.5
— diameter of valve seat 112.6
— and external gauge 205.5
— gear 67.7
— — 70.1
— tooth wheel . . 70.2
Interrupción . . . 59.7
— automática . . 60.1
Intrecciare la corda 85.4
Introducir el roblón 30.7
Introdurre il chiodo 30.7
Involucro del cilindro 131.2
Involute 67.9
— system (tooth) . 67.8
Inwendiger Schraubstahl . . 20.6
Joggle (bearing) . 44.1
Join, to — by soldering 200.8
Joindre par soudure 200.8
Joiner's bench . . 193.9
Joint 85.10
— (rope) 86.1
—, anneau de . . 99.7
—, ball and socket 62.4
—, belt 80.7
— bolt 14.8
— à boulet . . . 62.4
— à brides . . . 98.7
— — et à boulons 98.8
— du câble . . . 85.8
— Cardan 62.2
—, cemented belt 80.9
—, chain 89.4
— de chaîne . . 89.4
— face 99.5
—, faire un — de plomb 101.8
— -file 175.3
— —, round-edge . 175.3

K.

Keil, Anzug des —s 22.1
— auflager . . . 23.2
— beilage . . . 24.8
— breite 22.9
—, Doppel- . . . 24.6
—, einen — eintreiben 25.8
—, Eisen- 22.3
—, Feder- . . . 25.4
—, Flach- . . . 24.3
— fläche 21.7
—, Gegen- . . . 24.7
— höhe 22.8
—, Hohl- 24.4
—, Holz- 22.2
— länge 22.10
—, Längs- . . . 22.7
— loch 23.1
—, Nachstell- . . 25.1
—, Nasen- . . . 23.8
— nut 23.3
— nute (Reibungsgetriebe) . . . 75.1
— nutenwinkel . 75.2
—, Nuten- . . . 23.10
—, Quadrat- . . . 24.1
—, Quer- 22.6
— rad 74.7
— radbremse . . 96.7
— rädergetriebe . 74.6
— rille 75.1
—, Ring- 25.2
— rücken . . . 21.8
—, Rund- 24.2
—, Schluß- . . . 24.4
— sicherung . . 25.5
—, Stahl- 22.4
— stärke 22.9
—s, Steigung des 22.1
—, Stell- 25.1
—, Stell- (Lager) . 44.2
—, Tangential- . 24.5
— verbindung . . 22.5
—, Vorsteck- . . 16.1
— winkel 21.9
Keilen, auf- . . . 25.6
—, los- 25.7
Kern 8.5
— durchmesser . 8.3
Kesselamboß . . 159.9
— blech 216.4
— rohr . . . 107.10
— steinhammer . 163.4
Kette 88.6
—, Anker- . . . 91.9
—, Baulänge der . 88.10
— ohne Ende . . 91.11
—, endlose . . . 91.11
—, Gallsche . . . 91.3
—, Gelenk- . . . 90.9
—, geschweißte . 89.5
—, Glieder- . . . 88.8
—, Haken- . . . 90.4
—, kalibrierte . . 90.3
Kette, Kran- . . 91.8
—, kurzgliedrige . 89.8
—, langgliedrige . 89.9
—, Laschen- . . . 90.9
—, Last- 91.7
—, Schaken- . . 88.8
—, Steg- 90.1
—, Teilung der 88.10
—, Treib- 91.6
Kettenachse . . . 91.5
—bolzen 91.2
—eisen 89.2
—flaschenzug . . 94.7
—führungsbügel . 90.7
—glied 88.9
—haken 92.8
—lasche . . . 90.10
—lauf 91.10
—nietung 30.2
—nuß 90.5
—rad 88.7
—rad, verzahntes . 91.4
—reibung 89.3
—riemen 80.6
—rolle 90.8
—schloß 89.4
—trieb 88.5
—trommel . . . 95.3
—wirbel 90.5
—zug 94.7
Key 22.7
—, bearing surface of 23.2
—, cap 17.5
—, eye bolt and . 14.8
—, flat 24.3
— on flat 24.3
—, forelock- . . . 16.1
—, gibheaded . . 23.8
— -hole saw . 188.10
—, hollow . . . 24.4
—, to knock the — out 25.7
—, length of a . 22.10
—, round 24.2
—, saddle . . . 24.4
—, screw 101.1
— -securing-device 25.5
—, slot and . . . 25.3
—, slot for . . . 23.1
—, square . . . 24.1
—, sunk 23.10
—, thickness of a 22.8
—, tightening- . . 25.1
— -way 23.3
—, to cut a — -way 23.4
—, width of a . . 22.9
—, to — on . . . 25.6
Keying 22.5
Kinematics . . . 234.8
Kinetic energy . 245.4
Kinetische Energie 245.4
Klappschraube . . 14.3
— ventil 123.1
— zange 156.8
Klappe, Rückschlag- 123.7
—, Sicherheits-. . 123.6
—, Ventil- . . . 123.2
Klaue 60.3
Klauenausrückung 60.4
— kupplung . . 60.2
Klemmgesperre . 95.8
— kegel 95.9
— kegel (Kupplung) 58.2
— schraube . . . 15.1
Klemmen, die Stopfbüchse klemmt sich 134.5
Klettern, der Riemen klettert . . 79.2
Klinke (Kupplung) 60.6
Klinkenkupplung . 60.5
Kloben, Feil- . . 154.6
—, Hand- 154.6
—, Reif- 154.7
—, Rollen- . . . 93.8
—, Spitz- 154.8
—, Stift- 155.1
Klobsäge 189.6
Klotzbremse . . . 96.2
Kluppe 21.1
—, Niet- 32.8
—, Schneid- . . . 21.1
—, Spann- . . . 155.2
Knarre, Bohr- . . 182.9
Knebel (Säge) . . 189.8
— schraube . . . 15.3
Kneifzange . . . 156.2
Knickbeanspruchung 252.4
— festigkeit . . . 252.3
Knickung 252.2
Knierohr 107.4
—, abgerundetes . 107.7
—, scharfes . . . 107.5
—, scharfes verjüngtes 107.6
Kniestück . . . 107.4
Knife-edge (bearing) 46.2
— -edge bearing . 46.1
— -file 175.1
— with two handles 195.3
Knock, to — the key out . . . 25.7
Knocking in the crank 142.8
Koeffizient, Dehnungs- 249.1
—, Reibungs- . . 245.8
—, Schub- . . . 252.9
Kolben 136.7
— aufgang . . . 138.1
— beschleunigung 137.5
—, Dampf- . . . 140.5
— decke 139.5
— deckel 139.5
— — schraube . . 139.6
— dichtung . . . 138.8

L.

Lime, manche de . 169.8
—, marteau à —s 170.11
— mordante . . . 176.2
— obtuse 173.5
— ovale 174.8
— au paquet . . 173.2
— à pignon . . . 175.2
— plate 173.4
— — pointue . . 173.7
— pointue . . . 173.6
— rectangulaire . 174.1
— retaillée . . . 171.3
—, retailler les . . 171.2
— ronde 174.4
— pour (à) scies . 175.7
— superfine . . . 172.7
—, tailler des —s . 170.8
—, tailleur de —s . 170.9
—, trempe de —s . 171.5
— tremper des —s 171.4
— triangulaire . . 174.2
Limer 171.6
—, banc à . . . 172.1
Limit gauge . . . 206.4
— of proportionality 249.8
— of stretching strain 250.1
Limite admissible . 247.7
— di duttilità . . 250.1
— d'écoulement . 250.1
— d'elasticità . . 249.7
— d'élasticité . . 249.7
— d'étirage . . . 250.1
— de proportionalité 249.8
— di proporzionalità 249.8
— di sollecitamento 247.7
Limite de elasticidad 249.7
— de estiraje . . 250.1
— de proportionalidad 249.8
Line, addendum- . 63.6
— of contact . . 64.1
—, pipe- 109.1
— piping . . . 109.1
—, pitch- 63.5
—, root- 63.7
—, to — a babbit . 43.1
—, to — a bearing 43.1
Linea di chiusa . 242.7
— d'imbocco . . 64.2
— dell'ingranaggio 64.1
— di misura . . . 225.4
— —, freccia della 225.5
Linea de cierre . 242.7
— de cota . . . 225.4
— —, flecha de la 225.5
— de engrane . . 64.1
Lineal 219.9
—, Kurven- . . 219.10
Lineale 219.9
Lineale curvo . 219.10
Linguetta 25.4
—, bullone a . . 14.8
Lining of the bearing 42.6
Link 143.2
— (coupling) . . 61.9
— belt 80.6
— block 143.3
— of a chain . . 88.9
— -pin 62.1
— — 91.2
— -plate 90.10
Linksgängig . . 8.9
— gewinde . . . 8.8
Lip 44.1
Liquid lubricant . 50.5
Liquide, matière lubrifiante . . 50.5
Lisciare 172.8
List of details . . 223.7
Lista dei dettagli . 223.7
— de las partes . 223.7
— dei pezzi . . . 223.7
Liste de pièces . . 223.7
Listello di guida . 126.1
Liteau de guidage 126.1
Little beak-iron . 158.8
Litze 85.2
Live load 248.3
Livello d'acqua, linea del . . . 111.6
— a bolla d'aria . 208.8
— sferico 209.1
Llama de soldadura 202.2
Llanta, engrosamiento de la . 69.3
— de la polea . . 81.8
Llave, abertura de la 16.7
— de abertura variable 18.1
— acodada . . . 17.2
—, boca de la . . 16.6
— de dos bocas . 17.1
— de brida . . . 101.1
— cerrada . . . 17.2
— de descarga . . 129.5
— doble 17.1
— de paso del engrasador . . . 53.6
— para espita . . 17.6
— espitera . . . 17.6
— de gancho . . 17.7
— de grifos . . . 17.5
— de horquilla . 17.8
— inglesa 18.2
— de macho . . 127.7
— con mango de ángulo 17.2
— — curvado . . 17.2
— de muletilla . 17.4
— semifija . . . 18.1
— sencilla . . . 16.8
— simple 16.8
Llave tenedor . . 17.8
— del tornillo de presión 17.3
— tubular . . . 17.4
— para tubos . . 110.6
— para tuercas . 16.5
— — circulares . 17.7
— de vaso . . . 17.4
Load on axle . . 33.7
— chain 91.7
—, form of . . . 247.8
— governor . . . 152.5
—, live 248.3
—, oscillating . . 248.2
—, oscillatory . . 248.2
— on piston . . . 136.5
—, safe 247.7
—, steady or dead 248.1
— on the valve . 119.3
—, to — the valve 120.3
—, varying . . . 248.3
Loam-casting . . 212.1
Lochbeitel . . . 194.7
— eisen 169.4
— feile 176.1
— hammer . . . 163.3
— kreis (Flansch) . 99.4
— lehre 205.7
— mutter 12.9
— platte 160.2
— säge . . . 188.10
— scheibe . . . 169.1
— schere 158.1
— taster 206.9
— zange 169.5
Lochen 169.6
Lock mechanism . 95.4
— -nut 13.2
—smith's hammer . 160.9
Locked cable . . 85.7
— rope 85.7
Locker werden . . 19.5
Lockern, eine Schraube . . . 19.4
Lock filer's clamps 154.7
Locking mechanism 95.4
—, pipe- 104.9
Löffelbohrer . . . 181.3
Logement de garniture (presse-étoupe) 133.1
Long auger . . . 181.5
— borer 181.5
— eye auger . . 181.4
— -link chain . . 89.9
— saw 188.4
Longitud de la base del soporte . . 40.4
— de la chaveta . 22.10
— del diente . . 65.5
— del soporte . . 40.2
— útil (tubo) . . 98.2
Longitudinal wall hanger-bearing . 47.5

M.

Manivela de doble codo 143.1
— á dos manos . 142.5
—, eje de la. . . 141.4
— extrema . . . 141.8
—, golpe de la. . 142.8
—, maniobrar la . 142.9
— á mano . . . 142.3
— de seguridad . 142.7
—, soporte de la clavija de la. . 141.7
—, soporte del eje de la . . . 141.5
Manivelle 141.2
—, arbre de . . . 141.4
— en bout . . . 141.8
—, bouton de . . 141.6
— à bras 142.3
—, cogne dans la . 142.8
—, contre . . . 142.1
—, corps de . . . 141.3
—, coulisse . . . 143.1
— frontale . . . 141.8
— à deux hommes 142.6
— à un homme . 142.5
— à main . . . 142.3
—, manche de . . 142.4
—, palier de l'arbre de 141.5
—, plateau . . . 142.2
—, poignée de . . 142.4
— de sûreté . . . 142.7
—, tourner la . . 142.9
—, transmission par 140.8
Manovella . . . 141.2
—, albero della . 141.4
—, braccio della . 141.3
—, colpo della. . 142.8
—, contro- . . . 142.1
— a disco . . . 142.2
— d'estremità . . 141.8
— frontale . . . 141.8
— a glifo 143.1
— a mano . . . 142.3
—, manovrare la . 142.9
—, perno della . 141.6
—, di sicurezza . 142.7
—, sopporto dell' albero della . . 141.5
—, sopporto del perno della . . 141.7
— a due uomini . 142.6
— ad un uomo . 142.5
Manovellismo . . 140.8
Manschette, Leder- (Stopfbüchse). . 134.1
Mantel, Cylinder- . 130.4
Mantice 167.2
Manubrio 142.4
— de cabria . . 142.4
— de taladrar . . 182.8
Manufacturer . . 254.2
Mappenständer . . 219.3
Máquina 253.6
Máquina para acepillar 194.8
— de afilar . . . 197.6
— de aserrar . . 190.2
— de barrenar . . 183.1
—, construir una . 253.8
—, desmontaje de una 255.5
—, desmontar una 255.4
— de escoplar ranuras 23.6
— de esmerilar . 198.7
— para formar ruedas 73.1
— de fresar . . . 185.2
— — dientes . . 73.2
— herramienta . 256.8
— de mandrilar cilindros 131.6
—, montar una . 254.7
— motriz 256.7
— operadora . . 256.6
—, parar una . . 255.8
—, poner en función una 255.6
—, poner en marcha una . . 255.6
— de roscar. . . 21.5
— de taladrar . . 183.1
— de tallar dientes 73.2
— para torcer la cuerda 85.5
— para trazar puntos 229.9
— útil 256.6
Marbre 208.7
Marcador de círculos. 207.8
— paralelo . . . 207.7
Marcar 207.5
Marcare 207.5
Marcha, estar en . 255.7
Marchar 255.7
Marche en arrière du piston . . 137.10
— en avant du piston 137.9
—, être en . . . 255.7
Marine end (connecting rod) . . 145.2
— kopf (Pleuelstange) 145.2
Marión 234.1
— azul 234.3
— blanco 234.4
Mark scraper . . 207.6
—, to — the center with the centerpunch 168.6
—, to — out . . 207.5
Marking gauge . 207.9
— tool 207.6
Marquer 207.5
Marteau 160.3
Marteau à balle . 162.6
— cannelé en sillons 163.5
— en cuivre. . . 163.8
— à dégrossir . . 161.2
— à devant . . . 161.5
— — avec panne en travers . . . 161.6
— à emboutir . . 163.1
— d'établi . . . 161.5
—, face du . . . 160.4
— de forge . . . 161.1
— de frappeur . . 161.3
— à limes . . 170.11
— à main. . . . 161.4
—, manche du . . 160.6
— en métal blanc 163.7
— à panne . . . 163.2
— — fendue . . 196.3
— — — 162.3
— — sphérique . 162.2
— — de travers . 162.1
—, panne du . . 160.5
— à piquage . . 163.4
— à planer . . . 162.5
— plat 161.9
— à pointe . . . 161.8
— à river 32.1
— rond 162.7
— de serrurier . . 160.9
Marteler 160.7
Martellare . . . 160.7
Martello 160.3
— appuntito . . 161.8
— da banco . . . 161.5
— da calderaio . 160.9
— da carpentiere . 162.3
— da chiodi . . 196.3
— da digrossare . 161.2
— da fabbro . . 160.9
— da fucina . . 161.1
— laminatore . . 161.2
— per lime . . 170.11
—, manico del . . 160.6
— a mano . . . 161.4
— a palla . . . 162.6
— a pareggiare . 162.5
— a penna . . . 163.2
— con penna a croce 162.1
— con penna divisa 162.3
— con penna sferica 162.2
—, penna del . . 160.5
— piano 161.9
—, piano del . . 160.4
— piatto 161.2
— punteruolo . . 163.3
— di rame . . . 163.8
— da ribadire . . 32.1
— da ricalcare . . 163.1
— a scrostare . . 163.4
— scrostatore . . 163.4

Mouler, machine à
— les engre-nages 73.1
Mouth of hook . 92.2
— of the plane . 192.1
— of the tongs . 155.4
Mouvement . . . 234.7
— curviligne . . 236.7
— rectiligne . . . 234.9
— sollicité . . . 238.3
— uniforme . . . 235.1
— uniformément accéléré . . 235.11
— — retardé . . 236.1
— varié 235.5
Moveable axle . . 34.3
— block 94.1
— coupling . . . 58.3
— longitudinally coupling . . . 58.4
— pulley 93.4
Movement . . . 234.7
Mover un eje por correa 76.4
Movimento . . . 234.7
—, essere in . . 255 7
— forzato . . . 238.3
— rettilineo . . 234.9
— uniforme . . . 235.1
— uniformemente accelerato . . 235.11
— — ritardato . . 236 1
— variabile . . . 235.5
— vario 235.5
— vincolato . . . 238.3
Movimiento . . . 234.7
— curvilíneo . . 236.7
— forzado . . . 238.3
— obligado . . . 238.3
— rectilíneo . . 234.9
— uniforme . . . 235.1
— uniformemente acelerado . . 235.11
— — retardado . 236.1
— variable . . . 235.5
Moyeu, boulon de 150.3
—, collet du . . 69.5
— de la roue . . 69.4
— du volant . . 149.7
Mozzo, nervatura del 69.5
— della ruota . . 69.4
M-tooth 186.6
Mud-valve . . . 122.9
Muela de esmeril . 198.2
—, picado de la . 197.2
Muelle 147.2
—, apoyo del . . 147.9
— de ballesta . . 147.6
—, brida del . . 147.7
—, compresión del 148.7
—, comprimir un . 148.8
—, distender un . 148.9
—, espira del . . 149.1
— espiral 148.1
—, flecha del . . 147.5
— de flexión . . 147.3
— helizoidal cilíndrico 148.3
— helizoidal cónico 148.4
— de hojas . . . 147.4
— de laminas múltiplas 147.6
—, oreja del . . 147.8
— de sección circular 148.6
— — rectangular . 148 5
— de torsión . . 148.2
Muff-coupling . . 56.4
Muffe 56.5
—, Absatz- . . . 107.1
—, Ausrück- . . 59.1
—, Gewinde- . (Kupplung) . . 56.7
—, Gewinde- . . 106.9
—, Regulator- . . 151.1
—, Rohr- 101.4
—, Schrauben-kupplungs- . . 56.7
Muffe, Überschieb- 105.5
—, verjüngte . . 107.1
Muffenhub des Regulators . . . 151.2
—hülse 56.5
—kupplung . . 56 4
—rohr 101.3
—tiefe 101.6
—verbindung . . 101.2
Multiple belt . . 80 3
— riveting . . . 29.7
— shear riveting . 28.6
— thread screw . 16.3
— V-gear 74.6
Multiplex thread . 9.4
Muñón, carga en el 37.9
—, presión en el . 37.9
— tubular . . 108.10
Muovere un albero con cinghia . . 76.4
Muschelschieber . 127.2
Mutamento di un asse 34.11
Mutare un asse . 34.10
Mutter (Schraube) 11.5
—, Bolzen mit Kopf und 11.9
—, Bund- 12.8
—, Flügel- . . . 12.7
—, Führungs- . . 126.2
—, Gegen- . . . 13.2
—, gerändelte . 12.10
—, gerippte . . . 12.10
— gewinde . . . 10.5
—, Kronen- . . . 12.6
—, Loch- 12.9
— schlüssel . . . 16.5
— schraube . . . 11.9
—, Schrauben- . . 11.5
—, Sechskant . . 12.5
—, Stell- 12.9
—, Überwurf- . . 13.1
M-Zahn 186.6

N.

Nabe, Rad- . . . 69.4
Nabenbüchse . . 83.9
— schraube . . . 150.3
— wulst 69.5
Nachbohren . . . 179.3
— drehen, einen Cylinder . . . 131.4
— lassen 199.3
— — (verb) . . . 199.2
— schaben . . . 177.3
— schneiden, Gewinde 20.1
— —, Schrauben . 20.1
— spannen, den Riemen 79.3
— —, eine Schraube 19.7
Nachstellbare Lagerschale . . 42.5
— stellen, das Lager 48.6
— stellkeil . . . 25.1
— ziehen, eine Schraube . . . 19.7
Nadeleinsatz . . 227.6
— feile 175.5
— fuß 227.7
— schmierer . . 54.5
— schmiergefäß . 54.5
— spitze 227.7
Nagel 195.6
— bohrer 179.7
— eisen 196.5
Nagelhammer . . 196.3
— loch 196.2
— zange 156.3
— zieher 156.3
Nageln 195.7
—, zusammen- . . 196.1
Nähen, den Riemen 81.2
Nähriemen . . . 81.3
Nahtloses Rohr . 102 9
Nail 195.6
— -hole 196.2
— -nippers . . . 156.3
— -puller 156.3
—, to 195.7
Nase (Keil) . . . 23.9
— (Lager) . . . 44.1

O.

P.

Panne, marteau à devant avec — en travers 161.6
—, marteau à . . 163.2
—, marteau à — fendue 162.3
—, marteau à — sphérique . . . 162.2
—, marteau à — de travers . . . 162.1
Pantómetro . . . 208.5
Papel para calcar 233.9
— chupón . . . 232.9
— para croquis . 220.4
— de dibujo . . 220.2
— de esmeril . . 197.9
— esmerilado . . 197.9
— heliográfico . . 234.2
— Marión . . . 234.2
Paper, drawing . 220.2
—, emery- . . . 197.9
—, printing . . . 234.2
—, sketching . . 220.4
Papier buvard . . 232.9
— calque 233.9
— à calquer . . . 233.9
— à croquis . . . 220.4
— à dessin . . . 220.2
— à émeri . . . 197.9
—, Fließ- 232.9
— héliographique . 234.2
—, Lichtpaus- . . 234.2
—, Paus- 233.9
— photocalque . . 234.2
—, Schmirgel- . . 197.9
—, Skizzier- . . . 220.4
—, Zeichen- . . . 220.2
Papillon 124.6
Par de fuerzas . . 243.3
— —, eje del . . 243.5
— —, momento del 243.4
Paralelas 145.7
Paralelogramo de aceleraciones . 239.8
— de las fuerzas . 241.8
— de velocidades . 239.8
Parallel bench-vice 154.2
— line pen . . . 229.8
— nietung . . . 30.2
— reißer 207.7
— schere 157.5
— schraubstock . 154.2
— shears 157.5
— zirkel 207.8
Parallelogram of forces 241.8
— of velocities . 239.8
Parallelogramm, Beschleunigungs- 239.8
— der Beschleunigungen 239.8
Parallelogramm der Geschwindigkeiten 239.8
—, Geschwindigkeits- 239.8
— der Kräfte . . 241.8
Parallelogramma delle accelerazioni 239.8
— delle forze . . 241.8
— delle velocità . 239.8
Parallélogramme des forces . . . 241.8
— des vitesses . . 239.8
Paranco 93.7
— a catena . . . 94.7
— a corda . . . 94.6
— differenziale . 94.4
Parar una máquina 255.8
Parauso 179.7
Pared del tubo . 97.8
—, espesor de la . 98.1
Parete del tubo . 97.8
— —, spessore della 98.1
Paroi du cylindre 130.4
—, épaisseur de — du tuyau . . . 98.1
— du tuyau . . . 97.8
Parte conciata della cinghia . 77.2
— naturale della cinghia 77.1
Parti di macchina 253.7
Parting-tool . . . 195.2
Pas 7.3
— circulaire . . . 63.4
—, double- . . . 9.2
— du maillon . . 88.10
— multiple . . . 9.4
— —, vis à . . . 9.4
— simple 9.1
—, triple 9.3
—, vis à triple . . 9.3
— d'une vis . . 7.8
—, vis à double . 9.2
—, vis à — simple 9.1
Pasador 24.11
— de aletas . . . 24.10
— de la articulación . . . 62.1
Pasar los colores 231.10
— el roblón . . . 30.6
— en tinta . . . 231.2
Paso, altura del . 7.8
—, à — cuadrado 10.1
—, de — derecho 8.7
— del engranaje . 63.4
—, de — izquierdo 8.9
— de remache . . 27.6
—, á — redondo . 10.3
— del tornillo . . 7.8
—, á — triangular . 9.6
Paso de la válvula, diámetro del . . 113.1
— —, luz del . . 113.1
— —, sección del 113.2
Passage (valve) . 112.6
—, ouverture de (soupape) . . . 113.1
—, section de (soupape) . . . 113.2
—, sectional area of the (valve) . 113.2
—, width of (valve) 113.1
Passaggio (valvola) 112.6
—, apertura di . . 113.1
—, area di . . . 113.2
—, sezione di . . 113.1
Passare a penna . 231.2
Passe-partout . . 188.4
— — (scie) . . . 188.5
Passer à l'encre . 231.2
Passetto diviso in pollici 221.8
Passo 7.3
— dei chiodi . . 27.6
— della dentatura 63.4
— semplice . . . 9.1
— d'una vite . . 7.8
Paßrohr 105.4
— schraube . . . 13.10
Pastel 233.4
Pata de araña . . 52.6
— — (soporte) . . 44.5
Path of chain . . 91.10
— of contact . . 64.2
— of projectile . 237.9
Patin (palier) . . 43.7
— 145.6
— (crosse) . . . 146.6
—, guía del . . . 145.7
Patte d'araignée (palier) 44.5
Pattern 205.2
Pattino 145.6
— (manovella) . . 143.3
Pause 233.8
—, Blau- 234.3
—, Licht- 234.1
—, Weiß- 234.4
Pausen 233.7
Pausleinwand . 233.10
— papier 233.9
— zeichnung . . 233.8
Pavonar (verbo) . 199.2
— 199.3
Pawl 95.7
— (coupling) . . 60.6
— -coupling . . . 60.5
Pedano 194.7
Pedestal 42.3
—, angle- — -bearing 44.8
— base 43.7
— bearing . . . 44.7

Pedestal body . . 43.4
—, plain 41.8
—, solid 41.8
Pegar con cola . . 196.6
Peigne 20.5
— femelle . . . 20.6
—, fileter au . . 20.1
— mâle 20.7
Peine . , . . . 20.5
— de exteriores . 20.6
— de interiores . 20.7
Peinture du tuyau 98.3
Pelle à feu (forge) 166.9
Pen-point 227.5
Pencil box . . . 229.3
—, coloured . . . 233.4
— -point 227.4
—, red 233.5
—, to sharpen the 230.3
— sharpener . . 230.4
— — 230.5
Pendel 238.7
— ausschlag . . . 238.9
—, Centrifugal- . 239.4
—, Cykloiden . . 239.5
—, Kegel- . . . 239.4
—, Kreis- . . . 238.8
— regler 151.6
— regulator . . . 151.6
— schwingung . . 239.2
Pendolo 238.7
—, amplitudine del 238.9
— cicloidale . . . 239.5
— circolare . . . 238.8
— conico 239.4
—, oscillazione del 239.2
Pendule 238.7
— circulaire . . . 238.8
— conique . . . 239.4
— cycloidal . . . 239.5
—, oscillation du . 239.2
Péndulo 238.7
— centrífugo . . 239.4
— cicloidal . . . 239.5
— circular . . . 238.8
—, desviación del 238.9
—, oscilación del. 239.2
Pendulum 238.7
—, circular . . . 238.8
—, conical . . . 239.4
—, cycloidal . . . 239.5
— governor . . . 151.6
—, oscillation of the 239.2
Pennello 232.5
Pennina da disegnare 231.4
— porta inchiostro 231.9
— di rotondo . . 231.3
Pente 239.6
— de coin . . . 21.7
Perçage 179.5
Perce-meule . . . 181.7
Percer 169.6
— 179.2
Percer, chasse à . 163.8
Perceuse 183.1
— à main . . . 179.6
Perçoir 169.1
Perçure de trempe 199.11
Perdre, le presse-étoupe perd . . 134.6
Perfil 224.7
— del diente . . 64.9
Perforadora . . . 183.1
— á mano . . . 179.6
Perforate, to . . 169.6
—, to 179.2
Perforatrice cisaille 158.1
— à main . . . 179.6
Perforer 169.6
— 179.2
Pericicloide . . . 67.1
Pericycloid . . . 67.1
Pericycloide . . . 67.1
Péricycloïde . . . 67.1
Periferia 63.6
Period 239.3
— of contact . . 64.4
Périodique, graissage 49.3
Permanent elastic deformation . 249.5
Perno 37.6
—, (tornillo) . . 11.3
— che si è adattato nei suoi cuscini 38.3
— con anillos . . 38.9
— d'appoggio . . 38.4
— apuntado . . 39.1
— d'articolazione 62.1
— dell' asse . . . 33.3
—, attrito del . . 38.1
—, attrito del . . 33.9
—, carico sul . . 37.9
— della catena articolata 91.2
—, chavetear un . 14.9
— cilindrico . . 39.2
— cilíndrico . . 39.2
— a colletto . . 38.5
— conico 39.3
— cónico 39.3
—, diámetro exterior del 8.4
—, diámetro en el fondo del . . . 8.3
— empotrado . . 39.6
— esférico . . . 39.4
— d'estremità . . 38.6
— — dell' albero . 35.6
— a forchetta . . 39.5
— frontale . . . 38.6
— incastrato . . 39.6
— intermedio . . 35.7
— — 38.5
— logorato . . . 38.3
Perno multiplo ad anelli 38.9
—, núcleo del . . 8.5
— portante . . . 38.4
— a punta . . . 39.1
—, rotare sopra un 39.8
— di rotazione . 39.7
— sferico 39.4
—, sopporto del . 33.4
— di spinta . . . 38.7
— — ad anello . 38.8
Pestaña del cojinete 43.3
— del cubo de la rueda 69.5
— de refuerzo de la corona . . . 69.3
Pettine 20.5
— femmina . . . 20.6
— maschio . . . 20.7
Pezuña del tornillo 153.5
Pezzi di macchina 253.7
Pezzo d'adattamento 105.4
Pfanne (Lager) . . 46.3
Pfeilhöhe (Riementrieb) 76.2
— rad 70.3
Pferdestärke . . 245.3
Pflanzenöl . . . 51.3
Pfropfen, Verschluß- (Rohr) 105.1
Phosphorbronze . 217.7
— -bronze . . . 217.7
Photocalque . . . 234.1
Pialla 191.10
— da banco . . . 193.2
—, ceppo della 191.11
— doppia . . . 192.7
— —, controferro 192.9
— —, controlama 192.9
— —, ferro doppio 192.8
— a due ferri . . 192.7
—, ferro da . . 191.12
— da intarsiatore 193.6
—, lama della . 191.12
—, luce della . . 192.1
— a mano . . . 193.3
— a profilo . . . 193.8
— a sgrossare . 192.10
Piallare 192.2
Piallatrice . . . 194.3
Piallatura . . . 192.5
Pialletto 193.1
Piallone . . . 192.10
Piano 223.2
— d'appoggio del cuneo 23.2
— inclinato . . . 239.6
— della tubazione 109.5
Pianta 224.6
Piastra (vite) . . 11.6
— di base (sopporto) 40.9

Piastra da brunire 160.1
— di fondamento 16.2
— di fondazione . 16.2
— di fondazione (sopporto) . . . 43.9
— da pulire . . . 160.1
Piastrella (cadena) 90.10
—, testa della . . 91.1
Piattino 232.6
Picado de la muela 197.2
Picador de limas . 170.9
Picadura de bastarda 170.2
— en cruz . . . 170.5
— fina 170.3
— inferior . . . 170.7
— de la lima . . 170.1
— simple 170.4
— superior . . . 170.6
Picar limas . . . 170.8
Pickhammer . . . 163.4
Pico de cabra . . 195.2
Pie de cabra . . 195.2
— del diente . . 65.3
— del soporte . . 43.7
Pied (gauge) . . 205.1
— de compas . 226.10
— à coulisse . . 204.6
— de la dent . . 65.3
— à profondeur . 205.6
Piede del sopporto 43.7
Piedra aceitada para afilar . . 197.4
— de afilar . . . 197.3
— amoladera . 196.10
— esmeril . . . 198.5
— de repasar . . 197.3
Piegamento . . . 251.3
Piercer 168.7
Piercing saw . 188.10
Pierre à adoucir . 197.3
— d'émeri . . . 198.5
— à l'huile . . . 197.4
Piés de rey . . . 204.6
Pietra da affilare . 197.3
— di Candia . . 197.4
— di smeriglio . 198.5
Pieza para lápiz . 227.4
— de prolongación 227.8
—s adicionales de mordaza . . . 154.1
—s de maquinaria 253.7
Pig 210.3
— -iron 210.3
— —, grey . . . 210.5
— —, white . . . 210.4
Pige 205.2
Pignon 68.7
— à chaîne . . . 90.5
—, lime à . . . 175.2
Pignone 68.7
Pillar-bolt . . . 14.5
Pillow (bearing) . 42.4
| block 42.3
Pillow-block-bearing 44.7
Pin 26.1
—, crank 141.6
—, drawing . . . 220.6
— -drill 179.8
— -hole 196.2
—, link- 62.1
—, link- 91.2
— spanner . . . 17.8
—, split- . . 16.1; 24.10
—, taper- 24.11
—, thumb . . . 220.6
— -tongs 155.8
— -vice 155.1
— wheel 67.4
Pince 156.2
— (pour forgerons) 166.10
—, accouplement à 58.1
— américaine . . 155.9
— coupante . . . 156.1
— à emboutir . . 156.4
— à fil de fer . . 158.2
— à gaz 156.7
— à poinçonner . 169.5
— à rivets . . . 32.7
— — 32.8
— à souder . . . 203.2
— à tirer 156.5
— à trous . . . 169.5
— à tubes . . . 110.7
Pinceau 232.5
Pincel 232.5
Pincers 156.8
Pincette 156.8
Pinion 68.7
—, annular gear and 70.1
—, rack and . . 70.6
Pinnhammer . . 163.2
Piñón 68.7
— de cadena . . 90.5
Pinsel 232.5
Pintar 231.10
Pintura del tubo . 98.3
Pinza 156.2
Pinzas 156.8
— de alambre . . 158.2
— de soldador . . 203.2
Pinzetta 155.5
— 156.8
— a bocca tonda . 155.6
— a palla . . . 155.7
— da saldatore . 203.2
Pioche 191.5
Piombare la corda 85.9
Piombino 209.2
Piombo 202.4
— 217.1
Pipe 97.4
—, angle 105.7
—, blow- 203.1
—, bore of . . . 97.6
—, the — has bore of x mm . . . 97.7
Pipe, branch- . . 106.4
— -branch . . . 106.1
—, brass 103.7
— burst 110.4
—, butt welded . 102.5
—, cast iron . . 101.9
— closier 104.9
—, coil- 104.6
—, compensating . 104.1
—, copper- . . . 103.6
—, corrugated . . 104.3
— covering . . . 98.4
—, cross- 106.5
— -cutter 110.8
—, delivery- . . . 108.8
—, drain 109.3
—, expansion . . 104.2
— explosion . . . 110.4
— -fitting 105.4
—, flanged . . . 98.9
—, flanged — with loose back flange 103.8
—, four-way- . . 106.8
—, gas- 107.8
— hanger 109.7
—, heating- . . . 108.4
—, inlet- 109.2
—, inside diameter of 97.6
— -installation . . 109.4
— —, plan of . . 109.5
— joint 98.5
—, lap welded . . 102.6
—, to lay a . . . 109.6
— -line 109.1
— —, gas- . . . 110.1
— packing . . . 101.5
— -paint 98.3
—, reducing . . 105.9
—, ribbed . . . 104.5
—, riveted . . . 102.3
—, rose- 108.6
—, screwed- — -coupling . . . 98.6
—, seamless . . . 102.9
—, shell of a . . 97.8
—, socket . . . 101.3
—, soldered . . . 102.8
—, spiral welded . 102.7
—, suction- . . . 108.5
—, suction- . . . 108.7
—, T- 106.6
—, thickness of . 98.1
—, three-way- . . 106.7
— -tongs 110.7
—, U. 105.8
— -vice 154.3
—, wall of . . . 97.8
—, waste- . . . 109.3
—, water- . . . 107.9
—, welded . . . 102.4
—, worm- . . . 104.6
— -wrench . . . 110.6
—, wrought iron . 102.2

Pipe, Y- 106.8
Piping plan . . . 109.5
—, steam- . . . 109.9
—, water- . . 109.10
Piquage, marteau a 163.4
Pistolet . . . 219.10
Piston 136.1
— acceleration . 137.5
—, accélération du 137.5
—, avance du . . 137.9
—, backward stroke of the . . . 137.10
— -body 139.4
—, body of the . 139.4
— bolt 139.6
—, clearance of the 136.4
—, clef du . . . 137.1
—, corps du . . 139.4
—, coup double du 137.8
—, course du . . 137.7
—, couvercle du . 139.5
— curl 139.7
—, depth of the . 136.3
—, descente du . 138.2
—, diameter of the 136.2
—, diamètre du . 136.2
—, disk 140.3
—, down-stroke of the 138.2
—, épaisseur du . 136.3
— -follower-bolt . 139.6
—, forward stroke of the 137.9
— friction . . . 137.6
—, frottement du 137.6
—, garnir un — de cuir 138.6
—, garniture du . 138.8
— à garniture en cannelures . . 139.8
— à garniture de chanvre . . . 138.4
— — de cuir . . 138.5
— — métallique . 138.7
—, graissage du . 137.3
—, to grind in a . 140.2
—, grooved . . . 139.8
—, ground and polished . . . 140.1
—, guide de la tige du 136.8
—, hemp packed . 138.4
—, jeu du . . . 136.4
—, joint du segment de 139.2
—, junk ring of the 139.5
— with leather packing . . . 138.5
—, load on . . . 136.5
— lubrication . . 137.3
—, marche en arrière du . . 137.10
—, marche en avant du 137.9
Piston with metallic packing . 138.7
— montée du . . 138.1
— nut 136.9
— oiling 137.3
—, to pack the — with leather . . 138.6
— -packing . . . 138.3
—, plateau du . . 139.5
— plein 140.3
— plongeur . . . 140.4
— de pompe . . 140.6
— -power 136.5
—, power of . . 136.5
—, presse-étoupe du 137.2
—, pump 140.6
—, queue de la tige du 136.7
— de rechange . 140.7
—, retour du . 137.10
— -ring 139.1
— -ring lock . . 139.2
— -rod 136.6
— -rod end . . . 136.7
— -rod guide . . 136.8
— -rod, tail piece of the 136.7
— rodé 140.1
—, roder un . . . 140.2
—, segment de . . 139.1
—, segment de — élastique . . . 139.3
—, solid 140.3
—, spare- 140.7
— speed 137.4
— spring 139.7
—, steam 140.5
—, stroke of. . . 137.7
— stuffing box . . 137.2
—, tête de . . . 146.5
—, tige du . . . 136.6
—, tour du . . . 137.8
—, travel of . . . 137.8
—, up-stroke of the 138.1
— -valve 127.4
— à vapeur . . . 140.5
—, vis du 136.9
—, vis du couvercle de 139.6
—, vitesse du . . 137.4
—, water grooved 139.8
— wrench . . . 137.1
Pit saw 188.4
Pitch 7.8
— circle 63.5
— — (tooth) . . 67.2
—, circular . . 63.4
— -cone (bevil gear wheel) 70.9
— -line 63.5
— of rivets . . . 27.6
— of a screw . . 7.8
Piton à tige taraudée 14.2
Pivot 38.7
— annulaire . . . 38.8
—, conical . . . 39.1
—, hollow- . . . 38.8
— -journal . . . 38.7
— -reamer . . . 178.1
—, ring- 38.8
Placa de freno . . 96.4
— de fundación . 16.2
— del soporte . . 43.9
Placer le rivet . . 30.7
Plain pedestal . . 41.8
Plan 224.6
— 224.6
— d'ensemble . . 223.4
—, general . . . 223.4
— incliné 239.6
— of pipe installation 109.5
—, rough 223.3
— de tuyauterie . 109.5
Planfräser 184.4
—scheibengetriebe 74.2
Plancha para calderas 216.4
— desbastada . . 216.4
— á enderezar mármol 208.7
— de hierro . . 215.11
— de palastro . . 216.1
Planche à dessin . 219.4
Planchette à aiguiser les crayons . 230.5
Plane 191.10
—, bench- . . . 193.2
—, compass- . . . 193.7
— creuse 195.5
— à deux manches 195.3
—, double iron . 192.7
—, hand 193.3
—, jack- . . . 192.10
—, inclined . . . 239.6
— -iron 191.12
— à lame courbe . 195.5
— — droite . . . 195.4
—, moulding . . 193.8
—, mouth of the . 192.1
—, side-rabbet . . 193.4
—, side-rebate- . 193.4
—, smoothing . . 193.1
— -stock 191.11
—, tonguing and grooving . . . 193.6
—, top- — -iron . 192.9
— wood 191.11
—, to (file) . . . 172.8
—, to 192.2
—, to 192.4
—, to — smooth . 192.3
Planear 172.8
— 192.4
Planed tooth . . 66.1
Planer (lime) . . 172.8
—, marteau à . . 162.5

Pulley, fast and loose 83.6
—, fixed 93.3
—, flat face . . . 82.1
— fork 93.5
—, friction . . . 73.4
—, guide — of rope 84.7
—, loose 83.8
—, moveable . . 93.4
—, to put a belt on a 79.7
— rim 81.8
—, rope 87.1
—, rope 87.4
— with two sets of arms 82.6
—, side engaging with (of belt) . 76.6
—, solid belt . . 83.2
—, split belt . . 83.3
—, step 83.5
—, straight-armed 82.4
—, tension . . . 78.2
—, to throw a belt off the 79.8
—, tight 83.7
—, wire rope . . 87.3
—, wood belt . . 83.1
Pulsierende Belastung 248.2
Pump-cylinder . . 132.3
—, oil- 55.7
Pumppiston . . . 140.6
Pumpe, Öl- . . . 55.7
Pumpencylinder . 132.3
— kolben 140.6
Punaise 220.6
Punceta de calafatear 31.2
Punch 168.7
— 169.3
—, center . . . 168.4
—, hand- 169.2
—, hollow- . . . 169.4
—, to 169.6
Punching-tongs . 169.5
Punktierfeder . . 229.9
— nadel 229.1
— rädchen . . . 229.2
Punktieren . . . 226.3
Punta 227.7
— da forare . . . 182.6
— de París . . . 196.4
— di ricambio . 227.6
— da segnare . . 207.6
— da segnare . . 229.1
— de trazar . . . 207.6
Puntear 226.3
Punteggiare . . . 226.3
Puntello 90.2
Puntero para piedra 181.7
Punteruolo, marcare col . . . 168.6
—, segnare col . 168.6
Puntina 196.4
— 220.6
Punto de aplicación de la fuerza . . 241.7
— d'applicazione delle forze . . 241.7
— della broca . . 180.5
— morto 141.1
— muerto . . . 141.1
— di piombatura d'una corda . . 85.10
— de punzón . . 168.5
— de unión (cuerda) 85.10
Punzón cuadrado . 163.3
— de fragua . . 161.8
— á mano . . . 169.2
— para marcar . 168.4
—, punto de . . 168.5
Punzone 168.7
— a freddo . . . 169.3
— a mano . . . 169.2
— del martinetto . 32.6
Purificador de aceite 53.1
Put on, to — a belt on a pulley . . 79.7

Q.

Quadrateisen . . 215.1
— keil 24.1
Quarter turn belt 77.7
Querhaupt . . . 146.5
— keil 22.6
— säge 188.5
Querschnitt . . . 225.1
— —, Abscherungs- 28.4
Queue (enclume) . 159.3
—, tas à 159.5
— de la tige du piston 136.7
Quicionera (soporte) 40.9
Quiebro por flexión 252.2
Quitar (chaveta) . 25.7
— la correa de la polea 79.8

R.

Rabattre, fer à . . 159.7
— le collet du tuyau . . . 103.10
Rabot 191.10
— cintré 193.7
— à contre-fer . . 192.7
—, donner un coup de — à qch. . 192.4
— à double fer . 192.7
— d'établi . . . 193.2
—, fer de . . 191.12
—, fer double de . 192.8
—, fût de . . 191.11
—, lumière du . . 192.1
— à main . . . 193.3
— à moulures . . 193.8
— pour profils . . 193.8
Rabot, promener le 192.3
— à rainures . . 193.6
— rond 193.7
Rabotage 192.5
Raboter 192.2
—, machine à . . 194.3
Raboteuse . . . 194.3
Raccoglitore d'olio (sopporto) . . . 44.6
Raccord 105.4
— courbé . . . 105.7
—, double — à vis 107.3
— avec réduction de diamètre . . 105.9
— en U 105.8
— à vis 107.2
Raccordo doppio a vite 107.3
— a vite 107.2
Raccourcir la courroie 79.4
Rachenlehre . . 205.5
Rack (gear) . . . 70.7
— and pinion . . 70.6
Racler 177.1
Racloir 176.4
— cannelé . . . 176.5
— en forme de cœur 176.7
— triangulaire . . 176.6
Radachse 34.6
— arm 69.7
—, gesprengtes . 69.10

Remachado en costura múltiple 29.7
— — sencilla . . 29.5
— de cubrejunta 29.1
— de doble cubrejunta 29.2
— doble 28.5
— á doble eclise . 29.2
— á eclise . . . 29.1
— en frío 27.9
— de fuerza . . . 28.1
— hermético . . 28.2
— á mano . . . 31.5
— á máquina . . 31.6
— múltiple . . . 28.6
— paralelo . . . 30.2
— para recipiente 28.2
— sencillo . . . 28.8
— sólido 28.1
— por superposición 28.7
— al tresbolillo . 30.1
Remachadora . . 31.7
Remachar. . . . 30.5
—, taco para . . 32.3
—, torno de . . . 32.4
Remache 26.1
—, agujero del . . 26.7
— á cabeza de casquete 27.1
— á cabeza de diamante 27.2
— á cabeza de gota de sebo 27.1
— á cabeza hundida 26.8
— — martillada . 27.2
— — semi-hundida 26.9
—, cabeza del . . 26.3
—, cabeza de cierre del 26.5
—, cabeza estampa del 26.4
— de costura . . 27.8
—, cuerpo del . . 26.2
—, paso de . . . 27.6
Rendimento . . . 246.8
Rendimiento . . 246.8
Renew, to — an axle 34.10
Renewing of an axle 34.11
Renflement (essieu) 33.6
Reniflard . . . 122.1
Renvoi à courroie 77.3
— à engrenage . 68.2
— à friction . . . 75.4
Repasar con el raspador 177.8
— con el taladro . 179.8
— el temple . . 199.2
— un tornillo . . 20.1
Repaso del temple 199.3
Repicar limas . . 171.2
Rescissione . . . 252.5
Rescrape, to . . 177.8
Reserrer 19.7
Reservoir, oil . . 51.8
Resilience work of deformation . . 248.6
Resinificación del aceite 51.1
Résinification de l'huile 51.1
Resinification of the oil 51.1
Resinificazione dell' olio . . . 51.1
Résinifie, l'huile se 50.10
Resinous, to become (of the oil) 50.10
Resistance . . . 247.1
—, bearing . . . 238.5
— to bending strain 251.4
— to breaking strain 252.3
— to compressive strain 250.8
—, frictional . . 245.7
—, moment of . . 251.8
— to shearing strain 252.6
—, supporting . . 238.5
—, tangential . . 238.6
— to tensible strain 250.3
Résistance . . . 247.1
— d'appui . . . 238.5
— au cisaillement 252.6
— à la compression 250.8
— à la flexion . . 251.4
— — 252.3
— du frottement . 245.7
—, moment de . 251.8
— normale . . . 238.5
—, science de la — des matériaux . 247.2
— tangentielle . . 238.6
— à la traction . 250.3
— de voie . . . 238.4
Resistencia . . . 247.1
— de la carrera . 238.4
— al empuje . . 252.6
— á la flexión . . 251.4
— normal . . . 238.5
— á la presión . 250.8
— á la rotura por flexión 252.3
— de rozamiento . 245.7
— tangencial . . 238.6
— á la tracción . 250.3
Resistenza . . . 247.1
— dovuta all' attrito 245.7
— alla flessione . 251.4
— normale . . . 238.5
— alla pressione . 250.8
— alla rescissione 252.6
— alla rottura . . 252.3
— tangenziale . . 238.6
Resistenza della traiettoria . . . 238.4
— alla trazione . 250.3
Resorte, compresión del . . 148.7
—, distender un . 148.9
— de flexión . . 147.3
— de sección circular 148.6
Ressort 147.2
— à boudin . . . 148.3
—, bride de . . . 147.7
—, compression du 148.7
—, comprimer un 148.8
— conique . . . 148.4
— à feuille . . 147.4
— à fil rond . . . 148.6
— de flexion . . 147.3
— en hélice . . . 148.3
— à lame 147.4
— — plate . . . 148.5
— à lames superposées 147.6
—, œil de . . 147.8
— du régulateur . 152.3
— à section circulaire 148.6
— — rectangulaire 148.5
—, soupape à . . 119.4
— de soupape . . 119.5
— (de charge) de la soupape . . 120.2
— en spirale . . 148.1
— spire de . . . 149.1
—, tendre un . . 148.9
— de torsion . . 148.2
Reste d'allongement 249.5
Restricted motion 238.3
— movement . . 238.8
Restringimento . 248.8
Resudar . . . 164.11
Resultant 241.9
—, to find the — of several velocities 240.3
— force 241.9
— velocity . . . 240.4
Resultante . . . 241.9
Résultante, réunir plusieurs vitesses en leur 240.3
— de la vitesse . 240.4
Resultierende . . 241.9
— Beschleunigung 240.4
—, mehrere Beschleunigungen zu ihrer —n zusammensetzen . 240.8
— Geschwindigkeit 240.4
—, mehrere Geschwindigkeiten zu ihrer —n zusammensetzen . 240.8
Retajar limas . . 171.2

S.

T.

Thread, to chase a screw- 20.1
—, depth of. . . 8.1
—, diameter at bottom of 8.3
—, double . . . 9.2
—, female . . . 10.5
—, fine 10.7
—, gas-pipe . . . 10.6
— gauge 206.1
—, left-handed . . 8.8
— milling-cutter . 20.8
—, multiplex . . 9.4
—, right-handed . 8.6
—, round 10.2
— of screw . . . 7.5
—s, screw with many 16.3
—, single 9.1
—, square . . . 9.7
—, to strip the — of a screw . . 19.8
—, triangular . . 9.5
—, triple 9.3
—, V- 9.5
—, width of . . . 8.2
—, to — a screw . 19.9
Threaded, round . 10.3
—, square . . . 10.1
—, triangular . . 9.6
Three-port slide valve 127.2
— -square-file . 174.2
— — scraper . 176.6
— -way cock . 128.9
— — -pipe . . 106.7
— — -valve . . 118.1
Throat (of hook) . 92.4
—, angle of . . 186.1
Throtteling gear . 124.8
Throttle, to . . 124.7
— valve . . . 124.6
Through bolt . . 11.2
Through-way-valve 117.8
Throw off a belt, to 79.8
— —, to throw a belt off the pulley 79.8
Throwing out of gear 59.7
Thrust-bearing . . 40.9
— screw 13.7
Thumb-button, oil-can with . . 51.10
— -nut 12.7
— pin 220.6
— -pressure oil-can 52.1
— -screw 15.4
— tack 220.6
Tie, to 18.6
Tiefe, Eingriffs- (Reibungsgetriebe) . 75.3
—nlehre . . . 205.6
Tiegelflußstahl . . 214.4
— stahl . . . 214.4
Tiempo 235.4
Tieröl 51.2
Tige du crochet . 92.3
— de crosse . . 146.8
— d'excentrique . 144.2
— -glissière . . 146.3
— -guide 146.1
—, guide de la — du piston . . . 136.8
— du piston . . . 136.6
— —, queue de la 136.7
— de rivet . . . 26.2
— de soupape . . 113.7
— de tiroir . . . 127.3
— de vanne . . . 125.4
Tight fitting screw 13.10
— pulley 83.7
— riveting . . . 28.2
— side of belt . . 75.10
—, the stuffing-box is made 134.7
Tighten, to — the belt 79.3
—, to — up a cotter 25.9
—, to — a screw . 19.7
Tightener (flexible gearing) . . . 78.2
Tightening-key . . 24.7
— -key 25.1
Tijeras 156.9
— agujereadora . 158.1
— de arco . . . 157.1
— de banco . . . 157.3
—, hoja de las . 156.10
— de mano . . . 157.7
— de marco . . . 157.6
— mecánicas . . 157.8
— de palanca . . 157.2
— paralelas . . . 157.5
— de plancha . . 157.4
— — 157.9
— de zócalo . . 157.3
Time 235.4
— of fall . . . 236.4
— of oscillation . 239.3
— of passage . . 236.6
Tin 216.10
— -plate 216.7
— -solder 202.5
— -soldering . . 201.2
Tinned sheet-iron . 216.7
Tinner's shears . . 157.9
— snips 157.9
Tint, to . . . 231.10
Tinta China . . . 231.3
— della tempra . 199.4
Tinteneinsatz . . 227.5
— gummi . . 230.10
Tinting brush . . 232.5
— saucer 232.6
Tir, hauteur du . 237.8
— parabolique . . 237.5
—, portée du . . 237.7
—, vitesse du . 237.10
Tira-chiodi . . . 156.3
— -curvelinee . . 229.7
— -linee 229.6
—, affilare il . . 230.1
— doppio 229.8
— — di ricambio . 227.5
Tiralíneas 229.6
—, afilar el . . . 230.1
— de caminos . . 229.8
— del compás . . 227.5
— curvo 229.7
— doble 229.8
Tirante 14.6
Tirantino 14.5
Tire-curviligne . . 229.7
Tire-ligne 229.6
— du compas . . 227.5
— double . . . 229.8
— à pointillé . . 229.9
Tirer, pince à . . 156.5
Tiro, altezza del . 236.5
—, altezza del . . 237.8
—, ampiezza del . 237.6
—, amplitudine del 237.7
—, durata del . . 236.6
— inclinato . . . 237.5
— orizzontale . . 238.1
— parabolico . . 237.5
— verticale . . . 238.2
Tiroir 218.3
— à coquille . . 127.2
— Corliss 126.7
— de distribution 126.9
— équilibré . . . 127.5
— oscillant . . . 126.7
— plat 127.1
— piston 127.4
— rond 127.4
— rotatif 126.8
Tischkasten . . . 218.8
Tisonnier 166.6
Togliere una cinghia dalla puleggia 79.8
— allo scalpello . 168.3
Toile à calquer 233.10
— à émeri . . 197.10
Tôle 216.2
— à chaudière . . 216.4
— de chaudronnerie 216.4
— de fer . . . 215.11
—, feuille de . . 216.1
—, feuille de . . 216.3
— forte 216.4
— ondulée . . . 216.6
— russe 216.2
— striée 216.5
—, tuyau en . . 102.2
Toleranzlehre . . 206.4
Tomber, la courroie tombe de la poulie 79.5
Tommy-screw . . 15.3

Tönen, die Räder . 72.8
Tongs 155.3
—, forge- . . . 166.10
—, gas pipe . . . 155.7
—, mouth of the . 155.4
—, pin- 155.8
—, pipe- 110.7
—, punching . . 169.5
—, sliding . . . 155.8
—, smith's . . 166.10
—, soldering . . . 156.6
Tongue (anvil) . . 159.3
— (saw) 189.8
Tonguing and grooving plane . . 193.6
Tool, bordering . 159.8
— boring- —s . . 182.1
— box 256.3
—, chasing- . . . 20.5
— chest 256.3
—s, hand- . . . 256.5
—, heading . . . 196.5
—, inside chasing- 20.6
—, machine- . . 256.8
—, marking . . . 207.6
—, parting- . . . 195.2
Tools 256.4
—, smith's . . . 166.5
— -steel 214.7
Tooth 64.8
— 185.7
—, addendum of a 65.1
—, bottom line of teeth 186.3
—, breadth of . . 65.8
—, briar 186.5
—, cast 65.9
—, célérité . . . 186.7
—, cut 66.1
—, cut 66.2
—, to cut teeth . 187.2
— of the cutter . 183.3
—, depth of . . . 65.5
—, double . . . 186.8
—, double helical . 70.4
—, face of a . . 65.1
—, face line of teeth 186.2
—, flank of a . . 64.10
— -friction . . . 66.5
— —, work done by 66.6
—, gullet- . . . 186.5
—, herringbone . 70.4
—, length of . . 65.5
—, M- 186.6
—, milled 66.2
—, mortice wheel 72.2
— -outline . . . 64.9
—, planed . . . 66.1
— -profile 64.9
—, root of the . . 65.3
—, rough 65.9
—, space of . . . 65.7
—, thickness of . 65.6
Tooth, top line of teeth 186.2
—, travel of the . 64.7
—, triangular . . 186.4
—, width of . . 65.8
—, wood 72.3
Toothed gearing . 68.1
— wheel 63.3
Top die 164.6
— line of teeth . 186.2
— -plane-iron . . 192.9
— swage . 163.5; 164.6
— -switch . . . 163.5
Torcer la cuerda . 85.4
— el tornillo . . 19.8
Torchietto per cianografia . . . 234.5
Tornear un cilindro 131.3
— los ejes . . . 35.3
Torneria d'assi . . 35.2
— de ejes . . . 35.2
Tornillo 11.2
— 153.1
— del acoplamiento 57.4
—, acoplamiento por 11.1
—, agujero del . . 11.7
—, ajustar un . . 14.1
— ajuste 15.1
—, aparato de seguridad del . . 13.3
— arriostrado . . 14.6
— de asiento (soporte) 44.3
— de banco . . . 153.2
— —, suplementos de la mordaza de 153.6
—, boca del . . . 153.5
—, cabeza del . . 11.4
— con cabeza articulada 14.8
— — y tuerca . . 11.9
— — — empotradas 14.4
— de la cadena articulada . . . 91.2
— de carpintero . 194.1
— central . . . 13.9
— de cierre . . . 13.5
— para correa . . 81.5
—, diámetro del . 11.8
— embutido . . 14.4
— para empotrar en piedra ó fábrica 15.6
— con fiador embutido 13.10
—, fijar una pieza en el 153.3
— sin fin 71.7
—, husillo del . . 153.4
— de mano . . . 154.6
— micrométrico . 15.5
— de movimiento 13.6
Tornillo con movimiento paralelo 154.2
— de muletilla . 15.3
— de oreja . . . 15.4
— paralelo . . . 154.2
—, paso del . . . 7.5
—, perno del . . 11.3
—, pezuña del . . 153.5
— de las platinas . 99.3
— de presión . . 13.7
— — 15.1
— prisionero . . 15.2
— de rosca de madera . . . 16.4
— del soporte . . 43.8
— de sujeción . . 13.4
— con sujeción por chaveta 14.8
— para sujeción ó fundación . . . 15.7
— de la tapa . . 43.6
—, el — tiene x pasos por pulgada 7.6
— para tubos . . 154.3
—, tuerca del . . 11.5
— de varios filetes 16.3
—, vástago del . 153.4
Tornio per assi . 35.1
Tornire gli assi . 35.3
— un cilindro . . 131.3
Torno para ejes . 35.1
— de remachar . 32.4
Toron 85.2
Torsion 253.2
—, effort de . . . 253.3
—, moment de . 253.4
—, moment of . . 253.4
Torsión 253.2
Torsional spring . 148.2
— strain 253.3
— stress 253.3
Torsione 253.2
Totlage (Kurbel) . 140.9
— punkt (Kurbel) 141.1
— stellung (Kurbel) 140.9
Totalbeschleunigung 237.1
— length (of tooth) 65.5
— work 246.6
Toter Gang (Schraube) . . 10.9
— Punkt (Kurbel) 141.1
Touch (file) . . . 171.7
Tour, atelieur des —s 35.2
— à essieux . . . 35.1
— du piston . . 137.8
Tourillon 37.6
— 35.6
— 91.2
— d'appui . . . 38.4
— d'articulation . 62.1
— à cannelures . 38.9
— à collets . . . 35.7

U.

V.

W.

Y.

Z.

А.

Б.

В.

Г.

Гаечный затворъ 13.1
— ключъ . . . 16.5
— — англ. . . . 18.2
— — франц. . . 18.2
Газовая труба . 107.8
—ой —ы нарѣзка 10.6
—ый кранъ . . 129.6
— паяльникъ . . 201.9
—проводъ . . . 110.1
—ная задвижка . 126.5
Гайка 11.5
— закрѣпная . . 13.2
—, контръ- . . . 13.2
— направляющ. . 126.2
— регулировочная 12.9
— соединительн. 12.8
— съ накаткой . 12.10
— — ушками . . 12.7
— тычковая . . 12.6
— установочная 12.9
— шестигранная 12.5
—и нарѣзка . . 10.5
Галля цѣпь . . 91.3
Гаспельный канатъ 88.2
Гвоздарная оправка . . . 196.4
Гвоздильный молотокъ . . . 196.3
Гвоздильня . . . 196.4
Гвоздодеръ . . 156.8
Гвоздь 195.6
—я, дыра отъ — . 196.2
—ями сколачивать 196.1
Гиперболическ. колесо 71.9
Гипоциклоида . 66.10
Гладилка 162.4
—ьникъ 164.6
—ый молотокъ . 162.5
Глиняная отливка 212.1
Глубина захватки 75.3
— муфты . . . 101.6
— нарѣзки . . . 8.1
Глухое сцѣпленіе 56.3
—ой блокъ . . . 93.8
— флянецъ . . . 100.4
Гнѣздо пилы . . 185.6
Головка болта . 11.4
— винта 11.4
— — кругл. . . 12.2
— — потайн. . . 12.3
— — тавров. . . 12.4
— — шестигр. . 11.10
— заклепки . . 26.3
— — закладн. . 26.4
— — замыкающ. 26.5
— — начальн. . 26.4
— зуба 65.1
—и — высота . . 65.2
— — траекторія . 64.7
—а клина . . . 21.8
— крана 127.9
— накладки цѣпи 91.1
— оси 33.5
— рейсшины . . 219.6
— циркуля . . 227.2
— шатуна . . . 144.9
— — вилкообр. . 145.3
— — замкнут. . 145.1
— — открытая . 145.2
Головочн. окружность 63.6
Горбачъ 193.7
Горизонтальный валъ 36.1
— ремень . . . 78.4
Горно переносное 32.9
—ъ д. нагрѣв. заклеп. . . . 33.1
Горнъ кузнечный 166.2
— наковальни . 159.1
— переносный . 167.3
—у, принадлежн. къ — 166.5
Горѣлка паяльная 201.10
Горячая клепка . 27.8
Готовальня . . 226.7
Гофрированный листъ жел. . . 216.5
Гребенка . . . 20.5
— верстака . . 194.1
— для нарѣзки винт. 20.7
— — гаекъ . . 20.6
—чатая шейка . . 38.9
—ый подшипникъ 41.4
Грудной коловоротъ 182.5
Грузъ регулятора 152.1
—овая цѣпь . . 88.8
—ой клапанъ . . 119.2
— регуляторъ . 151.9
Грундъ-букса . . 133.4
Губка 233.2
Губы тисочныя . 153.5
— — вставочн. . 154.1

Д.

Давильныя клещи 156.4
Давленіе 250.7
— на единицу поверхности 40.7
— — зубъ . . . 66.3
— — подшипникъ 40.6
— — салазки . . 145.9
— — цапфы . . 37.9
— эксцентрика . 144.3
—я высокаго трубопроводы . 108.9
Дальность полета 237.7
Двигатель . . . 256.7
Движеніе . . . 234.7
— криволинейное 236.7
— неравномѣрное 235.5
— —свободное . 238.3
— прямолинейное 234.9
—я —аго направляющія . 145.5
Движеніе равномѣрное . . 235.1
— — замедлен. . 236.1
— — ускорен. . 235.11
Движитель . . . 256.7
Двойное желѣзко 192.8
—ой ключъ . . 17.1
— клапанъ кольцевой . . . 118.4
— крюкъ . . . 92.6
— ниппель . . . 107.3
— ремень . . . 80.2
— рубанокъ . . 192.7
— шовъ 29.6
Двуносовая наковальня . . 158.9
—ой шперакъ . 159.4
Двуплечая подвѣска Селлерса 46.8
Двуручная пила 188.2
Двусторонній ключъ 17.1
Двутавровое желѣзо . . . 215.8
— колѣнчатый валъ . . . 37.2
— конусная муфта Селлерса 58.1
—оборотная нарѣзка . . 9.2
— ходовая — . . 9.2
— шарнирный крейцкопфъ . 62.3
Дельта-металлъ 217.11
Деревянный зубъ 72.3
— клинъ . . . 22.2
— молотокъ . . 163.6
— шкивъ . . . 83.1
Державка . . . 31.8
— рессорная . . 147.9

Ж.

З.

И.

К.

Л.

М.

Н.

О.

П.

Р.

С.

Т.

У.

Ф.

Х.

Ц.

Ч.

Ш.

Э.

Я.

R. Oldenbourg, München.

Indice alfabetic

A

Amănunt, desen de 223.5.
Ambază 37.7.
-, piuliță cu 12.8.
Ambutisa, a-o țeavă 103.10.
Ambutisat, ciocan de 163.1.
American, cleşte 155.9.
Amestec, robinet de 129.3.
Amesteca, a-o culoare 232.7.
-, a-tuş 232.7.
Amplitudine, unghi de 239.1.
- a pendulului 238.9.
Ancoră, lanț de 91.9.
Ancora, a 18.6.
Ancorare, bulon de 15.7.
-, placă de 15.7.
Angrena, a 63.8.
-, a 64.5.
-, a 72.6.
Angrenaj 63.2.
- 68.1.
- cu bară dințată 70.6.
- cicloidal 66.7.
- cilindric 68.6.
- cu coaste drepte 67.6.
- conic în unghi drept 71.3.
- cu cremalieră 70.6.
- cu dinți interiori 70.1.
- cu dublu punct 67.5.
- în evolventă 67.8.
- de fer pe fer 72.4.
- cu flancuri drepte 67.6.
- cu fuse 67.4.
-e, freză pentru 184.5.
- interior, 67.7.
- de lemn pe fer 72.5.
-e, maşină de frezat 73.1.
-e, maşină de modelat 73.2.
-e, maşină de tăiat 73.2.
- cu melc 71.5.
-ului, pasul 63.4.
-, roată de 63.3.
- cu roți conice 70.8.
- cu şurub fără fine 71.5.
-e, transmisiune prin 68.1.
-e, - intermediară cu 68.2.
- unghiular 71.3.
Angrenare 63.9.
-, arc de 64.3.
-, distanță de 64.2.
-, durată de 64.4.
-, linie de 63.9.
Angrenează, suportul sau lagărul se 48.5.
Antretoază 14.5.
Apa, - pentru alămit 202.8.
-, călire în 200.5.
-, coloană de 111.7.
-, conductă de 109.10.
-, robinet de 129.5.
- pentru sudat 202.8.
- tare 202.9.
-, țeavă de 107.9.
-, vană de 126.4.
Apei, linia de nivel a 111.6.
Aparat de ascuțit 197.6.
- de laminat țevi (tuburi) 103.2.
- de pus cureaua 79.6.
- de regulare al regulatorului 151.4.
- de schimbat cureaua 84.3.
- de scos cureaua 84.3.
- de ungere 53.3.
- - central 50.3.
- - cu mâna 49.5.
Apărătoare de peniță 231.9.
Aplicație, punctul de - al forței 241.7.
Aquarelă, culori de 232.3.
Aramă 216.8.
-, ciocan de 163.8.
-, țeavă (tub) de 103.6.
Arămită, țeavă 102.9.
Arbore 35.5.
-, a comanda un - prin curea 76.4.
- de comandă 36.4.
-, cot de 36.10.
- cotit 36.9.
-, cureaua stă pe 80.1.
- de decuplare 59.4.
- de decuplare 36.6.
- de distribuție 37.4.
- dublu cotit 37.2.
- cu dublu genunchi 37.2.
- flexibil 36.3.
-, gât de 38.4.
-, gât de 38.5.
-, gât de 35.7.
- găurit 35.9.
-, genunchi de 36.10.
- cu genunchi 36.9.
- gol 35.9.
-lui, inel fix al 36.7.
- intermediar 36.5.
-lui, lagărul - de manivelă
- pentru lanț 91.5.
- de manivelă 141.4.
- masiv 35.8.
Arbore, a mişca un - prin curea 76.4.
- motor 36.4.
- orizontal 36.1.
- patrat 35.10.
- plin 35.8.
- portburghiu 178.6.
- de regulator 150.8.
- de reversibilitate 37.5.
- pentru schimbare de mers 37.5.
-lui, suportul - de manivelă
-, a tăia un 37.3.
-le tamburului 95.1.
- de transmisie 35.11.
- vertical 36.2.
-, acuplaj de 56.2.
Arc vezi resort 147.2.
- de angrenare 64.3.
-, burghiu cu 182.3.
- pentru burghiu 182.4.
- de contact 76.3.
- - 64.3.
- de ferăstrău 189.4.
-, ferăstrău cu 189,3.
-, foarfece cu 157.1.
- cu foi 147.4.
- - suprapuse 147.6.
-ului, legătura 147.7.
-, ochi de 147.8.
- în spirală 148.1.
-, suport de 147.9.
Arcui, a 149.3.
Arcuş, burghiu cu 182.3.
- pentru burghiu 182.4.
Argilă, turnătură în forme de 212.1.
Argint 217.3.
Aripi, piuliță cu 12.7.
-, şurub cu 15.4.
Aripioare de ghidaj 117.4.
-, ghidaj cu 117.1.
-, ventil cu - inferioare 117.3.
-, ventil cu - superioare 117.2.
Articulat, bulon 14.3.
-, bulon de lanț 91.2.
-ă, curea 80.6.
-, lanț 90.9.
Articulație 61.9.
-, acuplaj cu 61.8.
-, - - - în cruce 62.2.
-, bold de 61.1.
- în cruce 62.3.
-, fus de 62.1.
- sferică 62.4.
Aruncare orizontală 238.1.
- parabolică 237.5.
- verticală 238.2.
-, viteza de 237.10.

Aruncărei, durata 236.6.
Asbest, garnitură de 135.5.
-, sfoară de 135.6.
-, şuviţă de 135.6.
Ascensiunei, înălţimea 236.5.
Ascensor, cablu de 87.8.
Ascuţi, a 197.5.
-, a - creionul 230.3.
-, a - trăgătorul 230.1.
Ascuţire, unghi de 186.1,
Ascuţit, aparat de 197.6.
-, maşină de 197.6.
-, piatră de 196.10.
-, piatră de 197.3.
Asortiment de roţi dinţate 68.3.
Aspiraţie, clapet de 124.2.
-, conductă de 108.7.
Aspiraţie, supapă de 121.6.
-, ţeavă de 108.5.
-, ventil de 121.6.
Aşeza, a - o ţeavă (un tub) 109.6.
Atelier 256.1.
-, desen de 223.6.
- heliografic 234.6.
- de montaj 255.3.
-, şef de 254.4.
Atmosferic, ventil 121.8.
-ă, supapă 121.8.
Aur 217.2.
Automat, ventil 120.7.
-ă, decuplare 60.1.
-ă, supapă 120.7.
Automatic, ungător 49.7.
-ă, oprire 10.10.
-ă, ungere 49.6.
Avans, unghi de 70.5.
Axă 225.3, 33.2.
-, din - în - 225.7.
- conducătoare 34.4.
-, a înlocui o 34.10.
- de roată 34.6.
- de rotaţie 241.1.
- - 34.5.
-, a schimba o 34.10.
- cilindrului 130.2.
- cuplului 243.5.
- puliei 93.6.
- roţei 93.6.
- tamburului 95.1.
Axe, încercarea unei 34.8.
-i, capul 33.5.
-i, corpul 33.6.
-i, fusul 35.6.
-, înlocuirea unei 34.11.
-, rotaţia unei 34.7.
Axei, ruptura 34.9.
Axe, schimbarea unei 34.11.

B

Bacuri, filieră cu 21.1.
- de menghină 153.5.
- de tăiat ghiwent 21.2.
Bae de ulei 55.3.
Balot, fer 215.4.
Balustru 228.4.
Banc 256.2.
- de ajustat 172.1.
-, bicorn de 159.4.
-, ciocan de 161.5.
-, daltă de 168.1.
- de dulgher 193.9.
-, foarfece de 157.3.
-, menghină de 153.2.
-, nicovală de 158.8.
-, poanson de 169.3.
- de pilit 172.1.
-, presă cu şurub de 154.5.
-, rindea de 193.2.
Bandă de frână 97.1.
-, frână cu 96.9.
Bară dinţată 70.7.
- -, angrenaj cu 70.6.
- de ghidaj 126.1.
Bardă 191.5.
- de lemnar 191.4.
Bărdiţă 191.7.
Baros 161.7.
Bastardă, pilă 172.4.
Bătae, ciocan cu-încrucişată 161.6.
- de manivelă 142.8
- orizontală 238.1.
- parabolică 237.5.
- de tragere 237.7.
- verticală 238.2.
Bate, a-cu ciocanul 160.7.
Bate, a-în cuie 197.5.
-, a-cureaua 78.8.
-, a-la rece 160.8.
Bătut, ciocan de 161.3.
-, ciocan de 161.7.
Baza dintelui 65.3.
- unei pene 23.2.
Bază, cerc de 63.7.
-, ciocan de-plan 162.4.
-, ciocan de-rotund 162.6.
-, inel de 133.5.
-, inel de 41.2.
-, lagăr de 40.8.
-, lagăr de-cu bile 41.3.
-, placă de 40.9.
-, placă de-a lagărului sau suportului 43.9.
-, suport de 40.8.
-, suport de-cu bile 41.3.
Bec de gaz pentru sudat 201.10.
-uri de gaz, cleşte pentru 156.7.
Berbec, lovitură de 110.3.
Beschiă 188.6.
Bessemer, fer 223.2.
-, oţel 213.9.
Bicorn 159.2.
- de banc 159.4.
Bielă de acuplare 145.4.
-, cap de 144.9.
-, cap de-cu capuşon 145.3.
-, cap de-deschis 145.2.
Bielă, cap de-închis 145.1.
-, cap de-tip marin 145.2.
Bilă 45.4.
-, ventil cu 116.7.
- de ventil 116.8.
Bile, compas de grosime p. 207.3.
-, crapodină cu 41.3.
-, lagăr cu 45.3.
-, lagăr de bază cu 41.3.
-, suport cu 45.3.
-, suport de bază cu 41.3.
Birou de desen 218.4.
Bloc de ferăstrău 190.7.
Bobul pietrei de ascuţit 197.2.
Bold vezi fus 37.6.
- de articulaţie 62.1.
Bombătura roţei 82.3.
Boraciu 182.9.
Branşament 106.1.
Braţ de compas 226.9.
-e curbate, roată de transmisie cu 82.5.
-e drepte, - - 82.4.
-e duble, - - 82.6.
-, foarfece cu 157.3.
- de manivelă 141.3.
-, manivelă pentru 142.3.
- de pârghie al forţei P. în raport cu centrul de rotaţie O. 243.2.
-, pilă de 172.3.

C

Călcâi, pană cu 23.8.
- de pană 23.9.
Calchia, a 233.7.
Calcul, riglă de 222.1.
Cald, nituire la 27.8.
Căldare, ţeavă de 107.10.
Căldărar, nicovală de 159.9.
Căldură de sudare 165.3.
Calfata, a 31.1.
Căli, a 198.9.
-, a - pile 171.4.
Calibrat, lanţ 90.3.
Calibru 204.3.
- 205.2.
- 205.5.
- de adâncime 205.6.
- cu curson 204.6.
- pentru diametre 205.7.
- pentru găuri 205.7.
-lui, gura 205.1.
- de înălţimi 205.3.
- limită 206.4.
- linear 205.2.
- micrometric 204.5.
- normal 205.3.
- - 205.5.
- cu şurub 204.4.
- pentru şuruburi 206.1.
- tampon 205.8.
- de toleranţă 206.4.
- pentru ţevi 205.4.
Călire 199.1.
- în apă 200.5.
- în bae 200.2.
-, crăpătură din 199.11.
-, culoare de 199.4.
- de pile 171.5.
- prin răcire 200.2
- la suprafaţă 200.1.
- în ulei 200.4.
Călit, praf de 199.10.
Cal-putere 245.3.
Câlţi, garnitură de 135.3.
Căluş de lanţ 90.2.
-e, lanţ cu 90.1.
Cămaşa cilindrului 131.4.
Camera de ulei 55.4.
- de ventil 112.2.
Camera robinetului 127.10.
- vanei 125.2.
Cămin 166.3.
Cană de uns 51.9.
- - 52.1.
- - cu valvulă 51.10.
Canal p. ulei 52.6.
- de ungere 44.5.
-e, freză pentru 183.7.
Caneluri, alezor cu - în spirală 177.7.
-, fus cu 38.9.
-, lagăr cu 41.4.
-, piston cu garnitură în 139.8.
-, suport cu 41.4.
Cânepă, cablu de 86.9.
-, frânghie de 86.9.
-, funie de 86.9.
-, garnitură de 135.3.
-, piston cu garnitură de 138.4.
-, roată pr. cablu de 87.1.
-, şuviţă de 135.4.
-, tresă de 135.4.
Cap
-ul axei 33.5.
- de bielă 144.9.
- - de capuşon 145.3.
- - deschis 145.2.
- - închis 145.1.
- - tip marin 145.2.
- bombat, nit cu 27.1.
-, bulon cu - şi piuliţă 11.9.
- al bulonului 11.4.
-ul, bulon cu piuliţa şi - scufundat 14.4.
- la cap, ţeavă sudată 102.5.
- ciocănit, nit cu 27.2.
-ul compasului 227.2.
-de cruce 146.5.
-ului, bulonul 146.7.
-, ghidaj cu 146.4.
-ului, pana 147.1.
-ului -, tija 146.8.
-ul dintelui 65.1.
-ului dintelui, traectoria 64.7.
-, al doilea - al nitului 26.5.
- exagonal 11.10.
-, ghidaj cu - de cruce 146.4.
-ului, înălţimea 65.2.
- de închidere (al nitului) 26.5.
- înecat, nit cu 26,8.
- de nit 26.3.
-, nit cu - bombat 27.1.
-, nit cu - ciocănit 27.2.
-, nit cu - înecat 26.8.
-, nit cu - jumatate înecat 26.9.
-ul nitului, a tăia 31.4.
- al nitului, al doilea 26.5.
- al nitului, primul 26.4.
- ul original (al nitului) 26.4,
- ul osiei 33.5.
- patrat 12.1.
Capul robinetului 127.9.
- rotund 12.2.
- scufundat 12.3.
-, şurub cu 13.9.
-, şurub fără 13.8.
-, şurub fără - şi piuliţă 15.2.
- ul şurubului 11.4.
- în formă de T. 12.4.
- ul T-eului 219.6.
- ul, a tăia - nitului 31.4.
-, ţeavă sudată - la - 102.5.
Capac, bulon de 130.6.
- ului, brida 132.7.
- ului, flanşa 132.7.
- de închidere 139.5.
- ului, înşurubarea 130.7.
- de piston 105.2.
- de pres-garnitură 132.6.
-, şurub de 43.6.
- de ventil 112.3.
-ul cilindrului 131.5.
-ul lagărului 43.5.
-ul pistonuiui. şurub dela 139.6.
-ul suportului 43.5.
-ul, şurub dela - pistonului 139.6.
-ul, şurub dela - ventilului 112.4.
-ul vanei 125.3.
-ul veutilului, şurub dela 112.4.
Capătul ascendent al curelei 76.6.
- descendent al curelei 76.7.
Capetele, ciocan cu - sferice 162.7.
Capră 47.2.
Căptuşala fălcelei 153.6.
Capuşon, cap de bielă cu 145,3.
Casetă în zid p. lagăr 47.3.
Cauciuc, sau suport, garnitură de 135.7.
-, supapă sau ventil cu clapet de 123.4.
Cazangerie, tablă de 216.4.
Cazier 219.3.
Cardan, acuplaj 62.1.
Cârlig 92.1.
-, accesorii de 92.9.
- pentru cablu 92.7.
-, cheie cu 17.7.
- ului, deschiderea 92.2.
- dublu 92.6.
- ului, gâtul 92.4.
- ului, gura 92.2.

D

Dinţilor, linia 186.2.
-lor, linia superioară a 186.3.
-, opritoare cu 95.5.
-lor, pasul 63.4.
-i, a rostui-unui ferăstrău 187.1.
-i, a tăia-unui ferăstrău 187.2.
-lor, travaliul de frecare al 66.6.
-lor, unghiul 185.8.
- unghiulari, roată cu 70.3.
-, volant cu 150.4.
Direcţiunea forţei 241.6.
Disc, acuplaj cu 57.5.
- de acuplare 57.6.
- de excentric 143.6.
- - dintr'o bucată 143.7.
- - din 2 bucăţi 143.8.
-, freză cu 183.6.
- de fricţiune 61.2.
- - 74.3.
-uri de fricţiune, transmisie cu 74.2.
- de împreunare 57.6.
- manivelă 142.2.
-, piston cu 140.3.
-, supapă cu 123.1.
-, ventil cu 116.3.
Discuri de fricţiune 123.1.
- de ventil 116.4.
- - 123.1.
Dispoziţie generală 223.4.
Dispozitiv de decuplare 58.8.
- -, acuplaj cu 58.6.
- -, comandă prin acuplaj cu 58.7.
Distanţă de angrenare 64.2.
- de contact 64.2.
- polară 242.5.
Distanţa până la margine 27.7.
- nitului de latura colţarului 30.4.
- niturilor 27.6.
Distanţare, bulon de 14.6.
- tub de 14.7.
Distribuţie, arbore de 37.4.
-, mecanism de - cu supape sau ventile 120.9.
-, piston de 127.4.
- cu saltar 127.6.
-, saltar de 126.9.
-, supapă de 120.8.
Distribuţie, valvulă de - rotativă 126.8.
-, ventil de 120.8.
Dop cu şurub 105.1.
Dorn de nituit 31.8.
Dos de pană 21.8.
Dreapta, filet la 8.6.
-, ghivent la 8.6.
-, cu pas la 8.7.
Drumului, rezistenţa 238.4.
Dublă, nituire 29.6.
Dublu-decimetru 221.2.
Dulap de scule 256.3.
Dulgher, banc de 193.9.
-, masă de 193.9.
Dulie, acuplaj cu 56.8.
- de acuplare 57.1.
- de împreunare 57.1.
Dungă de sudură 201.4.
Durata aruncărei 236.6.
Durată de angrenare 64.4.
- de cădere 236.4.
- de contact 64.4.
- de oscilaţie 239.3.
Duritate 199.5.
-, grad de 199.9.
- naturală 199.6.
-, scară de 199.8.
- vitroasă 199.7.

E

Echer 219.8.
- 208.1.
- dublu 208.3.
- exagonal 208.4.
- mobil 208.5.
-, raportor cu 229.5.
- cu spătar 208.2.
Echilibra, a 115.9.
-, a - ventilul 115.9.
Echilibrarea supapei 115.10.
- ventilului 115.10.
Echilibru 244.6.
- unui corp în repaos 244.7.
-, forţele sunt în 242.9.
- indiferent 244.10.
- labil 244.9.
- stabil 244.8.
Eclisă 29.3.
- de lanţ 90.10.
-, nituire cu 29.1.
Eclise, nituire cu - duble 29.2.
-i, capul 91.1.
Efect, cilindru cu simplu 131.8.
Efect, cilindru cu dublu 132.1.
Efort de compresiune 251.2.
- de flexiune 251.7.
- de forfecare 252.8.
- de tracţiune 250.6.
Egaliza, a 208.6.
Elastic, a fi 149.2.
Elasticitate, limită de 249.7.
-, modul de 249.2.
Electromagnetic, acuplaj 61.5.
Elevaţie, vedere în 224.4.
Elice 7.1.
Elicoidal
-ă, freză 184.6.
-, resort 148.3.
-ă, roată 71.8.
-, sfredel 181.1.
-ă, suprafaţă 7.4.
Emeri 197.8.
-, cilindru de 198.4.
-, hârtie cu 197.9.
-, inel de 198.3.
-, lemn de 198.1.
-, maşină de şlefuit cu 198.7.
-, pânză cu 197.10.
Emeri, piatră de 198.2.
-, piatră de 198.5.
-, praf de 198.8.
-, a şlefui cu 198.6.
Emisiune, supapă de 122.3.
-, ventil de 122.3.
Energie cinetică 245.4.
Energiei, principiul conservărei 245.5.
Epicicloidă 66.8.
Epurator de ulei 53.1.
Eşire, supapă de 122.3.
-, ventil de 122.3.
Etaje, roată de transmisie cu 83.5.
-, supapă cu 118.6.
-, ventil cu 118.6.
Etalon 206.6.
Etanş, cilindrul e făcut - printr'o presgarnitură 131.5.
-ă, presgarnitura este 134.7.
-ă, presgarnitura nu este 134.6.
Etanşitate, rebord de 99.5.
Etrier 109.7.

F

G

H

I

L

M

N

O

P

R

S

U

V

Vitezelor, paralelogramul 239.8.
Volant 149.4.
-, braţ de 149.6.
-, butuc de 149.7.
-, coroană de 149.5.
- dinţat 150.4.
Volant cu dinţi 150.4.
- divizat 149.9.
-, explozie de 150.5.
-, obadă de 149.5.
- din două părţi 149.9.
-, ruptură de 150.5.
Volantului, ruptura coroanei 150.6.
-, spiţă de 149.6.
- de ventil 113.8.
Vopseaua tubului 98.3.
- ţevei 98.3.

W

Wolfram, oţel 214.6.

Z

Z, fer în 215.10.
Zăbală de lanţ 90.10.
Zăbalei, capul 91.1.
Zbanţ de acuplare 57.3.
-uri, acuplaj cu 57.2.
Zig-zag, nituire în 30.1.
Zinc 216.9.
-, ciocan de 163.7.

www.ingramcontent.com/pod-product-compliance
Lightning Source LLC
Chambersburg PA
CBHW031412180326
41458CB00002B/333
9783486748079